W0261753

Der Zement

Herstellung, Eigenschaften und Verwendung

Von

Dr. Richard Grün

Direktor am Forschungsinstitut der Hüttenzementindustrie
in Düsseldorf

Mit 90 Textabbildungen und
35 Tabellen

Springer-Verlag Berlin Heidelberg GmbH
1927

ISBN 978-3-642-47182-7   ISBN 978-3-642-47506-1 (eBook)
DOI 10.1007/978-3-642-47506-1

Herrn Dr.-Ing. E. h. Anton Schruff-Duisburg

Vorwort.

Der wichtigste Bestandteil des Betons, welchen wir heute mit Recht als den vielseitigsten, billigsten, bequemsten und unter normalen Verhältnissen beständigsten Baustoff betrachten, ist der Zement.

Dieser verkittet, mit 70—90% Kies oder Steinschlag und Wasser gemischt, diesen Zuschlag zu einem Gestein, und erlaubt auf diese Weise die schnelle Herstellung ausgedehnter, „aus einem Guß" bestehender Steinbauwerke von beliebigen Formen, da die lose Schütt- oder Gußmasse des unverarbeiteten Betons leicht bewegt und verarbeitet werden kann und in kurzer Zeit zu einem zusammenhängenden Gefüge erstarrt und erhärtet.

Die Natur ist uns in der Herstellung von Betonen bereits vorangegangen: Große Teile gewaltiger Gebirge bestehen aus den Konglomeraten und Sandsteinen, das sind Kiesgeschiebe alter Bachläufe und frühere Sandwüsten, deren Kies oder Sand durch Kieselsäure und Kalk, die sich aus eingedrungenem Wasser abschieden, zu festem Gestein verbunden wurden.

Während aber die Natur zu dem Verkittungsprozeß Jahrtausende brauchte, ermöglicht der Zement ähnliche Bindungsvorgänge in wenigen Stunden und Tagen: Das Wunderbare, welches in dieser Tatsache einer fast plötzlichen Verwandlung eines losen Steingemenges in einen zusammenhängenden Stein von hoher Widerstandsfähigkeit liegt, wird infolge der Gewöhnung an die Alltäglichkeit des Vorganges nicht mehr genug gewürdigt. Wir sind heute tatsächlich in der Lage, ein festes Naturgestein am Ort seines Vorkommens durch den Steinbrecher in einen leicht versendbaren Schotter zu brechen und am Bauplatz einen neuen Stein, den erhärteten „Beton", der annähernd die gleiche Festigkeit hat wie der Ausgangsstoff, neu erstehen zu lassen. Dabei können diesem neuen „Betonstein" Formen gegeben werden, die dem unbildsamen Naturstein nie aufzuzwingen gewesen wären, und die mangelnde Zugfestigkeit des Naturgesteins kann durch eingebrachte Rundeisen weit über das mit jedem natürlichen Steinmaterial erreichbare Maß gesteigert werden. Was die alten Kulturvölker nur unter Heranziehung ganzer unterjochter Volksstämme vollbringen konnten, den jahrelang dauernden Transport mühsam aus dem Gebirge losgesprengter riesiger Steinblöcke auf Walzen und Holzbahnen mit Hunderten von Zugtieren und Menschen über wenige Meilen, vermögen wir heute mit einigen Steinbrechern, Eisenbahnwagen und Mischmaschinen in wenigen Wochen zu leisten: Die Errichtung „einsteiniger" Bauwerke an beliebigen Stellen in reicherer Gliederung, als sie der Naturstein erlaubt.

Bei der Vielseitigkeit und Wichtigkeit des Betons, der unsere modernen Lebensverhältnisse in vieler Beziehung ausschlaggebend beeinflußt — erinnert sei nur an die modernen Schleusen, Kanäle, Straßen und Hochhäuser, deren Bau im heutigen Ausmaß und gleicher Wirtschaftlichkeit ohne Beton nicht möglich wäre —, ist es für den Verarbeiter des Betons nötig, daß er sich mit dessen wichtigstem Bestandteil, dem Zement, eingehend beschäftigt, denn Stoffkenntnis ist die Grundlage für Leistung.

Diese Kenntnis soll das vorliegende Buch vermitteln, indem es die für Errichtung moderner Bauten nötigen Bindemittel und hydraulischen Zuschläge beschreibt.

Zwar sind schon in den neuen Büchern über Eisenbeton[1]) den Hauptteilen kurze Schilderungen der Rohstoffe von den Verfassern vorangestellt in richtiger Erkenntnis der Wichtigkeit der Stoffkunde auch für den Baumeister. Entsprechend der Bestimmung dieser einzelnen Werke als Lehrbücher für den Statiker mußte sich aber natürlich die stoffkundliche Einleitung nur mit den nötigsten Angaben begnügen und konnte vieles Wissenswerte, wie Angaben über Haftfestigkeit, Mischbarkeit der Zemente, ausländische Normenforderungen usw. gar nicht, anderes, wie Herstellung der Zemente, Verhalten bei Frost usf. nur kurz bringen. Dem Verbraucher eines Zementes sind aber wenigstens annähernde Kenntnisse über die Herstellungsweise, chemische Zusammensetzung und verschiedenes oder gleiches Verhalten der einzelnen Zemente unter verschiedenen Verhältnissen notwendig, da er nur bei Vorhandensein solcher Kenntnisse über die nötige innere Sicherheit verfügt, um diese Zemente bei Errichtung seiner kühnen Bauwerke sachgemäß anzuwenden. Diesem Zweck der Materialkenntnis soll die vorliegende Abhandlung als Lehrbuch sowohl, als auch als Nachschlagewerk dienen.

Sie soll eine Übersicht über die Herstellung der verschiedenen Zemente, ihre chemische Zusammensetzung und ihre aus diesen verschiedenen Grundlagen resultierenden Eigenarten geben; sie soll die Eigenschaften der Zemente sowohl im Rahmen der Normen der einzelnen Länder, als auch außerhalb dieser enggezogenen Grenze beschreiben, also sich auch mit Lagerbeständigkeit, Mischbarkeit und Frostbeständigkeit usf. beschäftigen. Dabei sind zahlreiche Erfahrungen und Untersuchungsergebnisse des Verf. zum ersten Mal veröffentlicht.

In dieser Form wird das Buch dem Zementverbraucher zur Bereicherung seiner Kenntnisse willkommen sein. Aber auch dem Zementhersteller soll es manche Angaben in übersichtlicher Form vermitteln, die ihm von besonderem Wert sind in dieser Zeit der Umstellung der Zementindustrie, welche zu noch vor 3 Jahren ungeahnten Festigkeitserhöhungen führte, die das festgefügte Gebäude der „Normen" erschüttert, und deren Ende noch lange nicht erreicht ist.

Düsseldorf, im April 1927.

Dr. Richard Grün.

---

[1]) Otzen: Der Massivbau. Julius Springer, Berlin 1926. — Probst: Vorlesungen über Eisenbeton. Julius Springer, Berlin 1922/23. — Foerster: Die Grundzüge des Eisenbetonbaues 3. Aufl. Julius Springer, Berlin 1926.

Inhaltsverzeichnis.

Zweiter Zeil.

Prüfung und Eigenschaften der verschiedenen Zemente und hydraulischen Zuschläge.

Anhang.

Einleitung.

Das Wort „Zement" stammt von dem lateinischen „Cementum"
und hieß ursprünglich „caedimentum". Caedimentum kommt von „cae-
dere", behauen, und bedeutete einen Quader oder Bruchstein, dann auch
Marmorsplitter[1]). Mit dem Wort „cementum" oder auch „caedimentum" bezeichnete man später einen Zuschlag zum Kalk, um diesem die
Fähigkeit zu verleihen, unter Wasser zu erhärten, mit anderen Worten,
um ihn hydraulisch zu machen. Noch 1883 hatte nach Dr. Kaiser das
Wort „Zement" diese Bedeutung als Zuschlag, wurde aber auch damals
schon für die Bezeichnung des Mörtelbildners verwendet.

Mit der allgemeinen Einführung des Portlandzementes in der zweiten Hälfte des vorigen Jahrhunderts errang sich das Wort „Zement"
immer mehr seine Stellung als Bezeichnung des Bindemittels selbst,
und heute wird nicht mehr ein unhydraulischer oder hydraulischer Zuschlag, sondern ein selbständiger Mörtelbildner mit dem Wort „Zement"
bezeichnet.

Dieser Mörtelbildner kann nun hydraulisch oder unhydraulisch
sein, d. h. er kann entweder zu einem unter Wasser abbindenden, wasserbeständigen oder zu einem nicht völlig wasserbeständigen Beton führen.

I. Unhydraulische Bindemittel (Kalk, Gips).

Als nicht wasserbeständig kommen nur der Kalk, der Gips und
der Sorelzement in Betracht.

Der Kalk wird schon seit Jahrtausenden als Mörtelbestandteil
benutzt. Seine bindende Wirkung beruht auf einfacher Austrocknung
und Umsetzung mit der Kohlensäure der Luft zu hartem Kalziumkarbonat. Infolge dieser Art der Erhärtung vermag der Kalk nur an der Luft
zu erhärten; er löst sich dagegen in Wasser zu Kalkwasser auf, da Kal-
ziumhydroxyd nicht unbeträchtlich wasserlöslich ist.

Der Gips, der seiner chemischen Zusammensetzung nach aus Kalziumsulfat besteht, ist gleichfalls in Wasser löslich. Er vermag nicht einmal, wie der Kalk, mit der Kohlensäure der Luft eine unlösliche Verbindung (Kalziumkarbonat) zu bilden und kommt deshalb für Bauwerke,
die wasserbeständig sein sollen, noch weniger als der Kalk in Betracht,
zumal er auch nur niedrige Festigkeiten erreicht.

Der Sorelzement (Magnesiazement) wird gebraucht zur Herstellung von Platten, Kunststeinen und besonders zur Herstellung von
Steinholz[2]) als Fußbodenbelag. Dieses besteht aus einer Mischung von

---

[1]) Harder, F.: Werden und Wandern unserer Wörter, S. 59. Berlin 1906,
[2]) Grün, R.: Über Steinholz. Baumarkt 1925, S. 1009 f. — Grün, R.:
Zusammensetzung und Prüfung von Steinholz. Baumarkt 1926, S. 1418.

Magnesiumoxyd (gewöhnlich kurz Magnesit genannt) mit Zuschlägen und
Füllstoffen, die durch Anmachen mit einer konzentrierten Magnesiumchloridlösung erhärtet ist. Da die Wasserbeständigkeit des Sorelzementes
und damit auch des Steinholzes nicht vollkommen ist, sollte er als „Zement"
in obigem Sinne nicht bezeichnet werden. Bei der allgemeinen Gewohnheit aber, das Magnesia-Magnesiumchloridgemisch als Sorelzement zu
bezeichnen, kann eine Änderung dieser Bezeichnungsweise nicht vorgeschlagen werden, da ein solcher Vorschlag doch zunächst erfolglos
bleiben würde.

II. Hydraulische Bindemittel (Zement, Wasserbindemittel).

Einteilung.

Die hydraulischen, also unter Wasser erhärtenden und wasserbeständigen Bindemittel zerfallen je nach Herstellung, Zusammensetzung und

Abb. 1. Ungesintertes Bindemittel: Hydraulischer Kalk nach dem Austritt aus dem Ofen vor
der Vermahlung ($^1/_2$ der nat. Größe).

Eigenschaften in verschiedene Arten, über welche die Einteilung auf
S. 3 einen kurzen Überblick gibt.

Die Einteilung zeigt, daß die hydraulischen Bindemittel in die großen
Abteilungen:

    Bindemittel aus ungesinterten Rohstoffen,
    Bindemittel aus gesinterten Rohstoffen,
    Bindemittel aus geschmolzenen Rohstoffen,
    Bindemittel aus teils gesinterten, teils geschmolzenen Rohstoffen,
    Bindemittel aus teils ungesinterten, teils geschmolzenen Rohstoffen

zerfallen, d. h. also, daß für die Unterscheidung der Grad der Brenntemperatur maßgebend ist.

Tabelle 1. Einteilung der Bindemittel (nach der Brennweise).

Alle Bindemittel bestehen in der Hauptsache aus Kalk, Kieselsäure und Tonerde (evtl. auch Magnesia), siehe Seite 10.
Ihre Unterschiede beim Anmachen mit Wasser sind neben der verschiedenen chemischen Zusammensetzung in Bezug auf den Prozentgehalt der anwesenden Stoffe vor allen Dingen zurückzuführen auf die Art des Brennvorganges, dem sie unterworfen wurden.

Natur des Bindemittels:	Bindemittel							
	unhydraulische Bindemittel					hydraulische Bindemittel		
Art des Brennvorganges:	ungesintert					geschmolzen		gesintert
Name	**Magnesia-zement**	**Gips**	**Kalk**	**Romanzement**	**Schlackenzement**	**Tonerde-zement**	**Hüttenzement** (E. P. Z. und H. O Z.)	**Portlandzement** (künstl. P. Z., Naturzement)
Art der Zemente	Bindemittel hauptsächlich für Innenputz und nicht wasserfeste Bauwerke			Zemente für gering beanspruchte Bauwerke		Hochfeste Zemente	Normale Handelszemente (Normenzemente)	

1. Die hydraulischen Bindemittel aus ungesintertem Material
(z. B. Romanzement)

sind solche, deren Rohstoffe nicht so hoch erhitzt wurden, daß sich das
Gefüge veränderte. Zu ihnen gehören die hydraulischen Kalke (Abb. 1),
die Schwarz-, Grau- und Magnesiakalke, die dolomitischen und die Romanzemente. Ihnen kam besonders im Altertum und Mittelalter, dann in
der Neuzeit bis zur Erfindung des Portlandzementes eine erhebliche
Bedeutung zu. Seit Erfindung des Portlandzementes im Anfang des
19. Jahrhunderts sind sie durch diesen und ihm gleichwertige Bindemittel größtenteils verdrängt worden, da sie nicht die Festigkeit zu
erreichen vermögen, die für die modernen Hoch- und Tiefbauten gefordert werden. Dennoch spielen sie für gewisse Bauausführungen noch
eine Rolle, besonders im Ausland und in weniger erschlossenen Ländern,

Abb. 2. Gesintertes Bindemittel: Drehofenklinker ungemahlen (¹/₂ der nat. Größe).

wo die Herstellung schwerer aufzubereitender hochhydraulischer Bindemittel auf Schwierigkeiten stößt. Normen bestehen für die ungesinterten
hydraulischen Bindemittel in Deutschland nicht. Von einer eingehenden
Besprechung im Rahmen dieses Werkes wird abgesehen, da dieses sich
nur mit den hochhydraulischen Bindemitteln und mit hydraulischen
Zuschlägen, wie sie für die Errichtung hochbeanspruchter Tiefbauten
oder für Eisenbetonbauten verwendet werden, beschäftigen soll.

2. Die hydraulischen Bindemittel aus gesintertem Material
(z. B. Portlandzement)

sind solche Erzeugnisse, bei deren Entstehung sich beim Brennprozeß das
Rohstoffgefüge schon bis zu einem gewissen Grad verändert hat, dadurch,
daß der Schmelzprozeß eingeleitet wurde. Diese Erhitzung zum beginnenden oder auch teilweise durchgeführten Schmelzen nennt man Sinterung, die Sintererzeugnisse Klinker (Abb. 2 u. 3). Der Haupt- und alleinige
Vertreter der durch Sinterung erzeugten Zemente ist der Portlandzement.

Es gibt natürliche und künstliche Portlandzemente; die letzteren sind
solche, bei welchen dem Rohmaterial durch Mischung verschiedener
Kalke und Mergel diejenige Zusammensetzung gegeben wurde, welche
von dem fertigen Erzeugnis verlangt wird. Da weitaus die meisten der
in der Natur vorkommenden Tone, Mergel und Kalke der gewünschten
Portlandzementzusammensetzung nicht entsprechen, ist es fast immer
nötig, die Rohstoffe vor dem Brennen zu mahlen und zu mischen, deshalb sind die meisten Portlandzemente künstliche Portlandzemente.
Nur wenige Rohstoffe haben zufällig von Natur aus diejenige Zusammensetzung, welche einem Portlandzement entspricht. Diese können dann
ohne vorherige Aufbereitung zu Portlandzement gebrannt werden und
ergeben die Naturportlandzemente. Die letzteren spielen infolge des

Abb. 3.   Gesintertes Bindemittel: Schachtofenklinker ungemahlen ($^1/_2$ der nat. Größe).

Mangels an von Natur aus richtig zusammengesetztem Rohmaterial nur
eine untergeordnete Rolle.

3. Die Bindemittel aus geschmolzenen Stoffen (z. B. Tonerdezement)

haben erst in neuester Zeit eine erhebliche Bedeutung erlangt. Der
jüngste Vertreter derselben ist der Tonerdezement, welcher sich durch
sehr hohe Festigkeiten und erhebliche Sulfatbeständigkeit[1]) auszeichnet.
Bei der Herstellung der Zemente aus geschmolzenen Rohstoffen werden
die Rohmaterialien im wassergekühlten Schachtofen soweit erhitzt, daß
sie den Ofen in glühendflüssigem Zustand als „Lava" verlassen (Abb. 4).

4. Die Bindemittel erhalten durch Vermahlen von gesinterten mit geschmolzenen Rohstoffen (Hüttenzement).

Den Übergang von den Bindemitteln aus gesinterten zu denjenigen aus geschmolzenen Rohstoffen bilden die Hüttenzemente,
welche aus gesinterten und geschmolzenen Produkten bestehen, denn

---

[1]) Sulfate vermögen bei längerer Einwirkungsdauer Betone, besonders aus
kalkreichen Zementen, zu zerstören (siehe Ende des Buches und Grün, der Beton.
Springer 1926).

diese werden hergestellt aus Portlandzementklinker und Hochofenschlacke. Die Portlandzementklinker werden in der üblichen Weise durch Sintern einer geeigneten Mischung von Kalkstein und Hochofenschlacke erzeugt; Hochofenschlacken entstehen im Hochofen bei der Eisenerzeugung durch Niederschmelzen der Gangart des Erzes, welchem Kalk in geeigneter Menge, die sich in ihrer Höhe nach der Zusammensetzung des Erzes zu richten hat, zugesetzt wird; sie verlassen den Hochofen glühend-flüssig, sind also Schmelzen.

Die Hüttenzemente zerfallen je nach der angewandten Schlackenmenge in Eisenportlandzemente, das sind die den Portlandzement im Überschuß aufweisenden, also den Sinterzementen nahestehenden Produkte, und in Hochofenzemente. Die letzteren enthalten stets mehr Schlacke als die Eisenportlandzemente, sind also den Schmelzzementen näher verwandt.

Sowohl für Portlandzement als auch für Eisenportlandzement und Hochofenzement bestehen deutsche Normen, die im allgemeinen bis

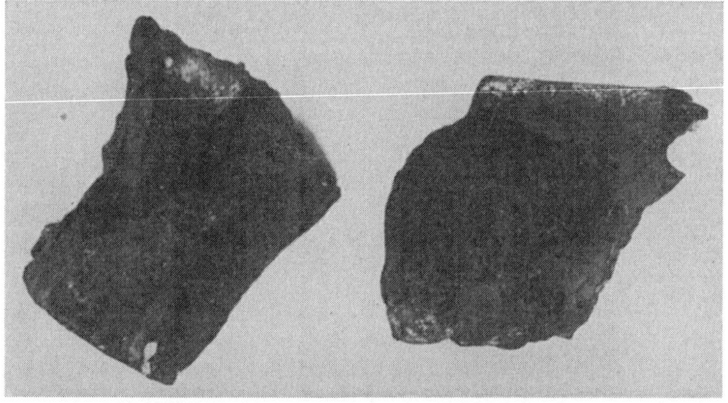

Abb. 4.   Geschmolzenes hydraulisches Bindemittel: Tonerdezement vor der Vermahlung
($^1/_2$ der natürlichen Größe).

auf die Begriffserklärung, welche die Herstellungsweise vorschreibt, gleichlautend sind. Die 3 Normenzemente: Portland-, Eisenportland- und Hochofenzement kommen ebenso wie Tonerdezemente für die Herstellung von Eisenbeton- oder staatliche Betonbauten in Frage, sie sind deshalb weitaus die wichtigsten Zemente.

5. Bindemittel aus verschiedenen Rohstoffen.

Aus Puzzolanen mit latent hydraulischen Eigenschaften, wie Traß und Hochofenschlacke, und gebranntem Kalk können noch in verschiedener Weise Mischzemente hergestellt werden, deren Bezeichnung je nach den verwendeten Mischstoffen gewählt wird. Sie spielen, da Normen nicht für sie bestehen, nur eine untergeordnete Rolle, zumal sie die Festigkeiten der Normenzemente nicht zu erreichen vermögen.

Hochfeste Zemente.

Die hochfesten Zemente sind solche Zemente, welche bei normaler Abbindezeit mit besonders hoher Anfangsfestigkeit erhärten und deshalb für schnell zu entschalende oder in Benutzung zu nehmende Bauten verwendet werden. Nicht nur die Tonerdezemente als geschmolzene Erzeugnisse sind hochfeste Zemente, sondern auch Portlandzemente und Hüttenzemente werden in besonders aufbereiteter Form aus besonders geeigneten Rohstoffen als hochfeste Erzeugnisse in den Handel gebracht und mit Erfolg verwendet.

Die hochfesten Zemente entsprechen im übrigen den handelsüblichen Normenzementen sowohl in bezug auf Begriffserklärung als auch auf sonstige Eigenschaften. Sie werden richtig hochfeste (nicht hochwertige) Zemente genannt, da lediglich ihre Festigkeiten sie von den Normenzementen unterscheiden.

In Österreich waren schon vor dem Kriege hochfeste Portlandzemente hergestellt worden, auf deren günstige Eigenschaften die Öffentlichkeit durch verschiedene bemerkenswerte Abhandlungen von Baurat Spindel[1]) hingewiesen worden war.

In Deutschland gab aber den Anstoß zu dieser Herstellung der hochfesten Zemente erst das Auftauchen des Tonerdezementes, der in Frankreich als „ciment fondu", neuerdings auch in Deutschland aus französischem Bauxit als „Alcazement" hergestellt wird. Dieser Tonerdezement hat eine andere chemische Zusammensetzung als die Normenzemente; er hat nämlich einen Tonerdegehalt, welcher denjenigen von Portlandzement um das Sechsfache, denjenigen von Hochofenzement um das Dreifache übertrifft. Da er bei der Herstellung geschmolzen wird, wird er auch Schmelzzement genannt, richtiger, weil eindeutiger, ist aber die Bezeichnung „Tonerdezement". Außer der energischen Anfangserhärtung verhalten sich die Tonerdezemente, soweit bis jetzt zu erkennen ist, wie die obenerwähnten Normenzemente. Geringe Unterschiede in Bezug auf angreifende Lösungen bestehen; so sind die Tonerdezemente widerstandsfähiger gegen Sulfate als Portlandzement, dagegen empfindlicher gegen manche Säuren, z. B. Essigsäure. Obgleich für die Tonerdezemente Normen noch nicht aufgestellt sind, werden sie, wie die hochfesten Normenzemente, für schnell zu entschalende und dem Betrieb zu übergebende Bauausführungen verwendet. Ihr Verwendungsgebiet ist aber beschränkt, da ihr Preis das Dreifache eines Normenzementes beträgt und sie in den weitaus meisten Fällen durch hochfeste Normenzemente vertreten werden können.

III. Hydraulische Zuschläge (Traß, Ziegelmehl).

Obgleich die hydraulischen Zuschläge kein selbständiges Erhärtungsvermögen besitzen, sondern stets einen Zusatz von Bindemitteln be-

---

[1]) Spindel: Hochwertige Spezialzemente. Tonind.-Zg. 1913, S. 868; 1919, S. 1070; 1920, S. 468. — Endell: Zement 1920, S. 25. — Framm: Zement 1920, S. 541. — Killig: Zement 1920, S. 170. — Spindel: Tonind.-Zg. 1921, S. 209.

nötigen, um als Mörtelbestandteil verwendet werden zu können, sind sie
für die Bindemitteltechnik von so großer Bedeutung, daß ihre Besprechung
an dieser Stelle notwendig erscheint.

Es gibt Zuschläge von verschieden starker Hydraulizität. Die Stärke
der Hydraulizität hängt ab von der chemischen Zusammensetzung, dem
Formzustand und der Mahlfeinheit. Ein künstlicher hydraulischer Zu-

Abb. 5. Tuffstein, aus welchem durch Vermahlung Traß hergestellt wird
($^1/_2$ der natürlichen Größe).

schlag ist die Hochofenschlacke in wassergranulierter Form, wesentlich
schwächer hydraulisch ist das Ziegelmehl. Beide vermahlen geben den
Linktraß.

Von den natürlichen Puzzolanen sind die wichtigsten der Traß (Abb. 5)
und die Puzzolanerde, da beide, seit altersher bekannt, mit Kalk oder
Zement zu zahlreichen Bauwerken Verwendung gefunden haben.

Erster Teil

Die verschiedenen Arten von Zementen und hydraulischen Zuschlägen.

Die Zemente und hydraulischen Zuschläge sollen nun bezüglich ihrer Zusammensetzung und Herstellung besprochen werden, und zwar in nachstehender Reihenfolge.

I. Bindemittel aus gesinterten Stoffen: Portlandzement.

II. Bindemittel aus teils gesinterten, teils geschmolzenen Rohstoffen: Hüttenzement.

III. Bindemittel aus geschmolzenen Rohstoffen: Tonerdezement.

IV. Andere Bindemittel:

Bindemittel aus teils ungesinterten, teils geschmolzenen Rohstoffen: Schlackenzement.

Bindemittel aus teils ungesinterten, teils gesinterten Rohstoffen: Traß-Portlandzement.

V. Hydraulische Zuschläge: Traß, Hochofenschlacke, Ziegelmehl.

Festzuhalten ist, daß alle hydraulischen Zemente und Zuschläge chemisch nahe verwandt sind, da sie aus den 3 gleichen Komponenten, nämlich Kalk, Kieselsäure und Tonerde zusammengesetzt sind. Die Unterschiede bestehen vor allen Dingen darin, daß diese 3 Komponenten in verschiedenen Prozentsätzen gesintert oder geschmolzen zusammentreten. Der Grad dieser Unterschiede und die Folgen der verschiedenen chemischen Zusammensetzung sind eingehend bei den verschiedenen Zementarten auseinandergesetzt.

Bei jeder Zementart sind zunächst im Teil A die wissenschaftlichen Grundlagen für die Herstellung und Erhärtung dargelegt. — Zunächst ist

1. die chemische Zusammensetzung besprochen. Daran schließt sich eine Wiedergabe und Erläuterung der

2. Begriffserklärung, welche bekanntlich die Erzeugungsweise beschreibt. Dann folgt eine Besprechung der

3. Mahlung und ein

4. geschichtlicher Überblick über die Erfindung und das Werden des betr. Bindemittels, worauf der Teil A mit einer Schilderung der Spezialfabrikate, z. B. der

5. hochfesten Zemente abgeschlossen wird.

Im Teil B sind für jedes Bindemittel die aus den wissenschaftlichen Grundlagen sich ergebenden technischen Maßnahmen zur Herstellung der Bindemittel besprochen, und zwar sind zunächst

1. die Rohstoffe geschildert. Daran schließt sich eine Beschreibung der Verarbeitung dieser Rohstoffe zum

2. Rohmehl. Darauf wird die

3. Brennweise des Rohmehls zu Klinker erklärt und mit Bildern erläutert, worauf dann schließlich noch eine Darlegung des

4. Mahlvorganges, welcher zum fertigen Bindemittel führt, den Abschluß bildet.

I. Bindemittel aus gesinterten Stoffen: Portlandzement.

A. Wissenschaftliche Grundlagen der Portlandzementherstellung.

1. Chemische Zusammensetzung. Dreistoffsystem.

Wie in der Einleitung bereits erwähnt ist, bestehen alle hydraulischen Bindemittel aus Kalk, Tonerde, Kieselsäure.

a) Kalk (CaO) kommt auf jedem Bauplatz als gebrannter Kalk vor und ist ein weißes bis graues Gestein, welches durch Brennen des in mächtigen Lagern gebirgsbildend vorkommenden kohlensauren Kalkes gewonnen wird, und das beim Zutritt von Wasser unter Erhitzung zu gelöschtem Kalk zerfällt. Der gebrannte Kalk wird seit Jahrtausenden zur Herstellung von Luftmörtel verwendet. Hydraulische Eigenschaften hat er nicht, da Kalkmörtel sich bekanntlich in Wasser auflöst. Erst bei Zusatz von Puzzolanen (Ziegelsteinmehl, Traß) erhält der Kalkmörtel hydraulische Eigenschaften, d. h. er bildet ein wasserbeständiges Bindemittel. Diese Tatsache war sowohl den alten asiatischen Kulturvölkern als auch den Römern bekannt. Sowohl in Jerusalem (1000 Jahre v. Chr.) als auch in den Städten aus der Römerzeit befinden sich Bauwerke, die mit Kalkmörtel, der durch Zusatz von Ziegelmehl hydraulisch gemacht worden war, hergestellt sind.

b) Kieselsäure (SiO$_2$) bildet in ziemlich reiner kristallisierter Form als Quarz den Flußsand, Rheinkies usw. und ist ein seit ältesten Zeiten verwendetes Zuschlagsgut für Mauerzwecke.

c) Tonerde kommt in reinem Zustande nicht vor, bildet aber einen wesentlichen Bestandteil zahlreicher Gesteine und Verwitterungsprodukte derselben (Ton). Ein besonders tonerdereiches Gestein ist der Bauxit, der bei uns in verunreinigter Form im Vogelsberg, in reinerer Form in Frankreich gefunden wird. Durch einfache Reduktion von Tonerde, d. h. also durch Sauerstoffentziehung, wird aus Tonerde das Aluminium in gleicher Weise gewonnen wie durch Reduktion von Eisenoxyd (Eisenerz) das metallische Eisen.

d) Das Dreistoffsystem Kalk, Kieselsäure, Tonerde. Die 3 Komponenten Kalk, Kieselsäure und Tonerde können in unendlich vielen Mischungsverhältnissen zusammentreten und bilden, wenn man diese Mischungen stark erhitzt, beispielsweise bis zur Sinterung, also bis zum beginnenden Schmelzen (Teigform), oder wenn man sie schmilzt, Verbindungen und Verbindungsgemische. Bei der Vielfältigkeit, welche möglich ist für die 3 Bestandteile, ist es sehr schwierig, einen Überblick über die verschiedenen möglichen und wichtigen Mischungen zu erhalten. Um die Übersicht zu erleichtern, hat man sich eine graphische Darstellung erdacht. Da diese graphische Darstellung über die zwischen den 3 Stoffen möglichen Mischungen Aufschluß gibt, nennt man sie das Dreistoffsystem, und da die 3 Stoffe Kalk, Kieselsäure und Tonerde sind, heißt sie das Dreistoffsystem „Kalk, Kieselsäure, Tonerde"[1]).

Da die Kenntnis des Dreistoffsystems für einen schnellen Über-

---

[1]) **Mathesius**, Die Zusammensetzung der Hochofenschlacke. Stahl und Eisen 1908, S. 1121.

blick und ein gutes Verständnis der Unterschiede in der chemischen Zusammensetzung der hydraulischen Bindemittel und Zuschläge unerläßlich ist, sei es hier kurz erklärt, zumal es demjenigen, der seinen Aufbau einmal verstanden hat, eine leichte Vergleichung beliebig vieler verschiedener Analysen vermittelt, die ohne Kenntnis des Dreistoffsystems nicht systematisch betrachtet und verstanden werden können.

Voraussetzung für die Möglichkeit der graphischen Darstellung des Dreistoffsystems ist die allgemein bekannte Tatsache, daß Analysen stets auf 100% berechnet werden. Um einen Überblick über das in der Abb. 6 wiedergegebene Dreistoffsystem, welches aus einem gleichseitigen Dreieck besteht, zu erhalten, ist es zweckmäßig, zunächst eine Seite desselben zu betrachten. Zunächst soll die linke Seite erklärt werden.

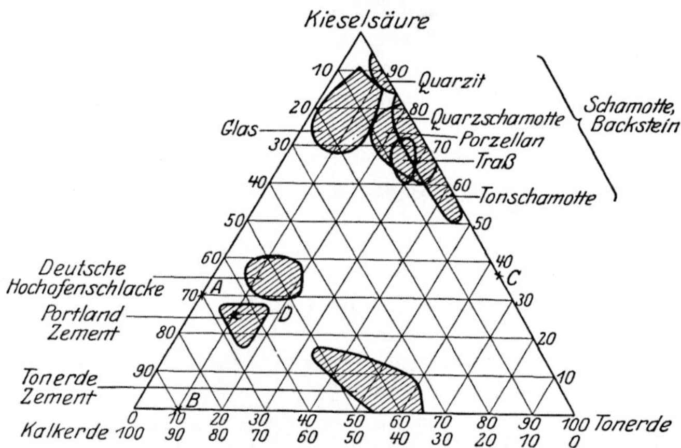

Abb. 6. Das Dreistoffsystem (Kalk (CaO) — Kieselsäure (SiO₂) — Tonerde (Al₂O₃). — Graphische Darstellung der analytischen Zusammensetzung aller aus Kalk — Kieselsäure — Tonerde bestehenden Stoffgemische (keramische Erzeugnisse und hydraulische Bindemittel).

Diese linke Seite allein bildet ein Zweistoffsystem; sie ist naturgemäß in 100 Teile eingeteilt, an ihrem oberen Ende liegt die reine Kieselsäure (100% Kieselsäure), an ihrem unteren Ende der reine Kalk (100%) und auf ihr selbst alle diejenigen Stoffgemische oder Verbindungen, welche aus Kalk und Kieselsäure zusammengesetzt sind, vorausgesetzt, daß die Summe 100 beträgt. So liegt beispielsweise bei dem Punkt A derjenige Stoff, welcher aus 30% Kieselsäure und 70% Kalk zusammengesetzt ist.

Ein zweites Zweistoffsystem wird durch die Grundlinie des gleichseitigen Dreiecks dargestellt, und zwar das Zweistoffsystem Kalk—Tonerde. Sinngemäß liegt bei Punkt B derjenige Stoff, welcher aus 10% Tonerde und 90% Kalk besteht.

Das dritte Zweistoffsystem Kieselsäure—Tonerde, welches die rechte Seite des Dreiecks bildet, erklärt sich hiernach von selbst. Bei Punkt C liegt derjenige Stoff, welcher aus 37% Kieselsäure und 63% Tonerde zusammengesetzt ist, der Sillimannit, der Hauptbestandteil des Porzellans[1]).

---

[1]) Eitel, Neuere Untersuchungen über das System Al₂O₃ — SiO₂. Keramische Rundschau, 34. Jahrgang, Nr. 37.

Nun liegen im Innern dieses aus den 3 Zweistoffsystemen entstehenden gleichseitigen Dreiecks alle diejenigen Stoffe, welche nicht nur aus 2, sondern aus 3 der genannten Komponenten bestehen, beispielsweise bei Punkt *D* also derjenige Stoff, welcher folgende Zusammensetzung hat: 25% Kieselsäure, 10% Tonerde, 65% Kalk (Portlandzement).

Man hat die zahlreichen in der Praxis vorkommenden Stoffgemische, wie beispielsweise Portlandzement, Hochofenschlacke, Tonerdezement, Traß usw. chemischen Analysen unterzogen, die Analysen unter Vernachlässigung aller „verunreinigenden" Stoffe, wie Magnesia u. dgl., auf 100 umgerechnet und die so erhaltenen Stoffpunkte in das Dreistoffsystem eingetragen. Man erhielt auf diese Weise für jeden Stoff, wie Portlandzement, Hochofenschlacke u. dgl., Punktgruppen, die eine bestimmte Fläche bedecken. Für jedes Erzeugnis der Praxis entstehen auf diese Weise Flächen, in welche weitere Analysen des betreffenden Stoffes ohne weiteres hineinfallen. Analysiert man also einen Stoff und trägt den ihm zukommenden Punkt in ein entsprechend eingeteiltes Dreistoffsystem ein, so kann man ohne weiteres aus der Fläche, in welche der Stoff fällt, schließen, um was für ein Erzeugnis, beispielsweise Portlandzement od. dgl., es sich handelt.

Liegen nun Flächen verschiedener Stoffe benachbart, so läßt sich aus dieser Benachbarung, die ja durch eine Ähnlichkeit der chemischen Zusammensetzung hervorgerufen wird, schließen, daß die betreffenden Stoffgruppen auch ähnliche Eigenschaften haben. Bei weiteren räumlichen Entfernungen wird die Ähnlichkeit im Verhalten geringer sein, vorhanden ist natürlich aber eine Verwandtschaft immer, da die Stoffe, um die es sich handelt, aus den gleichen Komponenten bestehen. Ganz allgemein kann bezüglich der hier interessierenden Eigenschaften gesagt werden, daß die Stoffe des Portlandzement- und des Tonerdezementfeldes die höchsten hydraulischen Eigenschaften haben. Etwas geringer sind diese hydraulischen Eigenschaften beim Hochofenschlackenfeld, wie dies auch durch die räumliche Entfernung angezeigt wird. Die hydraulischen Eigenschaften fallen dann in stärkerem Maße weiter bei der Entfernung von der Kalkecke und der Tonerdezementfläche ab, so daß der ziemlich weit entfernte Traß und das Ziegelmehl nur noch geringe hydraulische Eigenschaften haben, die schließlich in der Kieselsäure- und der Tonerdeecke völlig erloschen sind.

Die chemische Zusammensetzung des Portlandzementes läßt sich nun aus dem Dreistoffsystem ohne weiteres ablesen. Sie liegt in folgenden Grenzen:

Kalk . . . .   58—68%
Kieselsäure . . . . . .   18—27%
Tonerde und Eisenoxyd   6—17%

Es gibt auch Portlandzemente, welche verhältnismäßig wenig Tonerde, dagegen einen höheren Prozentsatz an Eisen enthalten, die sog. Erzzemente (Michaelis), die als besonders widerstandsfähig gegen Sulfatwässer bekannt sind. Ebenso bestehen Übergänge zwischen Portlandzement und Tonerdezement, beispielsweise ist von R. Grün ein Tonerdezement mit 15% Kieselsäure, 50% Kalk und 28 + 2% Tonerde

und Eisenoxydul beschrieben und „Kalktonerdezement" genannt[1]).
Auch diese Kalktonerdezemente haben vorzügliche Eigenschaften.

Die sog. Kühlzemente sind ähnliche Zemente, in welchen aber ein
Teil der Tonerde durch Eisen ersetzt ist, um Schnellbinden zu vermeiden.

Nach seinem mineralogischen Aufbau besteht der gewöhnliche Portlandzement vor allen Dingen aus Alit. Über die Konstitution des Alits sind die Ansichten noch nicht geklärt. Nach amerikanischer Auffassung besteht der Alit besonders aus Trikalziumsilikat; nach einer deutschen Auffassung ist er gemäß der Formel

$$8\,CaO\,Al_2O_3\,2\,SiO_2$$

zusammengesetzt, eine Verbindung, für welche neuerdings der Vorschlag gemacht wurde[2]), sie nach ihrem Entdecker Jänecke „Jäneckeit" zu nennen.

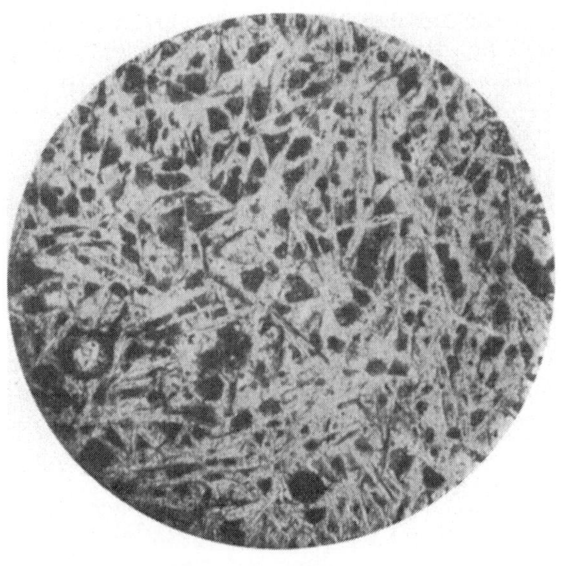

Abb. 7. $8CaO \cdot Al_2O_3 \cdot 2\,SiO_2$, Verbindung des 3-Stoffsystems, deren Beteiligung am Aufbau des Portlandzementes vermutet wird (80 fach).

Der ungemahlene Portlandzement wird Klinker genannt.

2. Begriffserklärung des Portlandzementes.

Alle Stoffe, welche in die Grenzen des Portlandzementfeldes fallen, vorausgesetzt, daß sie bis zur Sinterung erhitzt wurden, sind Portlandzemente. Die Sinterung wird durch die Normen vorgeschrieben, in welchen die Herstellungsweise des Portlandzementes wie folgt gekennzeichnet ist.

„Portlandzement ist ein hydraulisches Bindemittel mit nicht weniger als 1,7 Gewichtsteilen Kalk (CaO) auf 1 Gewichtsteil lösliche Kieselsäure (SiO_2) + Tonerde (Al_2O_3) + Eisenoxyd (Fe_2O_3), hergestellt durch feine Zerkleinerung und innige Mischung der Rohstoffe, Brennen bis mindestens zur Sinterung und Feinmahlen. Dem Portlandzement dürfen nicht mehr als 3% Zusätze zu besonderen Zwecken zugegeben sein.

Der Magnesiagehalt darf höchstens 5%, der Gehalt an Schwefelsäure-Anhydrid nicht mehr als $2^1/_2\%$ im geglühten Portlandzement betragen."

---

[1]) Grün, R.: Tonerdezement. Tonind.-Zg. 1924, 247.
[2]) Goebel, Zement 1925, S. 538.

Die deutschen Normen verlangen also neben der chemischen Zusammensetzung feine Zerkleinerung und innige Mischung der Rohstoffe vor dem Brennen, schließen also Rohstoffe, welche von Natur aus die richtige Zusammensetzung haben, von der Bezeichnung als Normenportlandzement aus.

Die Beschränkung des Magnesiagehaltes erwies sich bei der Aufstellung der Normen als wünschenswert, da damals hochmagnesiahaltige Zemente zu Treiberscheinungen des Mörtels geführt und eine Unschädlichmachung der Magnesia durch höheren Brand bei den alten Schachtöfen nicht möglich war.

3. Mahlung.

Ungebrannter Portlandzementklinker ist infolge seiner großen Dichte weitgehend lagerbeständig, d. h. er läßt sich durch Übergießen mit Wasser nicht ablöschen, wie beispielsweise gebrannter Kalk, der ja zerfällt, sondern er behält seine Form. Erst die übliche feine Mahlung macht den Klinker für Wasser angreifbar; er erhärtet dann unter Bildung von Monokalziumsilikathydrat und Trikalziumaluminathydrat zu einem steinartigen Gefüge, welches den beigefügten Zuschlagsstoff, Quarzsand u. dgl., fest zusammenkittet.

4. Geschichtlicher Überblick.

Meist gilt Josef Aspdin als Erfinder des Portlandzementes. Dieser, ein Maurer aus Leeds, England, ließ sich am 21. Oktober 1824 das Patent 5022 auf ein Verfahren zur Herstellung eines künstlichen Steines erteilen, welches folgenden Patentanspruch hatte:

„Eine Verbesserung in der Herstellungsweise eines künstlichen Steines.

Meine Art, einen Zement oder künstlichen Stein zu machen für den Verputz von Gebäuden, für Wasserbauten, Wasserbehälter oder irgend sonstige Zwecke, für die er verwendbar ist (und den ich ‚Portlandzement‘ nenne), ist die folgende: Ich nehme eine bestimmte Menge von Kalkstein, wie er gewöhnlich zum Bau und zur Ausbesserung von Wegen gebraucht wird, nachdem er zu Staub oder zu Schlamm zerfahren ist (is reduced); wenn ich aber keine genügende Menge von der Straßenfläche beschaffen kann, so nehme ich den Kalkstein selbst und lasse den Staub oder Schlamm oder den Kalkstein, wie der Fall gerade liegt, brennen. Dann nehme ich eine bestimmte Menge von tonhaltiger Erde oder von Ton und mische sie mit Wasser zu einem nahezu unfühlbaren Brei, entweder mittels Handarbeit oder mit Maschinen. Nach dieser Vorbereitung bringe ich die besagte Mischung in eine transportable Pfanne zwecks Verdampfung mittels der Sonnenwärme oder indem ich sie der Wirkung von Feuer oder Dampf aussetze, diese in Heizkanäle unter die Pfanne oder in deren Nähe leitend, bis das Wasser völlig verdampft ist. Dann breche ich die besagte Mischung in passende Stücke und brenne sie in einem dem Kalkofen ähnlichen Ofen, bis die Kohlensäure völlig ausgetrieben ist. Die so gebrannte Mischung ist durch Mahlen, Zerstoßen oder Walzen in ein feines Pulver zu verwandeln und ist dann in der passenden Form, um Zement oder Kunststein herzustellen.

Dieses Pulver ist durch Mischen mit einer hinreichenden Menge Wasser auf Mörtelsteifheit zu bringen und ist dann zu den gewünschten Zwecken verwendbar."

Aus diesem Patentanspruch geht hervor, daß Aspdin die so wichtige Sinterung noch nicht vorgeschrieben hat, da er ihre Bedeutung nicht kannte. Er kann somit nicht als Erfinder des Portlandzementes

Abb. 8. Teilstück aus der 1,1 im Lichten hohen 90 km langen Wasserleitung, erbaut ca. 80 n. Chr. von der Eifel nach Köln aus Beton.

in heutiger Form gelten, denn Romanzemente, die durch Erhitzung bis zur völligen Austreibung der Kohlensäure hergestellt wurden, waren schon 1700 Jahre vorher bekannt. Beispielsweise ist die Wasserleitung Eifel—Köln zum größten Teil aus solchem Romanzement erbaut. Es ist nicht anzunehmen, daß die Römer damals rein zufällig diesen Romanzement verwendet haben, sondern seine hydraulischen Eigenschaften sind ihnen zweifellos schon bekannt gewesen, sonst würden sie ihn nicht für dieses Bauwerk, an dessen Wasserbeständigkeit hohe Anforderungen gestellt waren, herangezogen haben (Abb. 8).

Da aber Aspdin in seiner Patentschrift von einem Bindemittel geschrieben hat, „das ich Portlandzement nenne", gilt er als Erfinder des Portlandzementes.

Die Wichtigkeit der Sinterung, d. h. der sehr starken Erhitzung bis zum beginnenden Schmelzen, wurde erst durch systematische Versuche von Johnson, der 1911 100 Jahre alt gestorben ist, erkannt, und zwar erst 20 Jahre nach der Patentanmeldung Aspdins.

Bei der ausschlaggebenden Wichtigkeit der Sinterung, welche allein imstande ist, die anwesenden Komponenten zu chemischen Verbindungen zu verschweißen, kann erst das Jahr 1844 als das Geburtsjahr des Portlandzementes und Isaac Charles Johnson als der Erfinder des Portlandzementes gelten[1]).

Der erste in England hergestellte Portlandzement war keineswegs ein Erzeugnis im heutigen Sinne, sondern es handelte sich meist um Schnellbinder und häufig um Treiber, da die chemischen Verhältnisse noch völlig unklar waren. Bleibtreu gebührt das Verdienst, unter vielen Schwierigkeiten die erste Erzeugung von Portlandzement in Deutschland eingeführt zu haben, ein Verdienst, welches um so höher anzuschlagen ist, als die Portlandzementfabrikation in England mit dem strengsten Geheimnis umgeben war und mit allen möglichen Maßregeln gegen Verrat geschützt wurde. Bleibtreu hat den ersten Portlandzement im heutigen Sinne, nämlich Langsambinder, hergestellt, er ist also der Vater des modernen Portlandzementes. Der Langsambinder wurde zufällig erhalten, seine Erzeugung wäre für die Bleibtreusche Fabrik fast zur Katastrophe geworden, denn die an den englischen, schnell bindenden Portlandzement gewöhnten Baufachleute wollten anfangs das deutsche Erzeugnis wegen seiner längeren Abbindezeit nicht annehmen, da erst spät die viel günstigeren Eigenschaften dieses Langsambinders für das Bauhandwerk erkannt wurden.

Tabelle 2. Hochfeste

		Litergewicht		Spezifisches Gewicht	Rückstände in % auf den Sieben von Maschen je cm²				Abbindezeit	
		eingelaufen	eingerüttelt		900	2500	5000	10 000	Anfang	Ende
I	Df.	1162	1884	3,165	0,5	3,4	13,5	23,1	3^{50}	5^{40}
II	Wgs.	1135	1906	3,170	0.1	1,0	5,9	12,2	4^{15}	6^{45}
III	Z. P.	982	1704	3,110	Spur	0,5	3,8	9,4	2^{50}	5^{00}
IV	Mg.	1100	1887	3,105	0,2	2,9	10,4	19,3	3^{00}	6^{50}
V	R. D.	1068	1753	3,170	Spur	2,0	12,0	21,8	4^{20}	7^{10}
VI	Bn.	988	1675	3,021	Spur	1,2	5,6	11,0	4^{20}	6^{25}
VII	Bn.	1072	1765	3,120	Spur	1,0	5,1	15,4	3^{15}	5^{00}
VIII	Wge.	1122	1894	3,120	Spur	1,0	6,5	15,8	3^{45}	6^{00}
IX	Df.	1154	1888	3,152	Spur	1,0	5,4	14,8	3^{00}	5^{10}
X	Z. P.	1073	1758	3,094	Spur	1,4	5,8	19,9	3^{00}	4^{10}
	1	*2*	*3*	*4*	*5*	*6*	*7*	*8*	*9*	*10*

[1]) Quietmeyer: Zur Geschichte des Portlandzementes, Diss. Hannover, S. 119.

5. Hochfeste Portlandzemente.

Die hochfesten Portlandzemente liegen gleichfalls in dem Feld der Portlandzemente des Dreistoffsystems; das Feld für hochfeste Zemente ist aber etwas kleiner, und von größter Wichtigkeit bei Herstellung der hochfesten Portlandzemente ist bei guten Ausgangsstoffen eine feine Aufbereitung der Rohmaterialien und eine feinere Vermahlung des Klinkers. Die Festigkeiten der hochfesten Portlandzemente sollen nach 3 Tagen 250 kg betragen, nach 7 Tagen müssen 350 kg und nach 28 Tagen in Wasserlagerung 400 kg, in kombinierter Lagerung 450 kg erreicht sein.

Die für solche hochfesten Portlandzemente, welche im Jahre 1926 vom Verfasser aus dem Handel gekauft und untersucht wurden, gefundenen Festigkeiten zeigt Tabelle 2.

B. Technische Durchführung der Portlandzementherstellung.

1. Rohstoffe.

Als Rohstoffe für die Portlandzementfabrikation müssen naturgemäß solche genommen werden, welche dem fertigen Portlandzement die übliche Zusammensetzung von ungefähr 20% Kieselsäure, 8% Tonerde und Eisenoxyd und 65% Kalk geben. Solche Rohmaterialien kommen an sehr vereinzelten Stellen in der Natur als Mergel in einer solchen Zusammensetzung vor, so daß durch einfache Sinterung derartigen Mergels diese in Klinker[1]) verwandelt werden. In solchen seltenen Fällen ist es also möglich, aus natürlichem Rohmaterial o h n e Herstellung von Rohmehl durch direktes Sintern des natürlichen Kalkmergels richtigen Portlandzement zu erbrennen. Wenn auch diese so hergestellten Portlandzemente der Begriffserklärung der Normen, wie sie in Deutschland eingeführt ist, nicht entsprechen, handelt es sich doch, chemisch gesprochen, in diesem Falle um echte Portlandzemente, welche bei sorgfältiger Auswahl des Rohmaterials vorzügliche Eigenschaften haben.

Portlandzemente.

Raumbeständigkeit			Bruch nach 24 Stunden[2])	Zugfestigkeit 1 : 3				Druckfestigkeit 1 : 3				Verhältnis von Zug und Druck nach 28 Tagen	
				nach Tagen Wasserlag.		nach 28 Tagen		nach Tagen Wasserlag.		nach 28 Tagen			
Normenprobe	Darrprobe	Heißwasserprobe		3	7	Wasserlagerg.	komb. Lager.	3	7	Wasserlagerg.	komb. Lager.	Wasserlagerg.	komb. Lager.
best.	best.	best.	5,5	26	27	33	40	281	318	479	498	14,5	12,4
,,	,,	,,	6,1	31	38	41	44	346	483	573	615	13,9	14.0
,,	,,	,,	5,8	30	37	37	50	341	427	570	568	15,4	11,4
,,	,,	,,	5,3	26	28	33	43	265	351	495	527	15,0	12,2
,,	,,	,,	6,0	27	31	38	40	313	373	471	502	12,4	12,5
,,	,,	,,	5,8	30	35	40	42	277	401	510	573	12,8	13,4
,,	,,	,,	6,7	33	35	38	46	398	476	518	580	13,6	12,6
,,	,,	,,	6,2	29	34	37	42	304	417	520	613	14,1	14,6
,,	,,	,,	6,7	31	35	40	44	320	421	572	601	14,3	13,8
,,	,,	,,	6,5	25	29	36	38	275	398	544	594	15,1	15,6
11	12	13	14	15	16	17	18	19	20	21	22	23	24

[1]) Der gebrannte aber noch ungemahlene Portlandzement wird „Klinker" genannt.

[2]) Vergleiche R. Grün, Tonindustriezeitung 1919, S. 871.

Einige vom Verfasser gefundene Festigkeiten für solche Naturzemente, welche, soweit der mikroskopische Befund das erkennen ließ, teilweise einen geringen Gehalt eines glasigen Minerals hatten (Hochofenschlacke), sind im folgenden wiedergegeben (Tabelle 3).

Tabelle 3. Festigkeiten

		Litergewicht		Spezifisches Gewicht	Rückstände in % auf den Sieben von Maschen je cm²				Abbindezeit	
		eingelaufen	eingerüttelt		900	2500	5000	10 000	Anfang	Ende
I	Rd.	1032	1715	3,021	0,5	6,3	14,6	25,1	7⁰⁰	9¹⁰
II	Mr.	900	1587	2,992	Spur	1,4	5,8	11,5	4⁵⁰	6⁴⁰
III	Mr.	918	1643	2,996	Spur	0,5	3,2	9,8	2⁰⁰	3⁵⁵
IV	As.	1092	1778	3,096	0,0	0,3	3,8	8,2	2⁰⁰	3¹⁰
	1	2	3	4	5	6	7	8	9	10

Rohstoffe in genügender Mächtigkeit, welche für die gleichmäßige Herstellung solcher Naturzemente sich eignen, weil sie schon von Natur

Abb. 9. Tonmergel mit verschieden hohem Kalkgehalt, wie er zur Portlandzementherstellung verwendet wird (¹/₂ der nat. Größe).

aus die Portlandzementzusammensetzung haben, sind aber recht selten, (sie kommen in Deutschland nicht in großen Mengen vor), so daß in den deutschen Normen vorgeschrieben wurde, die Rohmaterialien vor dem Brennen fein zu mahlen. Geht man in dieser Weise vor, mahlt man also verschiedene Kalkmergelsorten, wie dies in den Normen vorgeschrieben ist, vor dem Brennen in jeweils entsprechendem Mischungsverhältnis zusammen, so kann man selbstverständlich aus den meisten tonerde- und kalkhaltigen Rohmaterialien Portlandzement herstellen, da es möglich ist, das Mischungsverhältnis dieser Rohmaterialien, auch wenn die einzelnen Komponenten von der Portlandzementzusammensetzung weit abweichen, so zu gestalten, daß das Endprodukt in der chemischen Zusammensetzung einem Portlandzement entspricht. Tatsächlich werden nicht nur aus Kalkmergel verschiedener Zusammensetzung, also aus Gestein, welche Kalk, Tonerde und Kieselsäure bereits z u s a m m e n enthalten, Portlandzemente hergestellt, sondern es kann auch reiner kohlensaurer Kalk durch Zusatz von tonerde- und kieselsäurehaltigen Gesteinen zu Portlandzementrohmehl vermahlen werden. In dieser Weise arbeiten beispielsweise einige Werke in England und an

e i n i g e r N a t u r z e m e n t e.

Raumbeständigkeit			Bruch nach 24 Stunden	Zugfestigkeit 1 : 3				Druckfestigkeit 1 : 3				Verhältnis von Zug und Druck nach 28 Tagen	
				nach Tagen Wasserlag.		nach 28 Tagen		nach Tagen Wasserlag.		nach 28 Tagen			
Normenprobe	Darrprobe	Heißwasserprobe		3	7	Wasserlagerg.	komb. Lager.	3	7	Wasserlagerg.	komb. Lager.	Wasserlagerg.	komb. Lager.
best.	best.	best.	2,0	18	27	29	37	179	215	286	394	9,9	10,6
,,	,,	,,	2,8	20	22	29	40	240	295	380	420	13,1	10,5
,,	,,	,,	2,9	23	25	35	37	247	288	381	417	11,2	11,0
,,	,,	,,	5,7	19	24	34	36	217	275	408	459	12,0	12,7
11	12	13	14	15	16	17	18	19	20	21	22	23	24

unserer Nordküste, wo kohlensaurer Kalk (Kreide) in großen Mengen vorkommt. Auch verhältnismäßig reine, kalk- und tonerdefreie Kieselsäure,

Abb. 10. Kalkstein mit hohem Kalkgehalt, wie er zur Portland- und Hüttenzementfabrikation verwendet wird ($^1/_2$ der nat. Größe).

beispielsweise Flintsteine (Feuerstein) oder Sand, können so zur Portlandzementfabrikation herangezogen werden.

2. Rohmehlherstellung.

Um eine möglichst innige Verbindung der verschiedenen Komponenten des Dreistoffsystems bei der Sinterung herbeizuführen, ist es notwendig, die einzelnen Bestandteile des „Rohmehls" (so wird die zu brennende Mischung genannt) recht fein zu mahlen und innig zu mischen. Die Mahlung muß naturgemäß um so feiner sein, je weiter die verwendeten Gesteine chemisch von der Portlandzementzusammensetzung entfernt sind. Sie wird durchgeführt entweder nach dem Trockenverfahren oder nach dem Naßverfahren.

Das Trockenverfahren vermahlt die Rohmaterialien in der üblichen Weise nach dem Trocknen und Vorzerkleinern auf Steinbrechern (Abb. 11 und 12) zu Pulver. Früher wurden als Mühlen Mahlgänge,

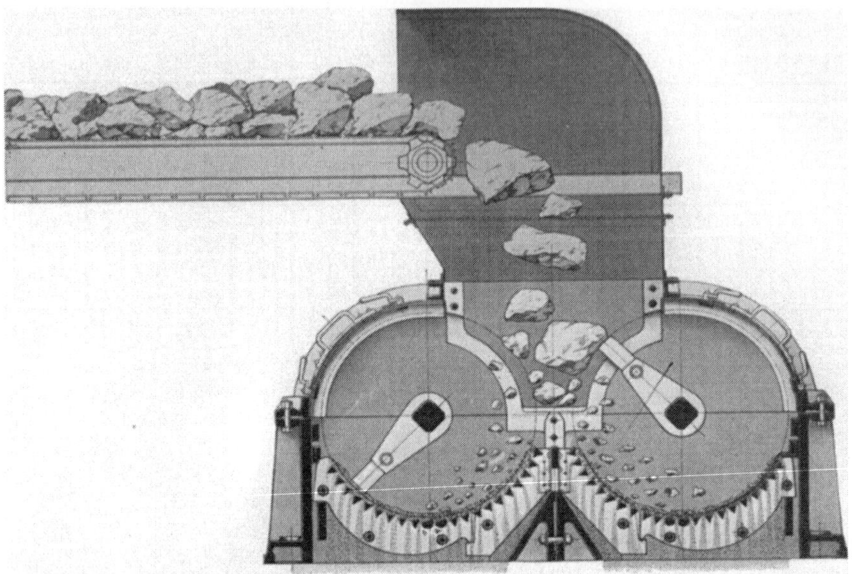

Abb. 11. Titanbrecher zum Vorbrechen der Kalksteine (Schnitt) (Amme-Luther, Braunschweig).

wie sie zur Vermahlung des Getreides zu Mehl üblich sind, verwendet, da ja die beiden Vorgänge beim Mahlen des Getreides und bei

Abb. 12. Titanbrecher zum Vorbrechen des Kalksteins (Amme-Luther).

der Vermahlung des Rohmaterials ganz ähnlich sind. Heute ist man längst von dieser unzweckmäßigen Mahlweise, die einen großen Verschleiß der Maschinen im Gefolge hat und sehr teuer ist, abgekommen und mahlt mit Stahlkugeln. Diese Kugeln befinden sich in Trommeln, welche sich drehen, und sind von verschiedener Größe. Für die Vor-

Abb 13. Schnitt durch eine Dreikammermühle. Links Einlauf der ungemahlenen Rohstoffe. (Krupp-Grusonwerk, Magdeburg).

Abb. 14. Naßmühlen zum feinen Vermahlen von Rohmehlschlamm (Polysius-Dessau).

mühle (Kugelmühle) werden größere Kugeln verwendet, für die Feinmühle (Rohrmühle) dagegen kleinere Kugeln oder Flintsteine. Kugel-

und Rohrmühle hat man im letzten Jahrzehnt vereinigt zu der sog. Verbundmühle (Abb. 13), die nichts anderes ist als ein langes, eisernes gepanzertes Stahlrohr von 2 m oder mehr Durchmesser, das in verschiedene Kammern eingeteilt ist. In der Vorkammer befinden sich große Kugeln, in der Feinmahlkammer kleinere Stahlkugeln und in der Nachfeinkammer zylindrische Stahlkörper. Stahlspiralen, Stahlwürfel od. drgl.

Das Naßverfahren, bei welchem die Rohstoffe mit hohem Wasserzusatz zu Schlamm vermahlen werden (Abb. 14 und 15), hat sich besonders da eingeführt, wo feuchte Rohmaterialien und solche Roh-

Abb. 15. Schlammbehälter zur Aufnahme und zum Mischen von gemahlenem Rohmehlschlamm Die große Anlage erlaubt eine genaue „Einstellung" des Rohmehls. (Polysius-Dessau).

materialien vorliegen, deren Abschlämmung zweckmäßig ist, z. B. bei Verarbeitung von Kreide, welche oft harte Klumpen von Feuerstein enthält, die entfernt werden müssen. Bei dem Naßverfahren wird das Rohmaterial mit Wasserzusatz vermahlen, und es entsteht auf diese Weise ein Schlamm, den man entweder in großen Sümpfen sich absetzen läßt und nach teilweiser Entwässerung absticht, oder den man den Drehöfen zuleitet.

3. Brennvorgang.

Um das gemäß 2. aufbereitete Rohmehl zur Sinterung zu brennen, muß es sehr stark erhitzt werden. Für diese Erhitzung nimmt man entweder Schachtöfen oder Drehöfen. Die modernen Schachtöfen haben ausnahmslos mechanische Austragung. Der Schachtofen ist ein runder Turm von ungefähr 2—3 m lichter Weite und 8—10 m Höhe, der mit feuerfesten Steinen ausgemauert ist (Abb. 16). Das Rohmehl, welchem man als Brennstoff 10—12% Koks- oder Anthrazitkohlenstaub zusetzt, wird in feuchtem Zustande zu Ziegeln verpreßt. Die Ziegel werden in den Ofen von oben eingebracht. Der Koks verbrennt unter dem Einfluß eingepreßter Luft und führt dadurch die Sinterung herbei. Durch die Last der überliegenden Masse werden die beim Sintern weichen Ziegel zu einem einheitlichen Klotz verkittet, der den ganzen Ofen in seinem

Abb. 16. **M a n n s t ä d t**, Schachtofen zum Brennen des Rohmehls zu Klinkern, Ansicht. (Klöcknerwerke-Troisdorf.)

unteren Zweidrittel ausfüllt. Die eingepreßte Luft entzieht diesem Klinkerklotz dauernd die in ihm steckende Wärme und wärmt sich so vor, während auf diese Weise die Klinkersäule in ihrem unteren Teil abgekühlt ist.

Der Klinkerklotz ruht auf der mechanischen Austragung, die entweder aus Walzen (**M a n n s t a e d t**) oder einem sich drehenden Rost (**K r u p p**) oder sich hin und her bewegenden Roststäben (**G r u e b e r**) besteht. Durch diese mechanische Bewegung der Walzen oder des Rostes, welche mit sägeförmigen Stahlzähnen versehen sind, wird die Klinkersäule dauernd von unten her abgefräst und abgenagt, und die Klinkerbruchstücke fallen in vorzerkleinertem Zustande in Transporteinrichtungen, die sie zum Klinkersilo bringen. Von größter Wichtigkeit bei dieser Art der Klinkeraustragung aus dem Ofen ist die Schleuseneinrichtung hinter dem Rost, d. h. der Abschluß des Ofens gegen die Außenluft, welche einerseits eine sichere Entfernung des Klinkers aus dem Ofen, anderseits einen dichten Luftabschluß gewährleisten muß, damit mit Überdruck an Luft zur Erhöhung der Temperatur und Beschleunigung des Brennvorganges gearbeitet werden kann.

Die gleichfalls dem Brennen von Zement dienenden Drehöfen sind bei „Hüttenzemente" beschrieben (S. 36).

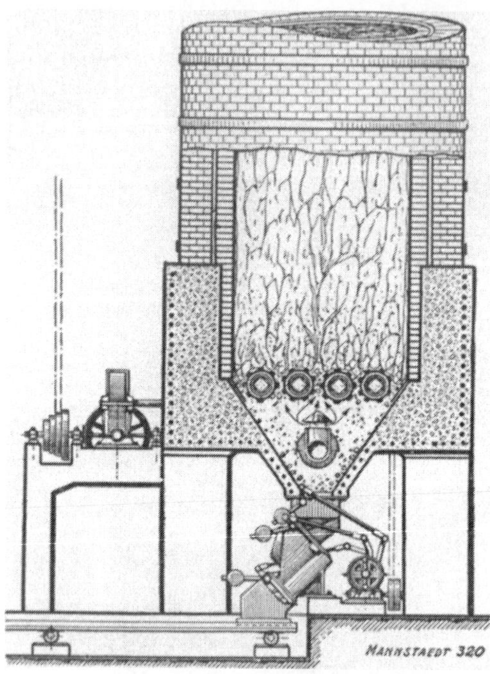

Abb. 17. Schachtofen zum Brennen des Rohmehls zu Klinkern, Schnitt. (Mannstaedtofen.)

4. Mahlvorgang.

Zur Feinmahlung dienen wieder Verbundmühlen oder auch andere Mühlensysteme, selbstverständlich aber nur Trockenmühlen, da der fertige Klinker nach dem Vermahlen natürlich nicht befeuchtet werden darf, da er sonst abbindet. Bei der Vermahlung wird dem Klinker etwas Gipsstein zugesetzt, um die Abbindezeit zu regeln, da frischer Klinker häufig Schnellbinder ist.

II. Bindemittel aus teils gesinterten, teils geschmolzenen Rohstoffen: Hüttenzemente.

A. Wissenschaftliche Grundlagen der Herstellung.

Die Hüttenzemente sind Zemente, welche aus Hochofenschlacke und Portlandzementklinker bestehen. Der Portlandzementklinker selbst wird aus Hochofenschlacke und Kalkstein hergestellt. Die diesem Klinker beizumahlende Hochofenschlacke wird nach dem Heraustreten aus dem Hochofen granuliert, d. h. schnell gekühlt, um ihre hydraulischen Eigenschaften zu erhalten (Näheres S. 27).

1. Chemische Zusammensetzung.

a) Der Klinker ist chemisch genau so zusammengesetzt wie normaler Portlandzement. Kleine Abweichungen zwischen den Klinkern der einzelnen Hüttenzementwerke sind üblich, um die Klinker jeweils auf die betreffende Schlacke einzustellen, da verschiedene Schlacken auf verschiedene Klinker verschieden reagieren.

b) Die Schlacke. Die chemischen Zusammensetzungen der Schlacke für Hüttenzemente sind in den Normen durch Formeln festgelegt. Es lautet die Formel für Eisenportlandzementschlacke

$$\frac{CaO + MgO}{Al_2O_3} > 1 ,$$

diejenige für Hochofenzementschlacke

$$\frac{CaO + MgO + \tfrac{1}{3} Al_2O_3}{SiO_2 + \tfrac{2}{3} Al_2O_3} > 1 .$$

Diese Formeln sollen eine genügende Basizität der Schlacke gewährleisten, denn im allgemeinen können nur basische Schlacken als Zusatzschlacke zu Hüttenzement verarbeitet werden, da nur diese die notwendigen hydraulischen Eigenschaften haben. Die Zusammensetzung der Schlacken ist, wie ein Blick auf das Dreistoffsystem (Seite 11) zeigt, für die Hauptbestandteile die folgende:

Tabelle 4. Zusammensetzung von Hochofenschlacke, Portlandzement und Tonerdezement.

		Schlacke	Portlandzement[1]	Tonerdezement
I	Kieselsäure SiO_2	28—40	18—27	6—17
II	Tonerde Al_2O_3	9—22	6—17	40—60
III	Kalk CaO	40—50	58—68	40—50
		1	2	3	4

Die Verwandtschaft der drei wichtigsten hydraulischen Stoffe geht ohne weiteres aus dieser Zusammenstellung, natürlich auch aus der räumlich benachbarten Lage im Dreistoffsystem (S. 11) hervor.

Ein zu hoher Mangangehalt der Schlacke ist nachteilig[2]. Ein hoher Tonerdegehalt der Schlacke ist vorteilhaft, ebenso hat sich auch ein höherer Sulfidgehalt, entgegen der häufig geäußerten, aber unbegründeten Ansicht von der Schädlichkeit des Sulfids, als nützlich erwiesen[3].

Physikalischer Formzustand der Schlacken.

Während der physikalische Formzustand des Portlandzementklinkers für seine Hydraulizität von nebensächlicher Bedeutung ist, spielt dieser Formzustand für die Erhärtungsfähigkeit der Schlacke eine ausschlaggebende Rolle. Die beiden verschiedenen möglichen physi-

---

[1] Schoch: Aufbereitung der Mörtelmaterialien. 1913, S. 414.
[2] Grün, R.: Einfluß des Mangangehaltes auf die hydraulischen Eigenschaften von Hochofenschlacke. Stahleisen 1924, S. 1, HOZ.
[3] Grün, R.: Die Einwirkung des Sulfidgehaltes auf die Eigenschaften von Hochofenschlacke und Hüttenzementen. Stahleisen 1925, 344.

kalischen Formzustände der Schlacken, „glasig" und „entglast", entstehen durch verschieden schnelle Abkühlung der Schlacken: Nach dem Heraustreten der glühendflüssigen Schlacke aus dem Hochofen kann

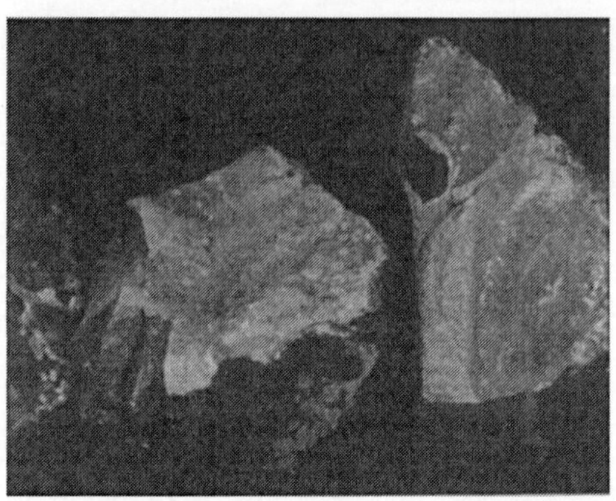

man die Schmelze nämlich in zweierlei Weise behandeln. Man kann sie entweder langsam erkalten lassen und erhält auf diese Weise die Stück- oder Klotzschlacke (Abb. 18), oder aber man kann sie durch schnelle Kühlung granulieren zu Schlackensand (Abb. 19). Je nach der Behandlungsart, der man in dieser Weise die Schlacke unterwirft, entstehen die zwei verschiedenen Formzustände (Modifikationen).

Abb. 18. Durch langsame Abkühlung aus der glühendflüssigen Schlacke erhaltene „Stück"-Schlacke, geeignet als Gleisschotter usw., nicht geeignet als Zumahlschlacke bei der Hüttenzementherstellung (¹/₂ der nat. Größe).

a) Stückschlacke (kristallisierte Schlacke) (Abb. 18). Bei der langsamen Kühlung hat die Schmelze Zeit, zu kristallisieren. Es bilden sich also streng differenzierte Verbindungen zwischen den Oxyden Kalk—Kieselsäure—Tonerde, beispielsweise Melilith und Bikal-

Abb. 19. Schlackensand, erhalten durch Wassergranulation der glühendflüssigen Schlacke. (¹/₂ der nat. Größe).

ziumsilikat, deren Existenz durch die Anwesenheit von Kristallen gekennzeichnet ist, die sich mikroskopisch leicht erkennen lassen. Derartige kristallinische Schlacken haben keine hydraulischen Eigenschaften mehr, sie können also für die Hüttenzementfabrikation als zuzumahlende Schlacken nicht mehr verwendet werden.

b) Schlackensand (amorphe glasige Schlacke) (Abb. 19). Kühlt man im Gegensatz zur eben geschilderten Behandlungsart, welche zu Stückschlacke führt, die glühend flüssige Schmelze der Hochofenschlacke schnell ab, beispielsweise durch Einlaufenlassen in Wasser, so hat die plötzlich erstarrende Schlacke keine Zeit zur Bildung der obenerwähnten Verbindungen und Kristalle. Die Oxyde bleiben in wenig fest gebundener Form in der Schmelze fixiert als sog. feste Lösungen. Zu erkennen ist diese Art der Anwesenheit der Oxyde daran,

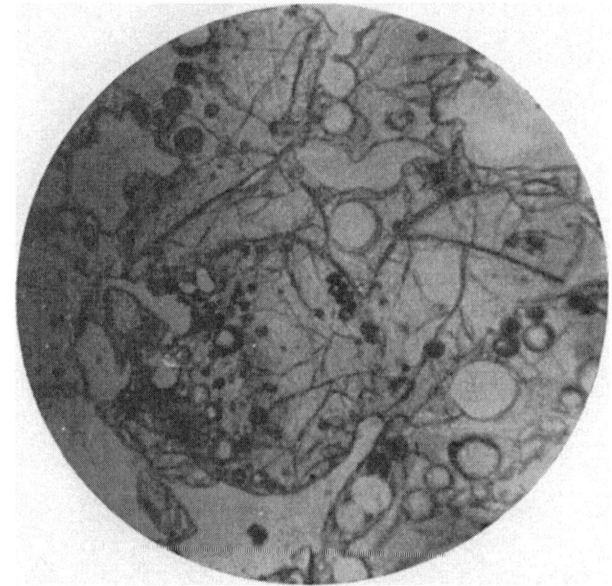

Abb. 20. Dünnschliff von Schlackensand: Glasig und hydraulisch. Gewöhnliches Licht.

daß die für die Stückschlacke typischen Kristalle, welche die Begleiterscheinung der Bildung von chemischen Verbindungen sind, nicht zugegen sind.

Schon unter einem gewöhnlichen Mikroskop kann man die beiden verschiedenen, für die Erhärtungsfähigkeit der meisten Schlacken so wichtigen Modifikationen deutlich unterscheiden, denn die schnell gekühlte, also nicht kristallisierte Schlacke bildet glasig durchsichtige amorphe Trümmer (wie Fensterglas) (Abb. 20), während in der langsam gekühlten kristallisierten Schlacke Trübungen und Strukturen von Kristallen zu erkennen sind (Abb. 21).

Zur Prüfung von Schlackensand und Feststellung des Grades der Kristallisation und Entglasung wird das von H. Passow dem Älteren in die Hüttenzementindustrie eingeführte Polarisationsmikroskop

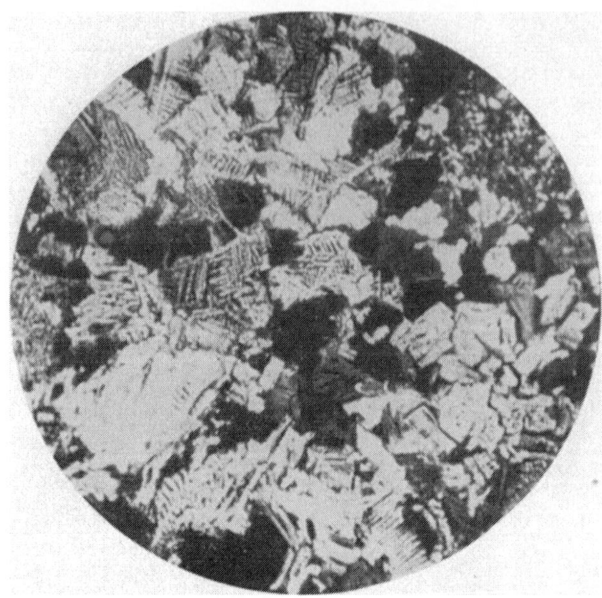

80 fach

Abb. 21. Dünnschliff von Stückschlacke: Kristallisiert und nicht hydraulisch. Gewöhnliches Licht.

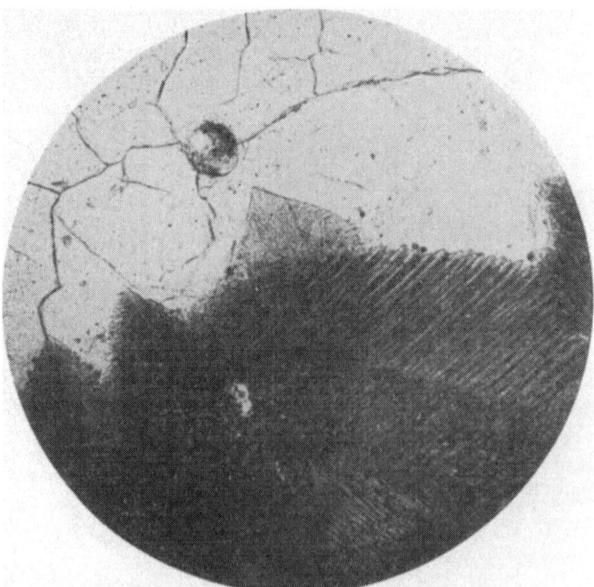

80 fach

Abb. 22. Teilweise glasige (oben), teilweise kristallisierte (unten) Schlacke (Dünnschliff)
in gewöhnlichem Licht.

benutzt, welches eine einwandfreie Unterscheidung des glasigen (amorphen) Formzustandes vom entglasten (kristallisierten) ermöglicht. Alle hier in Betracht kommenden Kristalle hellen nämlich die an sich dunkle Bildebene zwischen den gekreuzten Nikols des Polarisationsmikroskopes auf, erscheinen also als leuchtende Punkte, Striche oder Flocken im dunklen Feld, während wirklich amorphe oder glasige Schlacken dunkel bleiben (Abb. 22 und 23).

Von ausschlaggebender Bedeutung für die Hüttenzementfabrikation ist nun die Tatsache — und deshalb ist neben der chemischen Zusammensetzung der Schlacken deren physikalischer Formzustand so

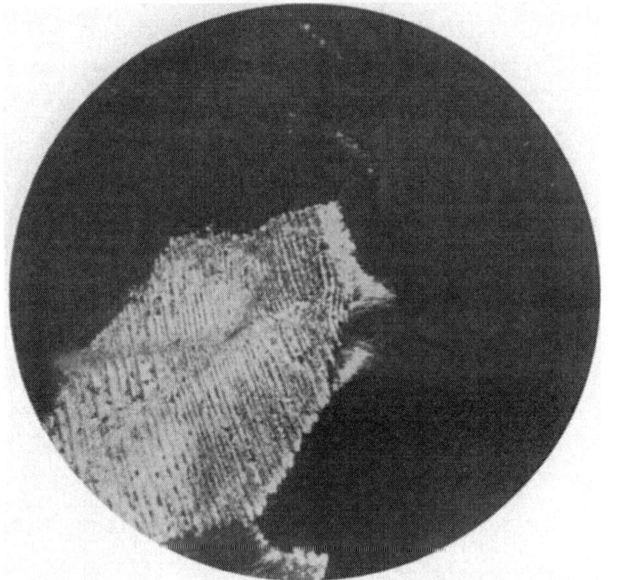

80 fach

Abb. 23. Derselbe Dünnschliff wie Abb. 22 zwischen gekreuzten Nikols (dopp. polaris. Licht):
Deutliche Aufhellung des Gesichtsfeldes durch die Kristalle. Glas bleibt dunkel.

wichtig —, daß nur die glasigen Schlacken, nicht dagegen die kristallinischen Schlacken, hydraulische Eigenschaften haben, d. h. nur sie vermögen, mit Wasser und einem Katalysator zusammengebracht, zu erhärten, da unter dem Einfluß dieses Katalysators der Zusammentritt der in den glasigen Schlacken nur lose gebundenen Oxyde zu gesättigten Verbindungen unter Erhärtung eintritt. Als Katalysator kann man entweder Kalk oder ein kalkabspaltendes Mineral nehmen. Man zieht als kalkabspaltendes Mineral meistens Portlandzementklinker heran, da dieser, wie jahrelange Versuche gezeigt haben, besonders geeignet ist, die latente Hydraulizität der glasigen Schlacke zu wecken[1]),

---

[1]) Passow, H.: Die Hochofenschlacke in der Zementindustrie. Würzburg. 1908.

und da er selbst energisch in den Erhärtungsvorgang eingreift und
dadurch die Festigkeit erhöht.

2. Begriffserklärung für Hüttenzement.

Die für die Erhärtung der Schlacke wesentlichen Bestandteile des
Portlandzementklinkers sind die aus dem Klinker sich bildenden
hochkalkigen Verbindungen und der freie Kalk selbst. Da diese Verbindungen und der freie Kalk sich erst bei dem Zusatz von Wasser,
also beim Anmachen des Zementes, bilden, ist ein aus Schlacke und

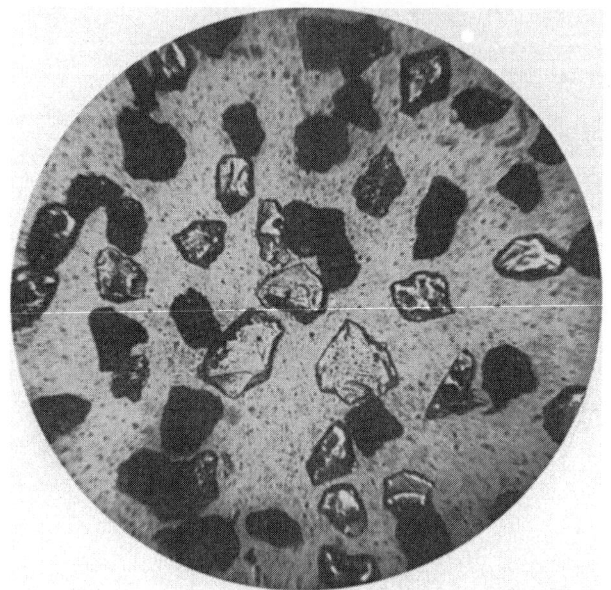

80 fach

Abb. 24. Pulverpräparat von Hochofenzement: Viel Schlacke.

Klinker zusammengesetzter Hüttenzement lagerbeständig. Im Gegensatz hierzu ist bei Zusatz von Kalk an Stelle des Klinkers die Lagerbeständigkeit des Zementes verhältnismäßig gering, da der freie Kalk
an der Luft sich sehr schnell in kohlensauren Kalk verwandelt, welcher
dann eine Erhärtung nicht mehr herbeizuführen vermag. Infolgedessen
konnte sich, zumal die Schlackenzemente verhältnismäßig geringe
Festigkeiten[1]) erreichen, in Deutschland die Schlackenzementfabrikation
nicht halten und wird kaum noch ausgeübt. Lediglich in Belgien ist sie
von einiger Bedeutung geblieben.

Im Gegensatz zur Schlackenzementfabrikation hat die Hüttenzementfabrikation eine große Bedeutung errungen, da die Hüttenzemente, bei gleicher Erhärtungsfähigkeit wie Portlandzemente, dieselben Festigkeiten erreichen wie diese und ihnen infolgedessen, zumal

---

[1]) Grün, R.: Über Schlackenzemente. Zement 1926, S. 952.

auch ihre anderen Eigenschaften vollkommen denjenigen der Portlandzemente gleichen, ebenbürtig sind. Demgemäß ist auch in den neuen Eisenbetonbestimmungen an Stelle des Wortes „Portlandzement" das Wort „Normenzement" gesetzt worden, wobei unter „Normenzement" Portlandzement, Eisenportlandzement und Hochofenzement zu verstehen ist. Damit sind auch in Beziehung auf Verwendung bei Eisenbetonbauwerken die Hüttenzemente den Portlandzementen gleichgestellt.

a) **Hochofenzement.** Die Unterschiede zwischen den beiden gebräuchlichen Hüttenzementen — Hochofenzement und Eisenportlandzement — bestehen lediglich in dem Mischungsverhältnis, in welchem

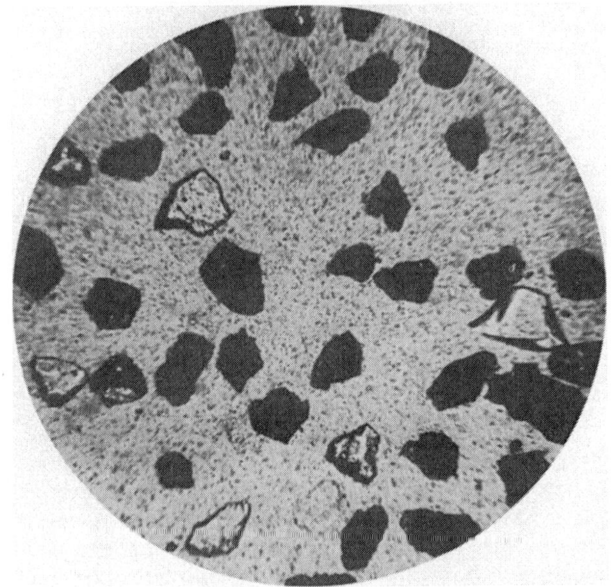

Abb. 25. Pulverpräparat von Eisenportlandzement: Wenig Schlacke.

Klinker und Schlacke verarbeitet werden. Beim Hochofenzement besteht nur die Forderung, daß der Mindestgehalt an Klinker 15% betragen soll. Der Klinkergehalt muß unter 70% bleiben, da Hüttenzemente mit einem Gehalt von über 70% Klinker „Eisenportlandzemente" genannt werden (Abb. 24 und 25). In der Vermahlung von Hochofenzement besteht kein grundlegender Unterschied gegenüber anderen Zementen. Es wird lediglich bei Herstellung des Hochofenzementes im allgemeinen feiner gemahlen. Diese feinere Mahlung ist auch in den Normen niedergelegt.

Die Begriffserklärung der Normen für Hochofenzement lautet:

„Hochofenzement ist ein hydraulisches Bindemittel, das bei einem Mindestgehalt von 15% Gewichtsteilen Portlandzement vorwiegend aus basischer Hochofenschlacke besteht, die durch schnelle Abkühlung der feuerflüssigen Masse gekörnt ist. Hochofenschlacke und Portlandzement werden miteinander fein gemahlen und innig gemischt.

Zur Herstellung von Hochofenzement dürfen nur beim Eisenhochofenbetriebe gewonnene Schlacken von folgender Zusammensetzung verwendet werden:

$$\frac{CaO + MgO + \frac{1}{3}Al_2O_3}{SiO_2 + \frac{2}{3}Al_2O_3} > 1.$$

Die Hochofenschlacke darf nicht mehr als 5% MnO enthalten.

Der beigemischte Portlandzement wird gemäß der Begriffserklärung der Normen des Vereins Deutscher Portlandzement-Fabrikanten hergestellt.

Zusätze zu besonderen Zwecken, namentlich zur Regelung der Abbindezeit, sind in Höhe von 3% des Gesamtgewichts begrenzt, um die Möglichkeit von Zusätzen lediglich zur Gewichtsvermehrung auszuschließen.

Begründung und Erläuterung.

Beim Hochofenzement ist der Hauptträger der Erhärtung die Hochofenschlacke; der zugesetzte Portlandzement, der als Hilfsmittel unentbehrlich ist, übernimmt eine Nebenrolle[1]).

Der Hochofenzement der Vereinswerke[2]) steht unter der regelmäßigen Kontrolle des Vereins Deutscher Hochofenzementwerke, dessen Mitglieder sich gegenseitig verpflichtet haben, den Hochofenzement genau nach der vorstehenden Begriffserklärung und den folgenden Bedingungen herzustellen." —

Seiner chemischen Zusammensetzung nach ist der Hochofenzement der niedrigstkalkige Zement der Normenzemente, da er die größte Menge an niedrigstkalkigen Schlacken und die geringste Menge an hochkalkigem Klinker enthält; als Grenzzahlen kommen ungefähr folgende in Betracht:

Kieselsäure (SiO_2) . . . . 28—36%
Tonerde (Al_2O_3) . . . . . 8—20%
Eisenoxydul (FeO). . . . 1— 5%
Kalkerde (CaO) . . . . . 45—55%
Magnesia (MgO) . . . . . 1— 8%

b) Eisenportlandzement. Auch die Vermahlung des Eisenportlandzementes, dessen Zusammensetzung schon in obigem geschildert ist, geschieht genau in der gleichen Weise wie diejenige von Hochofenzement. Im allgemeinen wird die Mahlung nicht so weit getrieben. Nach seiner chemischen Zusammensetzung steht der Eisenportlandzement, wie ohne weiteres aus seiner Zusammensetzung aus geringen Anteilen niedrigkalkiger Schlacken und höheren Anteilen hochkalkigen Klinkers hervorgeht, zwischen Hochofenzement und Portlandzement. Als Durchschnittsgrenze für die chemische Zusammensetzung des Eisenportlandzementes kommen folgende Zahlen in Betracht:

Kieselsäure . . . . 24—32%
Tonerde. . . . . 5—12%
Eisenoxydul. . . . . . . 1— 3%
Kalk . . . . 55—63%
Magnesia . . . . 1— 4%

Auch für Eisenportlandzement bestehen Normen, wie für alle anderen Zemente. Er fällt deshalb ganz allgemein unter die Normenzemente der neuen Eisenbetonbestimmungen. Die Normen wurden 1909 ministeriell anerkannt.

---

[1]) Dieser Satz, sowie das Wort „vorwiegend" im ersten Satz der „Begriffserklärung" sollen demnächst gestrichen werden.

[2]) Vereinswerke siehe S. 159.

Die Begriffserklärung der Normen für Eisenportlandzement lautet:

„Eisenportlandzement ist ein hydraulisches Bindemittel, das aus mindestens 70% Portlandzement und höchstens 30% gekörnter Hochofenschlacke besteht. Der Portlandzement wird gemäß der Begriffserklärung der Normen des Vereins Deutscher Portlandzement-Fabrikanten hergestellt. Die Hochofenschlacken sind Kalk-Tonerde-Silikate, die beim Eisen-Hochofenbetrieb gewonnen werden. Sie sollen auf einen Gewichtsteil lösliche Kieselsäure (SiO_2) + Tonerde (Al_2O_3) mindestens einen Gewichtsteil Kalk und Magnesia enthalten. Der Portlandzement und die Hochofenschlacke müssen fein vermahlen, im Fabrikbetriebe regelrecht und innig miteinander vermischt werden. Zusätze zu besonderen Zwecken, namentlich zur Regelung der Bindezeit, sind nicht zu entbehren, jedoch in Höhe von 3% der Gesamtmasse begrenzt, um die Möglichkeit von Zusätzen lediglich zur Gewichtsvermehrung auszuschließen.

Begründung und Erläuterung.

Durch langjährige, staatlich ausgeführte Versuche ist festgestellt worden, daß, wenn geeignete, gekörnte Hochofenschlacke bis zu 30% mit Portlandzementklinkern fabrikmäßig innig gemischt wird, der so erhaltene Zement „Eisenportlandzement" dem Portlandzement als gleichwertig zu erachten ist und nach dessen Normen beurteilt werden kann.

Der Eisenportlandzement steht unter der regelmäßigen Kontrolle des Vereins Deutscher Eisenportland-Zementwerke[1]), dessen Mitglieder sich gegenseitig verpfichtet haben, den Eisenportlandzement genau nach der vorstehenden Begriffserklärung herzustellen."

3. Misch- und Mahlvorgänge.

Aus diesen Ausführungen erhellen die Grundprinzipien der Hüttenzementfabrikation, nämlich:

a) Die Herstellung von Schlacken in glasigem Zustand zur Bewahrung der latenten Hydraulizität;

b) Herstellung und Zumahlung eines geeigneten Klinkers zur Weckung der latenten Hydraulizität.

Die beiden gebräuchlichen Hüttenzemente, Eisenportlandzement und Hochofenzement, unterscheiden sich also lediglich durch ihren Schlackengehalt, der ältere Eisenportlandzement enthält nur 30% Schlacke und 70% Klinker, der jüngere Hochofenzement muß mit mindestens 15% Klinker hergestellt werden; bei diesem wird der Klinkerzusatz der jeweils vorliegenden Schlacke angepaßt und so hoch gehalten, daß ein Optimum der Erhärtung erreicht wird.

4. Geschichte der Hüttenzementherstellung.

Die Hydraulizität der Hochofenschlacke kann rein theoretisch schon aus ihrer chemischen Zusammensetzung, die sehr ähnlich derjenigen von Portlandzement ist, gefolgert werden, denn während Portlandzement etwa

23% Kieselsäure,
8% Tonerde,
64% Kalk

enthält, hat basische Hochofenschlacke etwa

29% Kieselsäure,
12—20% Tonerde,
45—50% Kalk.

---

[1]) Vereinswerke siehe S. 162.

Die hydraulischen Eigenschaften der Hochofenschlacke wurden tatsächlich auch vor langer Zeit entdeckt, und schon 1862 lieferte Langen, der Generaldirektor der „Friedrich Wilhelm-Hütte" in Troisdorf den Nachweis, daß man aus Kalk und gemahlener, granulierter Hochofenschlacke einen brauchbaren Zement herstellen könne. Bereits viele Jahrzehnte vorher war der Schlackensand als Bausand, der dem Bauwerk höhere Festigkeit verlieh als Quarzsand u. dgl., beliebt gewesen.

In weiterer Folge wurde erkannt, daß ein Zusatz gemahlenen Schlackensandes die Eigenschaften von Portlandzement nicht verschlechterte, sondern häufig verbesserte, und deshalb bürgerte sich der Zusatz von Hochofenschlacke zu Portlandzement in denjenigen Werken, die sich Hochofenschlacke verschaffen konnten, immer mehr und mehr ein, bis 1882 der Verein Deutscher Portlandzement - Fabrikanten seinen Mitgliedern den Zusatz von Hochofenschlacke zum Portlandzement untersagte. Diese Maßnahme hatte, wie stets in solchen Fällen natürlicher Entwicklung, nur den Erfolg einer kurzen Verzögerung, denn schon 10 Jahre nach dem Verbot wurde das Steinsche Verfahren bekannt, welches den Klinker

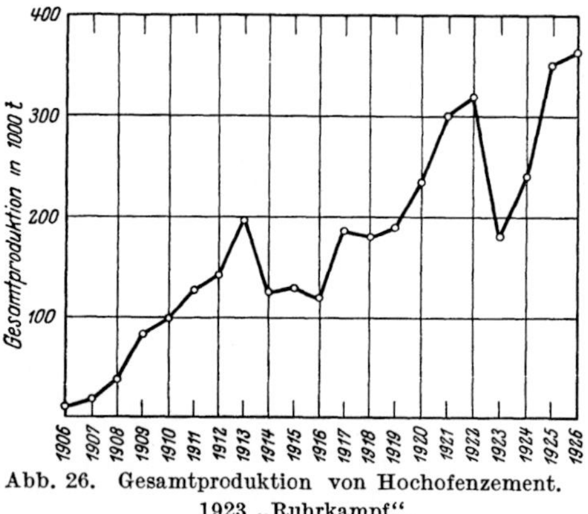

Abb. 26.   Gesamtproduktion von Hochofenzement. 1923 „Ruhrkampf".

Tabelle 5.   Festigkeiten einiger

	Litergewicht		Spezi-fisches Ge-wicht	Rückstände in % auf den Sieben von Maschen je cm²				Abbindezeit	
	einge-laufen	einge-rüttelt		900	2500	5000	10 000	Anfang	Ende
I.	1005	1728	3,029	Spur	0,1	1,3	4,7	2^{50}	4^{15}
II.	1034	1706	3,042	Spur	0,5	3,0	6,0	3^{05}	5^{20}
III.	1000	1691	3,050	Spur	0,6	3,8	6,1	2^{00}	4^{05}
IV.	1033	1714	2,980	Spur	0,4	2,1	9,7	2^{25}	5^{30}
V.	1005	1711	2,965	0,0	0,1	1,0	4,2	2^{25}	5^{20}
VI.	952	1687	2,965	0,0	0,3	1,8	4,1	3^{10}	5^{00}
VII.	1000	1697	2,973	0,0	0,3	1,5	8,8	3^{10}	5^{50}
Durchschnitt . .	1004	1572	2,997	Spur	0,3	2,1	6,2	2^{45}	5^{03}
Höchstwert . .	1034	1728	3,050	Spur	0,6	3,8	9,7	3^{10}	5^{50}
Niederstwert . .	952	1687	2,965	0,0	0,1	1,0	4,1	2^{00}	4^{05}
1	*2*	*3*	*4*	*5*	*6*	*7*	*8*	*9*	*10*

aus Hochofenschlacke und Kalkstein erbrannte, dem dann zunächst beliebig viel wassergranulierte Schlacke zugemahlen wurde.   Damit war der Hüttenzement geschaffen, und in weiterer Folge entstanden zunächst mehrere Eisenportlandzementfabriken, die ihren Zement aus 70% Klinker und ca. 30% Schlacke herstellten, und später auch zahlreiche Hochofenzementwerke, die mit dem umgekehrten Verhältnis von etwa 30% Klinker und 70% Schlacke arbeiteten. Zur Zeit bestehen etwa 20 Hüttenzementwerke die im Jahre 1926 schätzungsweise eine Erzeugung von 1 Million Tonnen Hüttenzement hatten[1]).

5. Hochfeste Hüttenzemente.

Die hochfesten Hüttenzemente unterscheiden sich von den normalen Hüttenzementen nur dadurch, daß sie höhere Festigkeiten haben. Sie stehen also zu den normalen Hüttenzementen im gleichen Verhältnis wie die hochfesten Portlandzemente zu den normalen Portlandzementen. Die hohen Festigkeiten werden erreicht dadurch, daß die hochfesten Hüttenzemente aus besonders ausgewähltem Rohmaterial hergestellt, der Klinker scharf gebrannt und das fertige Erzeugnis fein gemahlen wird. Der Klinkergehalt der hochfesten Hochofenzemente beträgt ungefähr 40%, derjenige der hochfesten Eisenportlandzemente selbstverständlich 70%. Die Festigkeitsanforderungen betragen wie bei Portlandzement

nach   3 Tagen. . . . . 250 kg
„   7   „   . . . . 350 „
„ 28   „   Wasserlagerung . . . . 400 „
„ 28   „   komb. Lagerung . . . . 450 „

Gewöhnlich werden diese Festigkeiten, hauptsächlich in der Enderhärtung, noch überschritten. Bei Prüfung hochfester Hüttenzemente

hochfesten Hüttenzemente.

| Raumbeständigkeit | | | Bruch nach 24 Stunden | Zugfestigkeit 1 : 3 | | | | Druckfestigkeit 1 : 3 | | | | Verhältnis von Zug und Druck nach 28 Tagen | |
| | | | | nach Tagen Wasserlag. | | nach 28 Tagen | | nach Tagen Wasserlag. | | nach 28 Tagen | | | |
Normenprobe	Darrprobe	Heißwasserprobe		3	7	Wasserlagerg.	komb. Lager.	3	7	Wasserlagerg.	komb. Lager.	Wasserlagerg.	komb. Lager.
best.	best.	best.	6,2	25	35	38	44	287	437	553	628	14,5	14,2
„	„	„	7,0	29	35	42	49	286	425	534	583	12,7	11,9
„	„	„	5,4	31	41	45	46	352	482	724	761	16,1	16,5
„	„	„	7,0	25	34	43	45	300	431	543	580	12,6	12,9
„	„	„	4,2	28	34	45	45	294	422	585	645	13,0	14,3
„	„	„	6,5	27	34	42	47	269	385	523	591	12,4	12,5
„	„	„	7,1	25	31	40	42	281	380	513	581	12,8	13,8
best.	best.	best.	6,2	27	35	42	45	295	423	568	624	13,4	13,5
„	„	„	7,1	31	41	45	49	352	482	724	761	16,1	16,5
„	„	„	4,2	25	31	38	42	269	380	513	628	12,4	11,9
11	*12*	*13*	*14*	*15*	*16*	*17*	*18*	*19*	*20*	*21*	*22*	*23*	*24*

---

[1]) Grün, R.: Die Entstehung und Entwicklung der Hochofenzementindustrie. Zement 1918, S. 82.

im Forschungsinstitut wurden Festigkeiten gefunden, von denen einige auf S. 34—35 wiedergegeben sind.

B. Technische Durchführung der Hüttenzementfabrikation.

Die Klinkerherstellung.

1. Rohstoffe. Naturgemäß werden die Klinker nicht aus Mergel, sondern aus Hochofenschlacke hergestellt, da die Hochofenschlacke, wie

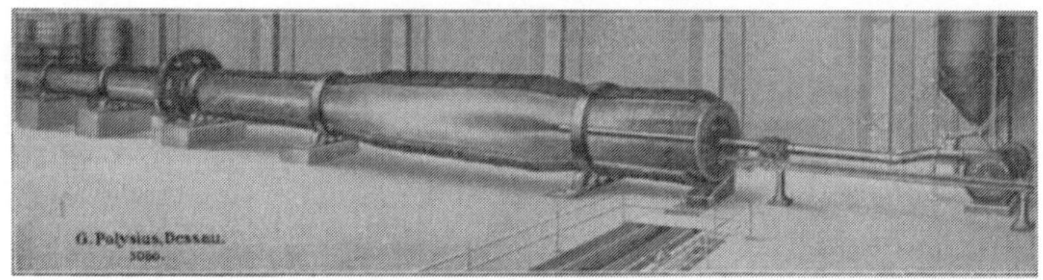

Abb. 27. Drehofen im Schnitt (Polysius, Dessau).

ein Blick auf das Dreistoffsystem zeigt, ganz ähnlich zusammengesetzt ist wie Portlandzement. Diese hat etwas weniger Kalk, ungefähr 50%

Abb. 28. Drehofen, Ansicht (Soloofen von Polysius).

gegen 64% des Klinkers; um sie in Klinker umzuarbeiten, muß also ihr Kalkgehalt erhöht werden.

2. Rohmehlherstellung. Die Erhöhung des Kalkgehaltes wird dadurch erreicht, daß man Hochofenschlacke mit Kalkstein zu Rohmehl vermahlt und in der eben beschriebenen Weise zu Klinker brennt. Man braucht gewöhnlich 1 Teil Schlacke auf 1—2 Teile Kalkstein. Das Mischungsverhältnis richtet sich natürlich nach der chemischen Zusammensetzung der Schlacke und des Kalksteins.

3. Brennvorgang. Zum Brennen dienen entweder Schachtöfen, wie sie oben beschrieben sind (S. 22), oder Drehöfen. Die Drehöfen bestehen aus 30—60 m langen, etwa 2—3 m im Durchmesser messenden Eisenröhren, die im Inneren mit feuerfestem Material ausgemauert, etwas geneigt gelagert und langsam drehbar sind (Abb. 27 u. 28). Im oberen Ende des Drehofens wird das Rohmehl, bestehend aus der feingemahlenen Mischung von Kalkstein und Hochofenschlacke, einlaufen gelassen, im unteren Ende brennt eine Flamme dem Rohmehl entgegen (Gegenstromprinzip). Die Flamme wird erzeugt entweder durch Einblasen von Kohlenstaub oder von Koksofengasen. Die Koksofengase werden naturgemäß hauptsächlich auf Hüttenwerken, weniger in der Portlandzementindustrie verwendet, da sie nur in Hüttenwerken zur Verfügung stehen. Das Brennen mit Gas hat den Vorteil, daß die Klinker nicht verunreinigt werden durch die Asche, die aus der Kohle zurückbleibt, und daß ein Verbrennen der Kohle mit allen ihren wertvollen Nebenprodukten nur zum Zwecke der Klinkererzeugung unnötig ist. Im Verlaufe des Durchganges durch den geneigt liegenden Ofen verliert das Rohmehl zunächst seine Feuchtigkeit, dann seine Kohlensäure, und schließlich sintert es zu Klinker

Abb. 29.   Hochofen zur Roheisen- und Schlackengewinnung.

zusammen. Es bildet dabei Kugeln von Erbsen- bis Faustgröße (Abb. S. 4).

Die Sinterung findet im unteren Drittel des Ofens statt. Der geglühte Klinker verläßt den Ofen entweder sofort und tritt in eine unterhalb desselben angeordnete Kühltrommel, oder er wird im letzten Teil des Ofens (Soloofen) oder in einem angebauten Schacht auf Handwärme abgekühlt und dann dem Klinkersilo zugeführt.

Die Hochofenschlacke.

1. Rohstoffe für die Hochofenschlacke. Als Rohstoffe für die Schlacke dienen Eisenerze und Kalkstein. Um einen Überblick über die Art der Entstehung der Hochofenschlacke zu gewinnen, ist ein kurzer Blick auf den Hochofengang erforderlich.

2. Die Schlackenerzeugung im Hochofen. Der Hochofen dient dazu, aus den eisenhaltigen Erzen das Eisen in metallischer Form zu gewinnen. Er besteht aus einem bis zu 25 m hohen, aus feuerfesten Steinen gemauerten Schacht von kreisförmigem Querschnitt, in welchen von oben der Möller und der Koks eingegeben werden (Abb. 29).

Der Möller besteht aus den Eisenerzen und Zuschlägen, meist Kalkstein. Das Eisenerz selbst enthält außer dem Eisenoxyd die Gangart, das sind kieselsäure- und tonerdehaltige Bestandteile. Diese Bestandteile müssen selbstverständlich von dem Eisen getrennt werden. Man erreicht das dadurch, daß man sie in den glühendflüssigen Zustand überführt. Diese Überführung allein durch Erhitzung ist aber nicht möglich, da viel zu hohe Temperaturen notwendig sein würden, denn die Gangart schmilzt nur bei außerordentlich hohen Temperaturgraden. Um nun die Schmelzung der Gangart zu ermöglichen, setzt man dem zu verhüttenden Erz gewöhnlichen Kalkstein zu. Es bilden sich dann unter der Einwirkung der Hitze aus Gangart und Kalk verhältnismäßig niedrig schmelzende Kalziumsilikate und aluminate, die als „Hochofenschlacke"

Abb. 30. Unterer Teil des Hochofens im Schnitt („Rast").

in glühendflüssigem Zustand den Hochofen verlassen.

In früheren Jahren, als das Eisen noch in primitiver Weise im Rennbetrieb mit Holzkohlen hergestellt wurde, war es natürlich nicht möglich, diejenigen Temperaturen zu erzielen, welche notwendig sind, um die Schlacke in glühendflüssigen Zustand überzuführen. Außerdem konnte man die Möllerzusammensetzung aus Mangel an chemischen Kenntnissen nicht so regeln, daß eine möglichst niedrigschmelzende Schlacke entstand. Die Folge dieser Tatsache war, daß nur ein Teil des Eisens aus den Erzen gewonnen wurde, während ein anderer Teil mit der Gangart zu einer nicht richtig geschmolzenen teigigen Schlacke zusammensinterte, die alle möglichen Verunreinigungen enthielt und ähnlich aussah wie die Kohlenschlacke. Aus dieser Zeit stammt die Bezeichnung „Schlacke" für das Nebenprodukt der Eisenherstellung. Der Name „Schlacke" wurde dann auf das heutige, durch völlige Schmelzung entstandene Erzeugnis übertragen, obwohl er sinngemäß nicht mehr zutrifft, denn bei der Hochofenschlacke handelt es sich um einen vollkommenen gleichmäßigen Schmelzfluß, wie er beispielsweise in der Natur im Basalt, in der Bindemittelindustrie im Tonerde-Schmelzzement vorliegt. Richtiger und treffender würde das geschmolzene Schmelzprodukt der Eisenherstellung „Hochofenschmelze" genannt.

Der Hochofenprozeß geht nun in folgender Weise vor sich. Auf der Gicht, d. i. der oberste Teil des Ofens, wird von oben in den Hoch ofen der Möller, also die Mischung des Erzes mit Kalkstein, aufgegeben. Die Mischung wird dauernd kontrolliert, da die Erze in der Zusammensetzung naturgemäß schwanken. Durch einen den Erzen angepaßten Kalksteinzusatz muß stets dafür gesorgt werden, daß die entstehende Schlacke möglichst immer etwa die gleiche Zusammensetzung hat, damit sich der Schmelzpunkt der Schlacke nicht verschiebt, denn der Schmelzpunkt ist abhängig von der chemischen Zusammensetzung und wird durch geringe Veränderung derselben um nur wenige Prozent ganz erheblich verändert.

Eine solche Veränderung des Schmelzpunktes würde aber zwangsläufig schwere Störungen des Hochofenganges im Gefolge haben: Wird z. B. durch zu hohen Kalkgehalt der Schmelzpunkt nach oben verschoben, die Schlacke also schwer flüssig, so reicht die vorhandene und

Abb. 31. Hochofenwerk (Vulkan mit Zementfabrik, Duisburg).

erreichbare Temperatur nicht mehr aus, um die Schlacke flüssig zu erhalten, und „der Hochofen gefriert ein". Die Schlacke läuft also nicht mehr aus dem Hochofen heraus.

Andererseits kann auch falsche chemische Zusammensetzung der Schlacke dazu führen, daß das Eisen nicht mehr vollkommen aus der Schmelze entfernt wird (Rohgang), ein Vorkommnis, welches selbstverständlich zu großen Eisenverlusten führt.

Eine gleichmäßige Schlackenzusammensetzung ist also unbedingtes Erfordernis für einen gleichmäßigen Hochofengang und gleichmäßige Eisenqualität.

Der dem Möller beigegebene Koks dient nicht nur zur Unterhaltung der Verbrennung und zur Erzielung der notwendigen Temperatur, sondern auch zur Entfernung des Sauerstoffes aus dem Eisen. Das Eisen liegt nämlich in den Erzen stets in Oxydform, also in Verbindungen mit Sauerstoff, vor (verrostetes Eisen ist unter der Einwirkung des Luftsauerstoffes oxydiertes Eisen). Aus dieser Oxydform muß durch Reduktion, d. h. durch Sauerstoffentziehung, das Eisen in metallisches Eisen übergeführt werden. Diese Reduktion wird durch den Kohlenstoff des

Kokses herbeigeführt, welcher den Sauerstoff des Eisenoxyds aufnimmt, während das Eisen als metallisches Eisen im Hochofen zurückbleibt. Gleichzeitig verbrennt Kohlenstoff zu gasförmigem Kohlenoxyd, welches

Abb. 32. Auskippen von Stückschlacke auf der Halde (Krupp).

als Gichtgas den Hochofen verläßt, um dann, da es zu Kohlendioxyd (Kohlensäure) noch verbrannt werden kann, zur Heizung von Winderhitzern, zum Antreiben von Gasmaschinen u. dgl. weiterverwendet zu werden.

Abb. 33. Wassergranulation von Schlacke.

Der Hochofen ist im unteren Teil etwas verengt, so daß der ganze Einsatz einen Halt hat. Von unten her schmilzt dauernd der Einsatz ab, und im untersten Teil des Ofens sammelt sich das glühendflüssige metallische Eisen, auf welchem die Hochofenschlacke wie Öl auf dem

Wasser schwimmt (Abb. 30). Von Zeit zu Zeit wird das Eisen abgestochen, d. h. herauslaufen gelassen, während die Hochofenschlacke durch ein anderes Loch des Hochofens die „Schlackenform“ in täglich viele Stunden lang laufendem Strahl verläßt.

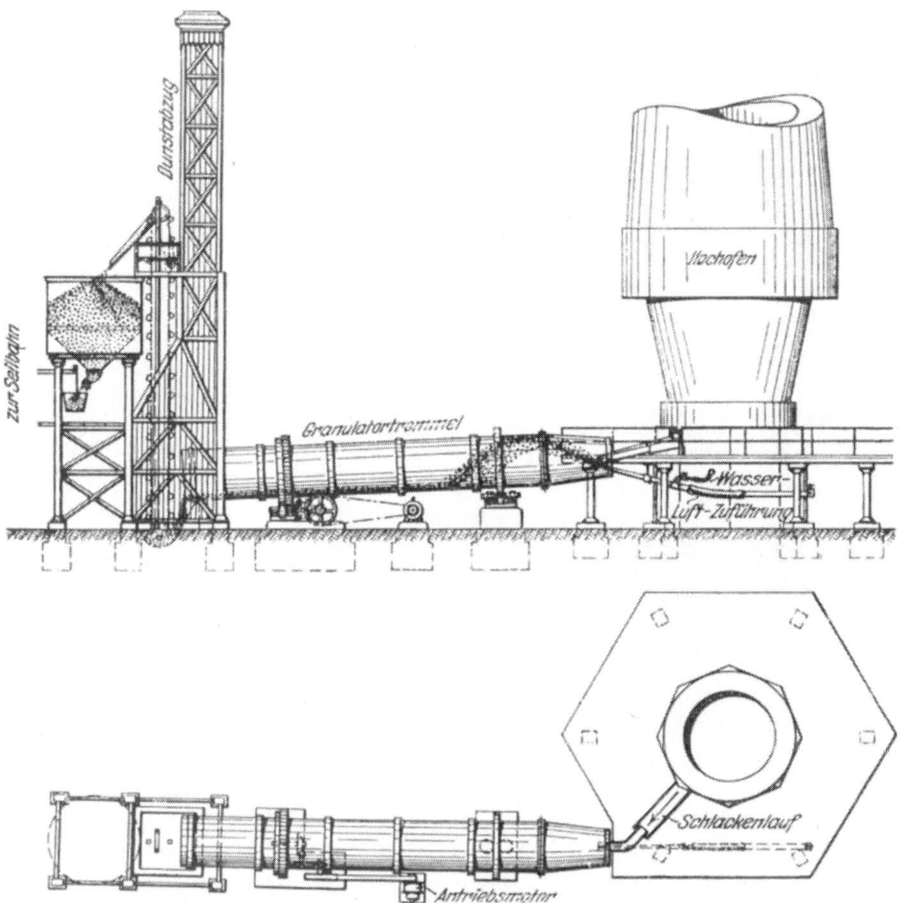

Abb. 34. Luftgranulation von Schlacke auf der Buderus-Trommel (Buderus-Wetzlar). Aus: Das Buderussche Lufttrocknungsverfahren von Betriebsdirektor Max Zillgen, Wetzlar. Bericht Nr. 70 des Hochofenausschusses des Vereins Deutscher Eisenhüttenleute.

Die Verbrennung im Hochofen wird unterhalten durch dauernd mit mächtigen Winddruckmaschinen eingeblasene Luft, die vorgewärmt ist, um die nötigen hohen Temperaturen zu erreichen.

Aus der Art der Entstehung der Schlacke erhellt ohne weiteres, daß diese eine für jeden Hochofen recht gleichmäßige Zusammensetzung hat; selbst wenn verschiedene Erze verhüttet werden, wird durch geeignetes Gattieren derselben und durch angepaßten Kalksteinzusatz die Schlacke in der gleichen Zusammensetzung gehalten, damit der Schmelzpunkt der Schlacke und die Qualität des Eisens stets gleich sind, denn diese letztere hängt in weitestem Umfange von der Schlackenzusammensetzung ab: gleichbleibende Eisenqualität erfordert gleiche Schlackenzusammensetzung. Aus diesem Grunde beurteilt der Hochöfner auch seinen Hochofengang nach dem Aussehen und der Zusammensetzung der Schlacke.

3. Granulation. Nach dem Heraustreten der glühendflüssigen Schlacke aus dem Hochofen kann diese in zweierlei Weise behandelt werden. Soll die Schlacke zu Auffüllungszwecken oder zur Herstellung von Gleisschotter, Straßenbaumaterial, Betonzuschlag u. dgl. dienen, so läßt man sie langsam erkalten. Man füllt sie also in auf Eisenbahnwagen montierte, mehrere Kubikmeter fassende Kübel, fährt diese auf die Halde und kippt sie dort aus. Derartige Schlacke ist als Zusatzschlacke für die Hüttenzementherstellung nicht mehr brauchbar, da sie kristallinisch ist und keine hydraulischen Eigenschaften aufweist (siehe S. 26, Abb. 32).

Abb. 35. Granulation von Hochofenschlacke auf der „Opterbeck-Mühle". Vereinigte Stahlwerke Schalke (Versuchsanlage).

Besteht die Absicht, die Schlacke als Mörtelsand oder zur Steinfabrikation oder zur Hüttenzementherstellung zu verwenden, wird also von der Schlacke verlangt, daß sie ihre hydraulischen Eigenschaften bewahrt, so muß sie schnell gekühlt werden. Am einfachsten wird diese schnelle Kühlung, Granulation, erreicht durch Einlaufenlassen in Wasser (Abb. 33). Diese letzte Aufbereitungsweise hat natürlich die intensivste Kühlung zur Folge. Allerdings ist der auf diese Weise gewonnene Schlackensand (die Schlacke verwandelt sich bei diesem Arbeitsgang in einen ganz porösen Sand) sehr naß und muß mit ziemlich hohen Kosten getrocknet werden. Man hat aus diesem Grunde noch andere Granulationsarten ausgedacht, beispielsweise die Granulationstrommel von Buderus (Abb. 34) oder die Granulationsmühle von Opterbeck (Abb. 35), mit welchen bei vielen Schlacken recht gute Ergebnisse erzielt wurden.

Abb. 36. Trockentrommel zum Trocknen von Hochofenschlacke oder Kalkstein (Krupp).

4. Mahlung. Zur Vermahlung der getrockneten (Abb. 36) Hochofenschlacke mit den zur Erreichung der Hüttenzementzusammensetzung nötigen Klinkern können verschiedene Mühlenarten dienen; meistens sind Zweiverbundmühlen im Gebrauch oder besondere Mühlen

Abb. 37. Mühlenanlage (Fellner & Ziegler) zur Vermahlung von Eisenportlandzement.
Zementfabrik der Vereinigten Stahlwerke in Schalke.

mit mehreren Kammern, also Drei- oder Vierkammermühlen, um eine recht feine Mahlung und einen hohen Gehalt an feinem Mehl, der bekanntlich für die Erhärtung von Vorteil ist, zu erhalten (Abb. 37).

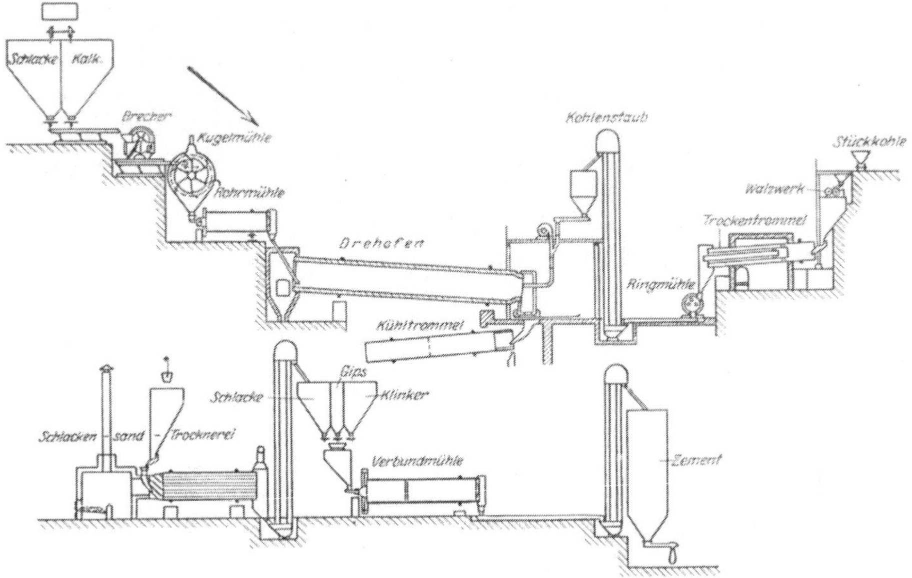

Abb. 38. Schematische Darstellung der Hüttenzementherstellung.

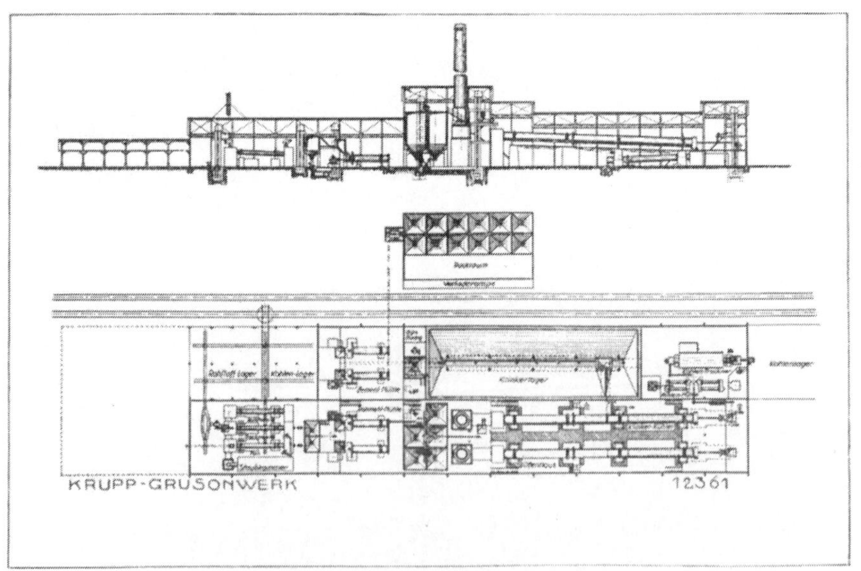

Abb. 39. Plan einer Zementfabrik (Krupp).

Zu I und II: Übersicht über die Herstellung der drei Normenzemente: Portlandzement, Eisenportlandzement und Hochofenzement (Abb. 38).

Über die Herstellung der Normenzemente gibt beifolgendes Schema übersichtlichen Aufschluß:

I. Portlandzement.

Kalkmergel oder Hochofenschlacke wird mit Kalkstein zur Zusammensetzung von Portlandzementrohmehl vermahlen und bis zur Sinterung gebrannt (oberer Teil des Schemas Abb. 39).

II. Hüttenzement.

Der nach I hergestellte Klinker wird mit granulierter Hochofenschlacke, die vorher getrocknet ist, zusammen gemahlen, und zwar bei E.P.Z. 70% Klinker und 30% Schlacke, bei H.O.Z. 30% Klinker und 70% Schlacke (unterer Teil des Schemas Abb. 39).

III. Bindemittel aus geschmolzenen Rohstoffen: Tonerdezement.

Die Tonerdezemente wurden im Fabrikationsbetrieb zuerst in Frankreich und dann in Amerika in größerem Umfange während des Krieges hergestellt und dienten zur schnellen Fertigstellung von Unterständen und Geschützplattformen. Sie kamen zuerst unter dem Namen „Ciment fondu" in den Handel, der später bei uns in das Wort „Schmelzzement" übersetzt wurde. Teilweise werden die Tonerdezemente noch mit diesem Namen „Schmelzzement" bezeichnet. Dieser Name ist aber irreführend, da auch Portlandzement geschmolzen werden kann und Hochofenzemente, die zum größten Teil aus einem geschmolzenen Produkt, der Hochofenschlacke, bestehen, von Rechts wegen also auch „Schmelzzement" genannt werden könnten. Die richtige Bezeichnung für diese Zementart ist „Tonerdezement", ein Name, dessen alleinige Anwendung Verfasser bereits vor Jahren befürwortet hat und der sich allmählich Bahn bricht, da er die chemische Zusammensetzung der Tonerdezemente, nämlich die Tatsache, daß sie hauptsächlich aus Tonerde bestehen, hervorhebt[1]).

Die Tonerdezemente kosten ungefähr das Dreifache von Portlandzement und werden auch neuerdings in Deutschland aus französischem Bauxit unter dem Namen „Alca-Zement" erschmolzen.

A. Wissenschaftliche Grundlagen.

1. Chemische Zusammensetzung.

Die chemische Zusammensetzung der Tonerdezemente läßt sich ohne weiteres aus der Zeichnung des Dreistoffsystems auf S. 11 ablesen. Die Tonerdezemente unterscheiden sich grundsätzlich von den Portlandzementen, da sie das Fünf- bis Mehrfache an Tonerde enthalten als Portlandzement. Die Durchschnittszusammensetzung eines Tonerdezementes ist ungefähr folgende:

Kieselsäure . . . . ca. 10%
Tonerde. . . . . ca. 50%
Kalk . . . . ca. 40%

---

[1]) Grün, R.: Tonerdezement. Tonind.-Zg. 1924, S. 249.

Die Tonerdezemente können demgemäß nicht als Portlandzemente betrachtet werden. Tatsächlich ist auch der Erhärtungsvorgang bei den Tonerdezementen, obgleich er im Gefolge zu denselben Ergebnissen, nämlich zu steinartigem Erhärten des Betons führt, verschieden von demjenigen der Portlandzemente.

Die Tonerdezemente erhärten dadurch, daß sich die verschiedenen in ihm enthaltenen Aluminate (Abb. 40) zu Kalzium a l u m i n a t hydrat zersetzen, während dagegen die Erhärtung der Portlandzemente auf einer Bildung von Kalzium s i l i k a t e n beruht. Während also die erhärteten Portlandzemente in chemischem Sinne Kalksalze der Kieselsäure sind,

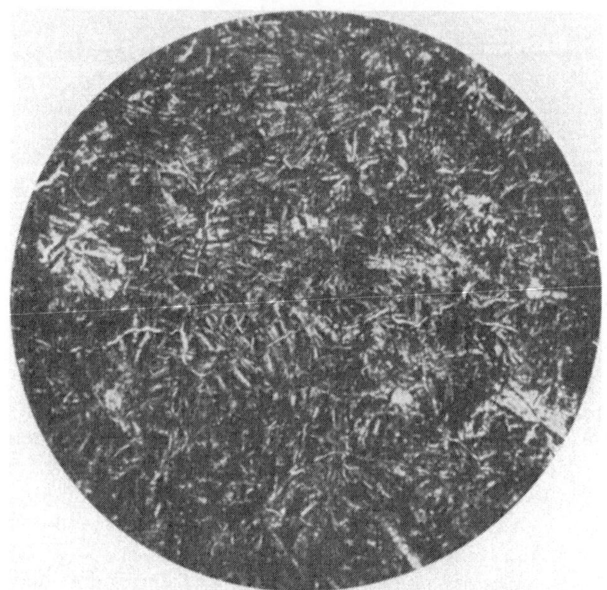

Abb. 40.   Dünnschliff von Tonerdezementschmelze.

sind die Tonerdezemente Salze des Kalkes mit der Tonerde als Säurebestandteil.

Die Herstellung der Tonerdezemente erfolgt aus diesem Grunde selbstverständlich auch aus ganz anderen Rohmaterialien, als sie für die Portlandzementherstellung herangezogen werden können. Man benötigt nicht Verbindungen der Kieselsäure mit dem Kalk, wie sie die Mergel darstellen, sondern hoch t o n e r d e haltige Mineralien. Allerdings kommen solche in Deutschland nicht in wünschenswerter Reinheit vor. Aus diesem Grunde müssen die Bauxite, so heißen die tonerdehaltigen Mineralien, aus Frankreich eingeführt werden. Diese Einfuhrnotwendigkeit trägt mit zu dem hohen Preis der Tonerdezemente bei.

2. Schmelzung.

Die Tonerdezemente haben einen tieferen Schmelzpunkt als die Portlandzemente. Es ist deshalb möglich, bei der Herstellung der Tonerdezemente, genau wie bei der Herstellung der Hochofenschlacke, die Erhitzung bis zur erfolgten Schmelzung zu treiben; auf diese Weise entstehen chemische Verbindungen, die infolge der erfolgten Schmelzung weitgehend homogen sind.

3. Geschichte der Tonerdezemente.

Die Erfindung der Tonerdezemente geht in das Jahr 1856 zurück, wo Winkler, ein deutscher Chemiker, Kalkaluminate erschmolz und feststellte, daß sie nach Vermahlung und Anmachen mit Wasser unter Wasser erhärteten. Winkler hat auch schon gefunden, daß nicht zuviel Kalk genommen werden darf, da sonst Treiberscheinungen auftreten[1]). 1865 hat dann der Franzose Fremy gleichfalls Aluminate erschmolzen und ihre ausgezeichnete Erhärtung festgestellt. Fremy hat die große Bedeutung dieser Aluminate bereits erkannt, denn er schreibt über dieselben folgendes:

„Diese Gemenge von Kalkaluminat und kieseligen Stoffen dürften für die Praxis von großer Bedeutung werden, namentlich zur Darstellung von Blöcken, welche der Einwirkung der Atmosphärilien und des Meerwassers ausgesetzt sind; durch Anwendung dieser Betone, welche fast gänzlich aus kieseligen, durch eine geringe Menge Kalkaluminat miteinander verbundenen Stoffen bestehen, werden aller Wahrscheinlichkeit nach Bauten, die den Einwirkungen des Meerwassers zu widerstehen vermögen, ohne Schwierigkeit ausführbar werden.“

Fremy war sich also über die Empfindlichkeit der Portlandzemente und die Widerstandsfähigkeit der Tonerdezemente gegen die Sulfate des Meerwassers schon damals im klaren.

Auch Michaelis arbeitete etwa um dieselbe Zeit wie Fremy die Winklerschen Versuche nochmals durch und erhielt vorzüglich erhärtende Verbindungen, „die innerhalb zweier Tage so vorzüglich erhärteten, wie es selbst die allerbesten Zemente dieser Zeit nicht tun“. Die Kenntnis der so entdeckten Tonerdezemente ging dann längere Zeit wieder verloren, bis im Jahre 1906 Otto Schott in seiner Dissertation die Frage erneut aufgriff und wieder die gute Erhärtung der Aluminate feststellte. 1910 hatte der Amerikaner Spackmann Untersuchungsergebnisse veröffentlicht, welche dartun sollten, daß der Zusatz von Aluminaten von Vorteil ist, um die Festigkeiten von Zementen zu erhöhen, Ergebnisse, die von Killig bestritten wurden. Killig hat bei seiner Nachprüfung dieser Spackmannschen Angaben wieder gute Erhärtung mit den reinen Aluminaten allein festgestellt.

Der Erfinder der Tonerdezemente ist demnach Winkler, dessen Forschungsergebnisse von Fremy und Michaelis bestätigt und erweitert wurden; als ihre Wiederentdecker können Otto Schott und Killig bezeichnet werden. Die amerikanische Angabe, daß Spackmann die Tonerdezemente erfunden habe, ist unrichtig; Spackmann hat lediglich in seinen Veröffentlichungen, wie das in Amerika Sitte ist, alle vorhergehenden Wissenschaftler, die über die Frage gearbeitet haben, verschwiegen. Den Franzosen gebührt das Verdienst, die Herstellung der

---

[1]) Winkler, L.: J. phys. Chem. 1856. S. 454.

Tonerdezemente zuerst fabrikmäßig durchgeführt zu haben. Sie waren dazu in der Lage, da sie die unbedingt notwendigen tonerdehaltigen Stoffe, den Bauxit, in großen Mengen in ihrem Lande zur Verfügung hatten. In Deutschland kommt Bauxit nicht in brauchbarer Reinheit vor.

B. Technische Durchführung.

1. Rohmehlherstellung.

Das Rohmehl wird hergestellt in der gleichen Weise wie bei der Portlandzementfabrikation, nur natürlich aus anderen Rohstoffen,

Abb. 41. Wassermantelofen zum Schmelzen von Tonerdezement (aus Lafarge).

allerdings ist, da Schmelzung erfolgt, eine derart weitgehende Feinung, wie sie bei der Klinkerherstellung üblich ist, nicht vonnöten.

2. Schmelzweise und Mahlung.

Geschmolzen werden die Tonerdezemente entweder im elektrischen Ofen oder im gewöhnlichen Schachtofen, die mit einem Wassermantel zur Kühlung umgeben sind. Der Vorgang hat große Ähnlichkeit mit der Herstellung der Hochofenschlacke, der Wassermantelofen ist nichts anderes als ein Spezialhochofen, der, statt zur Eisenherstellung, nur zur Schlackenfabrikation gebraucht wird, wobei die Schlacke den „Tonerdezement" darstellt; dementsprechend ist auch der Wassermantelofen ein Hochofen im kleinen, denn auch die Hochöfen sind wassergekühlte Schachtöfen (Abb. 41). Der fertige Tonerdezement verläßt den Ofen glühendflüssig wie Hochofenschlacke den Hochofen und kann dann, wenn er nicht von selbst zerrieselt, vermahlen werden. Diese Ver-

Abb. 42. Verbundmühle zum Mahlen von Rohmehl und Zement (Krupp).

mahlung geschieht in ganz gleicher Weise wie diejenige der anderen Zemente (Abb. 42).

IV. Andere Zemente.

Bindemittel aus teils ungesinterten, teils geschmolzenen Stoffen: Kalk + Hochofenschlacke = Schlackenzement.

Bindemittel aus teils gesinterten, teils ungesinterten Stoffen: Portlandzement + Traß = Traßzement.

Das latente, also schlummernde Erhärtungsvermögen der verschiedenen hydraulischen Zuschläge, wie Traß, Puzzolane oder Ziegelmehl (gesintert) oder Hochofenschlacke (geschmolzen) kann durch Zusatz geringer Mengen Kalk und Gips bis zu einem gewissen Grad geweckt und so die Puzzolane in einen Zement verwandelt werden, dem aber stets nur eine geringere Erhärtungsenergie innewohnt, da die genannten Zusätze nur in geringem Maße die Erhärtung einzuleiten vermögen. Die auf diese Weise erzeugten Zemente sind deshalb nur für untergeordnete Zwecke brauchbar und haben sich gegen den Wettbewerb der hochhydraulischen Bindemittel nicht einzuführen vermocht. Einige der Bindemittel seien der Vollständigkeit halber genannt.

Vermutliche Zusammensetzung verschiedener, unter Phantasienamen im Handel befindlicher Zemente, soweit diese im Laboratorium feststellbar war:

Linkzement: Hochofenschlacke, Ziegelmehl und hydraulischer Kalk.
Dominit: Posidonienschieferschlacke, Kalk und Gips.
Thurament: Hochofenschlacke mit Kalk.
Leukolith: feingemahlener Anhydrit (Gips).

Auch die sogenannten hydraulischen Kalke seien hier kurz gestreift, ihre Festigkeiten erreichen meist nicht diejenigen der Normenzemente.

Abb. 43. Absacken von Zement (Hochofenzementwerk der J. G. Leverkusen).

Einige Zahlen, welche im Forschungsinstitut gefunden wurden, sind in Tabelle 6 wiedergegeben.

Tabelle 6. Normeneigenschaften

| | Marke | Litergewicht | | Spezifisches Gewicht | Rückstände in % auf den Sieben von Maschen je cm² | | | | Abbindezeit | |
		eingelaufen	eingerüttelt		900	2500	5000	10000	Anfang	Ende
I	Ml	882	1637	3,012	2,8	10,0	19,2	24,1	4^{50}	6^{30}
II	Er	846	1651	2,885	0,4	3,8	8,1	15,0	4^{20}	6^{55}
III	Ml	906	1651	2,950	1,0	7,0	15,2	24,5	1^{50}	3^{00}
IV	Pa	850	1617	2,902	Spur	1,0	4,1	9,8	2^{30}	4^{00}
V	Dt	977	1694	2,934	0,1	1,4	8,7	15,2	6^{20}	9^{50}
VI	St	1071	1756	3,052	0,1	1,0	7,7	15,5	4^{20}	6^{10}
	1	*2*	*3*	*4*	*5*	*6*	*7*	*8*	*9*	*10*

Neuerdings wird auch hie und da Portlandzementklinker mit Traß vermahlen, um seinen freiwerdenden Kalk zu binden; die Festigkeiten der Traßportlandzemente sind meist niedriger als diejenigen der traßfreien Zemente, die Sulfatbeständigkeit und Elastizität des Betons kann aber durch derartige Zumahlungen verbessert werden. Die Zumahlung unhydraulischer Zuschläge (Sand, Glas, Gesteinsmehl in geglühtem oder rohem Zustand) drückt gleichfalls die Festigkeiten herab, sobald erhebliche Mengen in Betracht kommen.

Normen bestehen für derartige Mischbindemittel nicht; sie können demgemäß auch nicht für Eisenbetonbauten oder staatliche Bauausführungen verwendet werden. Ihre Bedeutung ist entsprechend gering, so daß sich eine weitere Besprechung erübrigt.

V. Hydraulische Zuschläge.

Diese haben latent hydraulische Eigenschaften und vermögen ohne Zusatz eines Anregers nicht zu erhärten. Sie treten also nicht als selbständige Mörtelbildner auf, sondern dienen bloß als Zusätze zu Zement oder kalkhaltigen Gemischen, um die Eigenschaften des fertigen Mörtels oder Betons zu beeinflussen, oder um Bindemittel zu sparen. Werden sie als Streckungsmittel für Zement gebraucht, so erniedrigen sie stets die Festigkeiten. Günstig wirken sie auf Kalkmörtel, dem sie hydraulische Eigenschaften verleihen, da sie über freie Kieselsäure verfügen, welche sich mit dem Kalk zu wasserunlöslichen Kalksilikaten verbindet. Portlandzementbeton verleihen sie, da sie dessen freien Kalk gleichfalls binden, höhere Beständigkeit gegen manche aggressive Lösungen. Sie dichten auch durch Quellvorgänge in gewissem Umfang das Gefüge des Betons.

Die in dieser Beziehung günstigen Eigenschaften der Puzzolane, Traß, Puzzolanerde, Ziegelmehl, waren schon im Altertum bekannt. Die 80 km lange Wasserleitung Eifel-Köln (erbaut 90 n. Chr. Geb., noch heute größtenteils gut erhalten) ist mit Putz aus Ziegelmehl und hydraulischem Kalk gegen Einwirkung des Wassers geschützt. Als wichtigste hydraulische Zuschläge kommen in Betracht:

einiger Bindemittel.

Raumbeständigkeit			Bruch nach 24 Stunden	Zugfestigkeit 1 : 3				Druckfestigkeit 1 : 3				Verhältnis von Zug und Druck nach 28 Tagen	
				nach Tagen Wasserlag.		nach 28 Tagen		nach Tagen Wasserlag.		nach 28 Tagen			
Normenprobe	Darrprobe	Heißwasserprobe		3	7	Wasserlag.	komb. Lager.	3	7	Wasserlag.	komb. Lager.	Wasserlag.	komb. Lager.
best.	best.	best.	0,9	7	11	19	25	50	80	130	147	6,8	5,9
,,	,,	,,	1,1	14	18	25	29	119	155	211	260	8,4	9,0
,,	,,	,,	0,8	12	15	27	30	90	116	177	229	6,6	7,6
,,	,,	zerk.	0,9	6	11	22	25	69	91	139	182	6,3	7,3
,,	,,	best.	0,8	10	15	20	19	66	90	128	131	6,4	6,9
,,	,,	,,	4,7	24	26	33	42	252	369	505	538	15,3	12,8
11	*12*	*13*	*14*	*15*	*16*	*17*	*18*	*19*	*20*	*21*	*22*	*23*	*24*

Natürliche Puzzolane: 1. Traß,
                     2. Puzzolanerde.
Künstliche Puzzolane: 3. Ziegelmehl und Linktraß,
                     4. Posidonienschieferschlacke.

A. Traß.

Seit zwei Jahrtausenden ist für Deutschland der wichtigste hydraulische Mörtelzuschlag der Traß. Das Wort ist von dem Acc. plur. des lateinischen Wortes „Terra" (Erde), „Terras", entstanden. Traß wird aus Tuffstein, der besonders in dem rheinischen vulkanischen Gebiet vorkommt, gewonnen, indem dieser getrocknet und gemahlen wird. Wichtig ist, daß der zur Traßherstellung verwendete Tuffstein chemisch gebundenes Wasser enthält, welches also auch bei der Trocknung nicht entweicht, da dieser Wassergehalt die Reaktionsfähigkeit des Trasses erhöht. Vermutlich ist dieses Wasser an die Kieselsäure des Trasses gebunden und hat diesen dadurch in besonders reaktionsfähiger Form überführt. Hydratwasserfreie Trasse (Bergtrasse, einige bayr. Trasse) sind deshalb minder reaktionsfähig als hydratwasserhaltige, vermögen aber dennoch ähnlich wie die normalen Trasse zu wirken, wenn auch nicht in gleich hohem Maße.

Abb. 44. Tuffsteingrube zur Gewinnung des Tuffs für die Traßherstellung (Herfeld-Andernach).

Steinmehl, welches häufig als Traßzusatz empfohlen wird, hat keinerlei hydraulische Eigenschaften, vermag also Traß nicht zu ersetzen. Es dichtet wohl den Beton, dem es zugesetzt wird, wirkt also günstig, besonders wenn die Versuche mit Sanden, denen die feinsten Anteile fehlen (Normensand), durchgeführt werden, es reagiert aber nicht oder erst in Jahrhunderten mit dem Kalk und Zement, bleibt also ohne festzustellende günstige Wirkung bezüglich der Kalkbindung.

Von ausschlaggebender Bedeutung zur Entscheidung der Streitfrage, ob Traß durch Steinmehl ersetzt werden kann, ist die Feststellung der hydraulischen Eigenschaften des Trasses. Zum Vergleich der Eigenschaften wurden Steinmehl, Ziegelmehl mit Weißkalk zu Mörtel angemacht und die Körper nach 7, 28 Tagen, 3 und 6 Monaten geprüft.

Abb. 45. Trocknen von Tuff vor der Vermahlung.

Tabelle 7. Vergleich der Erhärtungsfähigkeit von Traß mit derjenigen von Ziegelmehl und Steinmehl.

		Mischungsverhältnis in Gewichtsteilen		Druckfestigkeiten kg/cm²			
		Kalkteig	Normensand	7 Tage	28 Tage	3 Monate	6 Monate
I	1 Traß	1,4	1,5	9	41	89	88
II	1,1 Ziegelmehl . . .	1,4	1,5	0	3	9	13
III	1,1 Sandmehl	1,4	1,5	0	0	6	5
	1	2	3	4	5	6	7

Anmerkung: Die Körper lagerten 3 Tage in feuchter Luft, darauf 21 Tage unter Wasser, die folgende Zeit in Luft.

Die gefundenen Festigkeiten zeigen die tatsächliche Hydraulizität des Trasses, das geringe Eingreifen des Ziegelmehles in die Erhärtung und das inaktive Verhalten des Steinmehles. Große, noch unveröffentlichte Reihenversuche des Verfassers mit Portlandzementen und Hochofenzementen bei Lagerung in Luft, Wasser und Magnesiumsulfatlösung zeigten, daß im Anfang der Erhärtung das zum Vergleich herangezogene Quarzsandmehl ebenso günstig auf die Festigkeiten wirkte wie der Traß, daß aber bei längerer Lagerdauer der Traß die Festigkeiten und Sulfatwasserbeständigkeit günstiger beeinflußte als das Steinmehl und zwar in gleicher Weise sowohl bei Portlandzement als auch bei Hochofenzement als Bindemittel.

Der Zusatz von Traß zum Bindemittel wirkt festigkeiterhöhend und steigernd auf die Salzwasserbeständigkeit. Ein Ersatz von Zement setzt die Festigkeiten herab, vermag aber die Salzwasserbeständigkeit noch etwas zu erhöhen.

Ein Zusatz von gemahlenem Quarz (Sand) zum Bindemittel erhöht gleichfalls die Festigkeit, besonders bei Verwendung von porösem Sand als Zuschlag infolge der porenfüllenden Wirkung, aber nur wenig die Sulfatbeständigkeit.

Bindemittelersatz durch Steinmehl setzt natürlich auch die Festigkeiten herab, ebenso aber im Gegensatz zu Traß die Sulfatwiderstandskraft des Betons.

Empfehlenswert ist also: Verwendung von Traß statt Steinmehl, Zusatz des Trasses zum Bindemittel ohne Ersparung von Zement.

Bemerkenswert ist, daß Portlandzement und Hochofenzement sich in gleicher Weise bei Zusatz von Traß verhalten (ebenso bei Steinmehl), daß also ein geringerer Zusatz von Traß bei Hochofenzement gegenüber Portlandzement nicht notwendig ist. Eine Verminderung des Traßzusatzes bei Hochofenzementbeton ist aber möglich und zulässig, da im Hochofenzement-Beton erheblich weniger freier Kalk vorhanden ist als im Portlandzement-Beton. Die Sulfatbeständigkeit des Hochofenzement-Betons ist deshalb an sich schon höher als diejenige von Portlandzementbeton.

Bei Zusatz von Traß wird mit 0,25 bis 0,5 Teilen des Zementgewichtes für den Traßzusatz im allgemeinen zu rechnen sein. Vorteilhaft ist schon ein Traßzusatz von 0,1, also 10% des Bindemittelgewichtes, da hierbei schon Dichtung und Festigkeitserhöhung festzustellen ist, im allgemeinen hat sich ein Zusatz von 30 Gewichtsprozenten der verwendeten Zementmenge als am günstigsten für die Praxis erwiesen. Die Kanalbauabteilung Essen (Regierungs- und Baurat Bock und Baertz), welche große Schleusenbauten mit Portlandzement und Hochofenzement unter Traßzusatz ausgeführt hat, schreibt über ihre Erfahrungen folgendes:

„Die Kanalbauabteilung Essen hat beim Bau des Kanals Wesel-Datteln große Schleusenbauten mit Portlandzement und Hochofenzement unter Traßzusatz (rd. 250 000 m³ in Gußbeton) ausgeführt.

Nach den darüber gewordenen Mitteilungen hat sich die Verwendung von Traß sowohl bei Portlandzement als auch bei Hochofenzement in der Praxis in gleichem Maße durchaus bewährt. Bei der Ausführung in Gußbeton sind die Erwartungen, die man auf Beigabe von Traß zum Betongemisch hinsichtlich Erhöhung der Geschmeidigkeit des Gemenges beim Gießen, größerer Festigkeit und Dichtigkeit des fertigen Betons gestellt hatte, erfüllt. Laboratoriumsversuche ergaben eine Zunahme der Zug- und Druckfestigkeit der Normenkörper mit Traß gegenüber denen ohne Traß, und zwar wurde bei Hochofenzement die größte Zunahme bei 0,3 Gewichtsteilen Traß und 1 Gewichtsteil Zement erzielt.“

Bei Ersatz von 20% des Bindemittels sind nach Versuchen des Verfassers Rückgänge, aber nur in der Anfangserhärtung festzustellen, bei Ersatz von 50% des Bindemittels durch Traß sind Festigkeitsabfälle zu erwarten, die sich auch in der Enderhärtung nicht ausgleichen. Bei Ersatz des Bindemittels ist also bei kalkarmen Portlandzementen und Hochofenzementen nicht über 0,25 des Bindemittelbestandteiles zu gehen. Für hochwertigen Beton (Salzwasser usw.) ist ein Ersatz des Bindemittels durch Traß überhaupt zu vermeiden. Kalkzusatz wird bei anormalen Mörteln, die langsam abbinden und aus Gründen der Dichte viel Traß erhalten sollen (Talsperren) durchgeführt, ist aber nur in Sonderfällen empfehlenswert.

Calamé, der die Beständigkeit verschiedener Zemente gegenüber den Endmutterlaugen der Kaliindustrie geprüft hat, um die Bedingungen zur Herstellung eines gegen die Laugen besonders widerstandsfähigen Zementes zu ermitteln, fand, daß ein kalkarmer Zement (Hochofenzement) der Lauge am besten widersteht, und empfiehlt als geeignetste Mischung einen Zusatz von 10% Traß[1]).

Bei jedem Traßzusatz ist eine innige Mischung des Bindemittels mit dem Traß unbedingt notwendig, entweder durch sorgfältige Mischung in der Betonmischmaschine, oder besser auch durch Vormischung. Für diese Vormischung wird neuerdings eine besondere Mischmaschine („Trassia" von Dr. Herfeld in Andernach) in den Handel gebracht, die für die Mischung völlig ausreicht. Die oft vorgeschlagene Zusammenmahlung des Trasses mit dem Zement schon in der Zementfabrik bringt nach den oben erwähnten Versuchen des Verfassers keine Vorteile.

B. Puzzolanerde.

Die günstigen Wirkungen der Puzzolanerde auf die Hydraulizität von Beton wird hauptsächlich im Ausland (Italien) verwertet. Sie war schon im Altertum bekannt. Für Deutschland haben Puzzolanerden, da hier keine gefunden werden, keine Bedeutung, zumal im Traß als hydraulisches, in der Hochofenschlacke als stärker hydraulisches Erzeugnis vollwertige Puzzolane vorhanden sind.

C. Ziegelmehl.

Die hydraulischen Eigenschaften des Ziegelmehles sind sehr gering (siehe S. 53), dennoch wurde es hauptsächlich in unzivilisierten Gegenden, den Tropen usw. zur Herstellung von hydraulischen Mörteln schon verwendet, nachdem es durch Eingeborene kleingestampft war. Seine hydraulischen Eigenschaften wurden neuerdings im Linktraß, der aus einem Gemisch von Hochofenschlacke und Ziegelmehl besteht, wieder ausgenutzt. Bedeutung hat das Ziegelmehl aber heute nicht mehr.

D. Posidonienschieferschlacke (Ölschieferschlacke).

Auch die hydraulischen Eigenschaften der Posidonienschieferschlacke sind äußerst gering. Die Posidonienschieferschlacke wird erhalten durch Abschwelen des Posidonienschiefers. Der Posidonienschiefer ist ein festes, aus stark bitumenhaltigem Seeschlamm bestehendes Mineral, das seinen Namen von dem häufigen Vorkommen einer versteinerten Schneckenart hat. Er brennt infolge seines Bitumengehaltes

---

[1]) Calamé: Über das Verhalten verschiedener Zemente in Kali-End- und Kali-Mutterlauge. Kali Bd. 20 (1926), S. 328; Chem. Zentralbl. 1927 Bd. 1, S. 342.

selbst, und zurück bleibt nach dem Abbrennen oder Abschwelen, das häufig auch unter Gewinnung des Öles durchgeführt wird, die Schlacke, ein gelbes, schiefriges Produkt, das geschrotet als Zuschlag für Leichtsteine, gemahlen als hydraulischer Mörtelzusatz verwendet wird. Bedenklich ist der hohe Gehalt des Posidonienschieferschlacke an Sulfat, welches sich aus dem im Rohprodukt reichlich vorhandenen Pyrit (Schwefelkies) bildet. Dieses Sulfat hat schon, besonders bei der Verwendung hochkalkiger Portlandzemente als Bindemittel, zu schweren Treiberscheinungen und Zerstörungen geführt. Notwendig ist eine sorgfältige Auswahl von Schlacken mit geringem Pyritgehalt. Diese Auswahl ist aber bei der feinen Verteilung des Pyrits nicht leicht. Über lokale Bedeutung ist die Verwendung der Ölschieferschlacke als hydraulischer Zuschlag bis jetzt nicht hinausgekommen.

E. Si-Stoff

ist ein Abfallprodukt, welches aus Ton beim Ausziehen desselben zur Tonerdefabrikation mit Schwefelsäure zurückbleibt.

Einige wichtigere Zahlen aus der Analyse eines Si-Stoffes sind im folgenden wiedergegeben:

Si-Stoff.

Kieselsäure SiO_2	74,95%
Tonerde Al_2O_3	13,22%
Eisenoxyd Fe_2O_3	0,29%
Alkalien	0,67%
Wasser	8,45%

Si-Stoff hat demnach einen hohen Kieselsäuregehalt, der dem Material auch den Namen ($SiO_2 = $ „Kieselsäure", Si-Stoff) gegeben hat. Zwar zeigten Versuche mit Si-Stoff als Zusatz zum Zement Besserungen der Festigkeiten und Salzwasserbeständigkeit, die Wirkung wird aber zweifellos hauptsächlich eine dichtende gewesen sein, da für die meisten bekannten Versuche poröse Sande verwendet und Vergleiche mit gemahlenem Quarzmehl als Ersatz für Si-Stoff nicht durchgeführt wurden[1]. Dennoch kann der Gehalt des Si-Stoffes an löslicher Kieselsäure, sein feines Gefüge und seine Billigkeit ihn für manche Zwecke als Betonzusatz geeignet machen (D.R.P. 362023).

F. Hochofenschlacke.

Weitaus die höchsten hydraulischen Eigenschaften gegenüber allen unter A—E genannten Erzeugnissen hat die Hochofenschlacke. Aus der nahen Nachbarschaft zum Portlandzement und Tonerdezement im Dreistoffsystem (S. 11) ist diese starke Hydraulizität ohne weiteres abzuleiten. Auf die Tatsache, daß die basischen Hochofenschlacken nur in schnellgekühltem, also wassergranuliertem, deshalb glasigem Zustand die stärksten hydraulischen Eigenschaften entwickeln, ist oben (S. 26) bereits

---

[1] Kayser: Si-Stoff als Zement- und Kalkzusatz. Tonind.-Zg. 1925, S. 208. — Bach: Beitr. zur Kenntnis des Si-Stoffs. Tonind.-Zg. 1926, S. 253. — Fredl; Nitzsche: Die Si-Stoffverwendung. Tonind.-Zg. 1926, S. 1041.

hingewiesen. Saure Schlacken mit einem Kalkgehalt unter etwa 40%
sind gleichfalls in feingemahlenem Zustand hydraulisch, aber so schwach,
daß sie zur Zementfabrikation als Zusatzschlacken im allgemeinen nicht
mehr verwendet werden. Sie haben nur noch Bedeutung als Mauersand
oder in gemahlener Form als Traßersatz. Besonders für die in großen
Mengen entfallenden sauren Schlacken aus Holzkohlenöfen (Schweden,
Rußland) wird sich dem „Hochofentraß" noch ein Verwendungsgebiet
erschließen lassen.

Ausgenutzt werden die hydraulischen Eigenschaften der Hochofenschlacke nicht nur in der Zementfabrikation, sondern auch in der Steinfabrikation bei der Herstellung von Hochofenschlackensteinen. Auch ungemahlene, granulierte Hochofenschlacke (Schlackensand) hat hydraulische Eigenschaften, die bei der Verarbeitung solchen Sandes mit Fett-
kalk als Mauermörtel zu besonders schneller Erhärtung und Widerstandsfähigkeit des erhärteten Mörtels gegen Wasser führt. Alte Schlackenhalden von Hüttenwerken können nur noch mit Dynamit entfernt
werden, da sie im Laufe der langjährigen Lagerung zu felsenfesten
Steinen erhärtet sind.

Die Bedeutung der Hochofenschlacke liegt besonders in der
Zement- und Steinfabrikation.

Neuerdings kommt gemahlene Hochofenschlacke mit geringen Zusätzen als „Thurament" in den Handel, gemäß der Aufbereitung hat
aber dieses „Thurament" allein nur geringe Erhärtungsfähigkeit, nur
wenn Portlandzement zugesetzt wird, werden bessere Festigkeiten erzielt, da dann eine Art an der Baustelle hergestellter Hochofenzement
entsteht.

Zweiter Teil

Prüfung und Eigenschaften der verschiedenen Zemente und hydraulischen Zuschläge.

I. Die gemeinsamen Forderungen der Zementnormen.

A. Die deutschen Normen zur Lieferung und Prüfung von Portland-, Eisenportland-, Hochofen- und Tonerdezement.

In Deutschland sind zu staatlichen Eisenbetonbauten zugelassen nur Portlandzement und die Hüttenzemente. Allein für diese Zemente bestehen Normen. Demgemäß sind die beiden Zementarten auch in den neuen Eisenbetonbestimmungen unter dem Sammelnamen „Normenzemente" zusammengefaßt. Nur „Normenzemente" dürfen zur Herstellung von Eisenbeton verwendet werden. Auch gegen die Verwendung von Tonerdezement wird, obgleich Normen nicht für ihn bestehen, Einspruch nicht erhoben.

Die Normen, welche in der vorangestellten „Begriffserklärung" die Herstellungsweise beschreiben, und die in ihrem übrigen Teil Vorschriften über Packung, Bindezeit, Raumbeständigkeit, Mahlfeinheit und Festigkeiten geben, sind für alle 3 Normenzemente (Portlandzement, Eisenportlandzement und Hochofenzement) gleichlautend bis auf die die Herstellungsweise bezeichnende Begriffserklärung und unwesentliche Bestimmungen über Packung und Mahlfeinheit. Die Normen sind wie folgt eingeteilt:

<table>
<tr><td>1. Begriffserklärung,</td><td>5. Feinheit der Mahlung,</td></tr>
<tr><td>2. Verpackung und Gewicht,</td><td>6. Festigkeitsproben,</td></tr>
<tr><td>3. Abbinden,</td><td>7. Festigkeit.</td></tr>
<tr><td>4. Raumbeständigkeit,</td><td></td></tr>
</table>

Die Normen für die 3 Normenzemente sind gemäß dieser Einteilung im folgenden wiedergegeben; dabei sind in den einzelnen Abschnitten 1—7 die Bestimmungen für die drei Zementarten zusammengefaßt und besprochen.

1. Begriffserklärungen.

a) Begriffserklärung für Portlandzement: Portlandzement ist ein hydraulisches Bindemittel mit nicht weniger als 1,7 Gewichtsteilen Kalk (CaO) auf 1 Gewichtsteil lösliche Kieselsäure (SiO_2) + Tonerde (Al_2O_3) + Eisenoxyd (Fe_2O_3), hergestellt durch feine Zerkleinerung und innige Mischung der Rohstoffe, Brennen bis mindestens zur Sinterung und Feinmahlen. Dem Portlandzement dürfen nicht mehr als 3% Zusätze zu besonderen Zwecken zugegeben sein.

Der Magnesiagehalt darf höchstens 5%, der Gehalt an Schwefelsäureanhydrid nicht mehr als $2^1/_2$% im geglühten Portlandzement betragen.

Begründung und Erläuterung.

Portlandzement unterscheidet sich von allen anderen hydraulischen Bindemitteln durch seinen hohen Kalkgehalt, welcher eine innige Mischung der Rohstoffe in ganz bestimmtem Verhältnisse bedingt, wie sie (sehr wenige natürliche Vorkommen ausgenommen) mit Sicherheit nur auf künstliche Weise durch feines Mahlen oder Schlämmen und innigste Mischung unter chemischer Kontrolle zu erreichen ist.

Es muß im Interesse der Abnehmer verlangt werden, daß ähnliche, aus natürlichen Steinen, durch einfaches Brennen hergestellte Erzeugnisse als „Naturzemente" bezeichnet werden.

Durch das Brennen bis zur Sinterung (beginnende Schmelzung) erhält das Erzeugnis eine sehr große Dichte (Raumgewicht), welche eine wesentliche Eigenschaft des Portlandzementes ist.

Ein Magnesiagehalt bis zu 5%, wie er bei Verwendung dolomithaltigen Kalksteines im Portlandzement vorkommen kann, hat sich als unschädlich erwiesen, wenn bei Bemessung des Kalkgehaltes der Magnesiagehalt berücksichtigt wurde.

Abb. 46. Portlandzementfabrik (Erbaut von Krupp).

Um den Portlandzement langsam bindend zu machen, ist es üblich, ihm beim Mahlen rohen Gips (wasserhaltiger, schwefelsaurer Kalk) zuzusetzen, außerdem enthalten fast alle Portlandzemente schwefelsaure Verbindungen aus den Rohstoffen und Brennstoffen.

Zusätze zu besonderen Zwecken, namentlich zur Regelung der Bindezeit, sind nicht zu entbehren, jedoch in Höhe von 3% begrenzt, um die Möglichkeit von Zusätzen lediglich zur Gewichtsvermehrung auszuschließen.

Ein Gehalt bis zu $2^1/_2$% Schwefelsäure-Anhydrid hat sich als unschädlich erwiesen.

Das Wichtigste aus diesen Bestimmungen ist, daß Portlandzement von allen hydraulischen Bindemitteln das höchstkalkige ist, und daß er nur hergestellt werden darf aus Stoffen, welche vor dem Brennen fein zerkleinert und innig gemischt wurden.

Durch diese letztere Bestimmung soll die Benennung von Naturzement als „Portlandzement" verhindert werden, da Rohmaterialien, welche aus natürlichen Steinen ohne vorhergehende Zerkleinerung durch einfaches Brennen hergestellt wurden, als Naturzemente bezeichnet werden müssen.

Dennoch können solche Naturzemente, wenn sie sorgfältig aufbereitet sind, aus Rohmaterialien, welche genau die chemische Zusammensetzung von Portlandzementrohmehl hatten, guten Portlandzementen in ihren Eigenschaften in jeder Beziehung sehr wohl entsprechen, da in den natürlichen Rohmaterialien die Rohstoffe viel

inniger gemischt sind, als diese Mischung im Fabrikbetrieb bei der Rohmehlherstellung möglich ist.

b) Begriffserklärung von Eisenportlandzement: Eisenportlandzement ist
ein hydraulisches Bindemittel, das aus mindestens 70% Portlandzement und
höchstens 30% gekörnter Hochofenschlacke besteht. Der Portlandzement wird
gemäß der Begriffserklärung der Normen des Vereins Deutscher Portlandzement-
fabrikanten hergestellt. Die Hochofenschlacken sind Kalk-Tonerde-Silikate, die
beim Eisenhochofenbetrieb gewonnen werden. Sie sollen auf 1 Gewichtsteil lösliche Kieselsäure (SiO_2) + Tonerde (Al_2O_3) mindestens 1 Gewichtsteil Kalk
und Magnesia enthalten. Der Portlandzement und die Hochofenschlacke müssen
fein vermahlen im Fabrikbetriebe regelrecht und innig miteinander vermischt
werden. Zusätze zu besonderen Zwecken, namentlich zur Regelung der Bindezeit,
sind nicht zu entbehren, jedoch in Höhe von 3% der Gesamtmasse begrenzt, um
die Möglichkeit von Zusätzen lediglich zur Gewichtsvermehrung auszuschließen.

Abb. 47.   Eisenportlandzementfabrik des Hochofenwerkes Lübeck A.-G., Herrenwyk
(erbaut von Polysius).

Begründung und Erläuterung.

Durch langjährige, staatlich ausgeführte Versuche ist festgestellt worden,
daß, wenn geeignete gekörnte Hochofenschlacke bis zu 30% mit Portlandzementklinkern fabrikmäßig innig gemischt wird, der so erhaltene Zement „Eisenportlandzement" dem Portlandzement als gleichwertig zu erachten ist und nach dessen Normen beurteilt werden kann.

Der Eisenportlandzement steht unter der regelmäßigen Kontrolle des Vereins
Deutscher Eisenportlandzementwerke, dessen Mitglieder sich gegenseitig verpflichtet haben, den Eisenportlandzement genau nach der vorstehenden Begriffserklärung
herzustellen.

Ein Vergleich der Begriffserklärungen von Portlandzement und
Eisenportlandzement zeigt, daß der Eisenportlandzement aus mindestens 70 Teilen Portlandzement und höchstens 30 Teilen gekörnter Hochofenschlacke besteht, deren Zumahlung zum Portlandzement sich infolge
ihrer hydraulischen Eigenschaften als zulässig und zweckmäßig erwiesen
hat. Für die Hochofenschlacke ist allerdings eine in weiten Grenzen sich
haltende Zusammensetzung, aber keine Beschränkung des Gehaltes an
Mangan oder Magnesia vorgeschrieben.

c) Begriffserklärung für Hochofenzement: Hochofenzement ist ein hydraulisches Bindemittel, das bei einem Mindestgehalt von 15% Gewichtsteilen Portlandzement vorwiegend aus basischer Hochofenschlacke besteht, die durch schnelle Abkühlung der feuerflüssigen Masse gekörnt ist. Hochofenschlacke und Portlandzement werden miteinander fein gemahlen und innig gemischt.

Zur Herstellung von Hochofenzement dürfen nur beim Eisenhochofenbetriebe gewonnene Schlacken von folgender Zusammensetzung verwendet werden:

$$\frac{CaO + MgO + \tfrac{1}{3} Al_2O_3}{SiO_2 + \tfrac{2}{3} Al_2O_3} > 1 \,.$$

Die Hochofenschlacke darf nicht mehr als 5% MnO enthalten.

Der beigemischte Portlandzement wird gemäß der Begriffserklärung der Normen des Vereins Deutscher Portlandzementfabrikanten hergestellt.

Abb. 48. Hochofenzementfabrik Alba des Vulkan („Vereinigte Stahlwerke".)

Zusätze zu besonderen Zwecken, namentlich zur Regelung der Abbindezeit, sind in Höhe von 3% des Gesamtgewichtes begrenzt, um die Möglichkeit von Zusätzen lediglich zur Gewichtsvermehrung auszuschließen.

Begründung und Erläuterung.

Beim Hochofenzement ist der Hauptträger der Erhärtung die Hochofenschlacke; der zugesetzte Portlandzement, der als Hilfsmittel unentbehrlich ist, übernimmt eine Nebenrolle.

Der Hochofenzement der Vereinswerke steht unter der regelmäßigen Kontrolle des Vereins deutscher Hochofenzementwerke, dessen Mitglieder sich gegenseitig verpflichtet haben, den Hochofenzement genau nach der vorstehenden Begriffserklärung und den folgenden Bedingungen herzustellen.

Aus einem Vergleich der Normen a—c geht hervor, daß bestehen können

Portlandzement	Eisenportlandzement	Hüttenzemente Hochofenzement
aus etwa 97 bis 100%	mindestens 70%	mindestens 15% Klinker,
0	bis 30%	bis 85% Hochofenschlacke,
bis 3%	bis 3%	bis 3% Gips.

In der Praxis werden zur Zeit die Handels-Hochofenzemente mit einem Klinkergehalt von 33—40% hergestellt, da sich dieser Klinkergehalt in den meisten Fällen als der geeignetste bei Vermahlung von Klinker und Schlacke in bezug auf die höchsten Festigkeiten erwiesen hat. Für Hochofenzemente, die besonders kalkarm sein sollen, wird zur Erreichung einer besonders großen Widerstandsfähigkeit gegen Sulfate ein geringerer Klinkergehalt gewählt. Die chemische Zusammensetzung der Schlacke ist in den Hochofenzementnormen eingehender beschrieben als in den Eisenportlandzementnormen, da die Schlacke im Hochofenzement von größerer Wichtigkeit ist. Deshalb ist auch deren Mangangehalt auf unter 5% beschränkt.

2. Verpackung und Gewicht.

a) Verpackung und Gewicht bei Portlandzement. Portlandzement wird in der Regel in Säcken oder Fässern verpackt. Die Verpackung soll außer dem Bruttogewicht und der Bezeichnung „Portlandzement" die Firma oder Marke des Werkes in deutlicher Schrift tragen.

Streuverlust sowie etwaige Schwankungen im Einzelgewicht können bis zu 2% nicht beanstandet werden.

Begründung und Erläuterung.

Da bei Verpackung sowohl in Säcken wie in Fässern verschiedene Gewichte im Gebrauch sind, so ist die Aufschrift des Bruttogewichtes unbedingt nötig.

Durch die Bezeichnung „Portlandzement" soll dem Käufer die Gewißheit gegeben werden, daß die Ware der diesen Normen vorgedruckten Begriffserklärung entspricht.

Der Name „Portlandzement" stammt von einem Naturstein, der zur Zeit der Erfindung des Portlandzementes vor 100 Jahren in Südengland als Baustein im Gebrauch war und wurde dem neuen Bindemittel von seinem Erfinder gegeben, weil der erste Portlandzement eine ähnliche Farbe hatte, wie dieser jedem Baustoffverbraucher in der Nähe des Wohnortes des Erfinders bekannte Portlandstein. Bei Einführung der Fabrikation des Portlandzementes in Deutschland zu einer Zeit, als der von England importierte Portlandzement bereits eine große Verbreitung gefunden hatte, wurde von deutschen Zementherstellern der Name Portlandzement übernommen, um die englische Konkurrenz rascher aus dem Felde zu schlagen, obgleich der Portlandstein bei uns unbekannt, die Bezeichnung also, streng genommen, unverständlich war.

b) Verpackung und Gewicht bei Eisenportlandzement. Eisenportlandzement wird in der Regel in Säcken oder Fässern verpackt. Die Verpackung soll außer dem Bruttogewicht und der Bezeichnung „Eisenportlandzement" die Firma oder Marke des Werkes sowie das in die Zeichenrolle des Patentamtes eingetragene Warenzeichen des Vereins in deutlicher Ausführung tragen.

Streuverlust sowie etwaige Schwankungen im Einzelgewicht können bis zu 2% nicht beanstandet werden.

Begründung und Erläuterung.

Da bei Verpackung sowohl in Säcken wie in Fässern verschiedene Gewichte im Gebrauch sind, so ist die Aufschrift des Bruttogewichtes unbedingt nötig. Durch die Bezeichnung Eisenportlandzement und Führung des Warenzeichens des Vereins soll dem Käufer die Gewißheit gegeben werden, daß die Ware der diesen Normen vorgedruckten Begriffserklärung entspricht.

Die Bestimmungen sind gleichlautend bis auf den Namen „Eisenportlandzement". Der Name Eisenportlandzement wurde gewählt, um eine Unterscheidungsmöglichkeit von Portlandzement zu haben, da der Name „Portlandzement" vom Verein deutscher Portlandzementfabrikanten nicht freigegeben und ein Hinweis auf den Schlackengehalt des

Zementes gefordert wurde. Diesen Hinweis soll der Zusatz „Eisen-" geben, da die Hochofenschlacke im Eisenhochofenbetrieb gewonnen wurde.

c) Verpackung und Gewicht bei Hochofenzement. Hochofenzement wird in der Regel in Säcke oder Fässer verpackt. Die Verpackung soll außer dem Rohgewicht und der Bezeichnung „Hochofenzement" die Firma oder Marke des Werkes, und. sofern das Werk dem Verein Deutscher Hochofenzementwerke angehört, das in die Zeichenrolle des Patentamtes eingetragene Warenzeichen des Vereins in deutlicher Ausführung tragen.

Streuverluste, sowie etwaige Schwankungen im Einzelgewicht können bis zu 2% nicht beanstandet werden.

Begründung und Erläuterung.

Da bei Verpackung sowohl in Säcken wie in Fässern verschiedene Gewichte im Gebrauch sind, so ist die Aufschrift des Rohgewichtes unbedingt nötig. Durch die Bezeichnung „Hochofenzement" soll dem Käufer Gewißheit gegeben werden, daß die Ware der diesen Normen vorgedruckten Begriffserklärung entspricht.

Auch hier sind Bestimmung, Begründung und Erläuterung gleichlautend bis auf den Namen „Hochofenzement", der gewählt wurde, um Zusammenstöße mit den Portlandzementfabrikanten, die ihren Namen für ihre aus Naturmergel hergestellten Zemente geschützt wissen wollten, zu vermeiden und um gleichzeitig einwandfrei anzuzeigen, daß die Herstellung des Ausgangsstoffes für den Zement im Hochofen erfolgt ist.

3. Abbinden.

a) Abbinden für Portlandzement. Der Erhärtungsbeginn von normal bindendem Portlandzement soll nicht früher als eine Stunde nach dem Anmachen eintreten. Für besondere Zwecke kann rascher bindender Portlandzement verlangt werden, welcher als solcher gekennzeichnet sein muß.

Begründung und Erläuterung.

Der Erhärtungsbeginn von normal bindendem Portlandzement wurde auf mindestens 1 Stunde festgesetzt, weil der Beginn des Abbindens von Wichtigkeit ist; dagegen ist von der Festsetzung einer bestimmten Bindezeit Abstand genommen, weil es bei der Verwendung von Portlandzement von geringer Bedeutung ist, ob der Abbindeprozeß in kürzerer oder längerer Zeit beendet wird. Etwaige Vorschriften über die Bindezeit sollten daher nicht zu eng begrenzt werden.

Um ein Urteil über das Abbinden eines Portlandzementes zu gewinnen, rühre man 100 g des reinen, langsam bindenden Portlandzementes 3 Minuten, des rasch bindenden 1 Minute lang mit Wasser zu einem steifen Brei an und bilde auf einer Glasplatte einen etwa 1,5 cm dicken, nach dem Rande hin auslaufenden Kuchen. Die zur Herstellung dieses Kuchens erforderliche Dickflüssigkeit des Portlandzementbreies soll so beschaffen sein, daß der mit einem Spatel auf die Glasplatte gebrachte Brei erst durch mehrmaliges Aufstoßen der Glasplatte nach dem Rande hin ausläuft, wozu in den meisten Fällen 27—30% Anmachwasser genügen. Man beobachte die beginnende Erstarrung.

Zur Feststellung des Erhärtungsbeginnes und zur Ermittlung der Bindezeit bedient man sich der zylindrischen Normalnadel von 1 mm² Querschnitt und 300 g Gewicht (Abb. 49), die senkrecht zur Achse abgeschnitten ist. Man füllt einen auf eine Glasplatte gesetzten konischen Hartgummiring von 4 cm Höhe und 7 cm mittlerem lichten Durchmesser mit dem Portlandzementbrei (aus etwa 300 g Portlandzement) von der oben angegebenen Dickflüssigkeit und bringt ihn unter die Nadel. Der Zeitpunkt, in welchem die Normalnadel den Portlandzementkuchen nicht mehr gänzlich zu durchdringen vermag, gilt als der „Beginn des Abbindens". Die Zeit, welche verfließt, bis die Normalnadel auf dem erstarrten Kuchen keinen merklichen Eindruck mehr hinterläßt, ist die „Bindezeit".

Da das Abbinden von Portlandzement durch die Wärme der Luft und des zur Verwendung gelangenden Wassers beeinflußt wird, insofern hohe Temperatur das Abbinden beschleunigt, niedrige Temperatur es dagegen verzögert, so ist es nötig, die Versuche, um zu übereinstimmenden Ergebnissen zu gelangen, bei 15—18° C mittlerer Zement-, Wasser- und Luftwärme vorzunehmen und auch Geräte und Sand vorher auf diese Temperatur zu bringen.

Die Meinung, daß Portlandzement bei längerem Lagern an Güte verliere, ist irrig, sofern der Portlandzement trocken und zugfrei gelagert wird. Vertragsbestimmungen, welche nur frische Ware vorschreiben, sollten deshalb in Wegfall kommen.

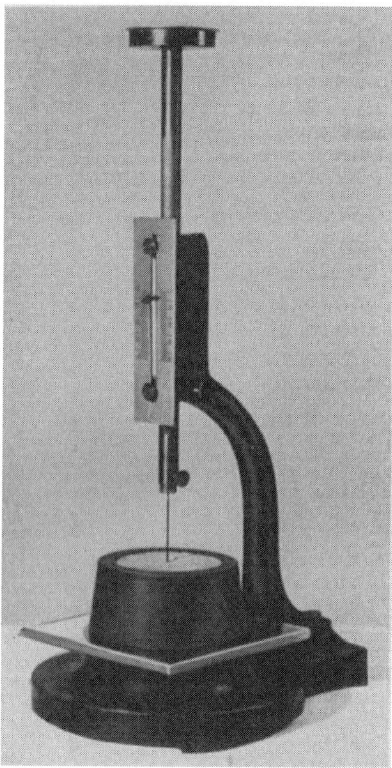

Abb. 49.   Normalnadel zur Feststellung der Abbindezeit von Zement.

Der Abbindebeginn des mit Wasser angemachten Betons darf nicht zu früh liegen, damit eine teilweise Vorausgabung der Zementenergie vor Verbringen des Betons an Ort und Stelle und Verarbeitung nicht vorkommt. Deshalb soll der Zement nicht vor 1 Stunde mit dem „Anziehen" beginnen.

1. Einfluß der Wassermenge. In der Begründung und Erläuterung ist bezüglich der Einwirkungen auf die Abbindezeit lediglich auf die Luft- und Wasserwärme hingewiesen. Der Beginn der Abbindezeit hängt aber nicht nur von diesen Faktoren und von der Rührdauer, die mit 3 Minuten festgelegt ist, ab, sondern auch von der Höhe des Wasserzusatzes. Ein starker Wasserzusatz verlängert die Abbindezeit, zu geringer Wasserzusatz setzt die Abbindezeit herab. Angaben über die Höhe des Wasserzusatzes finden sich nur in verschiedenen ausländischen Normen und bei Schoch[1]). Hier ist ausdrücklich ein Konsistenzmesser vorgeschrieben. Es heißt u. a. wie folgt:

„Den plastischen Brei füllt man in eine konische Hartgummidose von 65 und 75 mm Durchmesser und 40 mm Höhe, streicht ihn, ohne zu rütteln oder aufzustoßen glatt ab und bringt die Dose mit dem Brei auf einer Glasplatte unter den Konsistenzmesser. Es ist das ein kleiner Apparat, eine Abart der Vicatnadel (Abb. 49), dessen Hauptbestandteil ein länglicher, zylindrischer Schaft ausmacht, der in einer Führung senkrecht auf und ab beweglich und mit Arretierschraube und Zeiger versehen ist. An der Führung ist eine Teilung in Millimetern angebracht von 0—40. Der Schaft trägt unten ein Piston von 1 cm Durchschnitt, oben zur Austarierung noch einen Teller und hat mit diesen beiden zusammen ein Gewicht von 300 g

Hat man die Glasplatte mit der Dose und dem Brei unter den Konsistenz messer gebracht, so läßt man letzteren vorsichtig und langsam in den Brei frei

---

[1]) Schoch: Aufbereitung der Mörtelmaterialien, 1913. S. 752.

hinabgleiten. Dringt er dabei so weit in denselben ein, daß der Zeiger zwischen den Teilstrichen 5 und 7 stehenbleibt, so hat der Zementbrei die zur Bestimmung der Abbindezeit erforderliche Steifigkeit, die sog. „Normalkonsistenz". Anderenfalls muß man den Versuch nochmals mit einem entsprechend größeren oder geringeren Wasserquantum wiederholen, bis obige Forderung erfüllt ist. — Dabei wird übrigens stets etwas Wasser unten am Rand der Dose austreten. Das bleibt unberücksichtigt und wird nicht von der Normalmenge Wasser abgerechnet, obwohl es theoretisch geschehen müßte.

Ist auf diese Weise die Normalkonsistenz ermittelt, so ersetzt man das Piston am unteren Ende des Schaftes durch eine Nadel von 1 mm² Querschnitt (Vicatnadel) und tariert das geringere Gewicht derselben durch einen entsprechend schwereren Teller oder Zusatzgewichte bis auf 300 g Gesamtgewicht wieder aus."

Mangels anderer bindenden Vorschriften wird vom Verfasser die Einhaltung der von Schoch gegebenen Bedingungen empfohlen, bis allenfalls bei einer neuen Normenfestsetzung die diesbezüglichen Verhältnisse berücksichtigt werden; denn eine einheitliche Feststellung der Konsistenz bei Prüfung der Abbindezeit ist unbedingt notwendig, da diese Konsistenz bei manchen Zementen von ausschlaggebender Bedeutung für die Abbindezeit ist. Beispielsweise sind dem Verfasser Fälle aus der Praxis bekannt, in welchen Zemente infolge der Nichteinhaltung der 3 Minuten langen Rührzeit und infolge zu geringen Wasserzusatzes für Schnellbinder gehalten wurden, die sich aber bei vorschriftsmäßigem Durchrühren und vorschriftsmäßiger Konsistenz nach Schoch als vollkommen normalbindend erwiesen, und deren Verarbeitung auf der Baustelle sowohl als Gußbeton als auch als Stampfbeton auf keinerlei Schwierigkeiten stieß, sondern trotz langen Transportweges zu guten Ergebnissen führten.

2. Eindringtiefe der Nadel. In den Normen ist über die Eindrucktiefe der Nadel nichts gesagt. Es heißt lediglich:

„Der Zeitpunkt, in welchem die Normalnadel den Portlandzementkuchen nicht mehr ganz zu durchdringen vermag, gilt als der Beginn des Abbindens."

Die Worte „nicht mehr ganz" sind nicht erklärt. Es gibt Zemente, bei welchen die vorschriftsmäßig belastete Nadel schon kurze Zeit nach dem Anmachen ¹/₂ mm über der Glasplatte stehenbleibt. Solche Zemente sind bei wörtlicher Auffassung der Normen Schnellbinder.

Im Gegensatz hierzu stehen die weiteren Angaben von Schoch auf S. 752 und die Auffassung weiter Kreise der Praxis, welche erst dann den Beginn der Abbindezeit rechnen, wenn die Nadel 5 mm über der Glasplatte stehenbleibt. Bei Schoch heißt es wie folgt:

„Sodann rührt man wieder 300 g reinen Zement mit der gefundenen Normalmenge Wasser an, bringt den Brei in derselben Dose auf der Glasplatte unter den Apparat und beobachtet nun, indem man die Nadel zu wiederholten Malen, und zwar stets an verschiedenen Stellen in den Brei einsinken läßt, das Verhalten des letzteren. Sobald die Nadel den Brei nicht mehr völlig zu durchdringen vermag, der Zeiger also etwa auf dem zweiten Teilstrich stehenbleibt, beginnt der Zement abzubinden. Dringt sie überhaupt gar nicht mehr ein, so hat der Zement abgebunden.

Es wird vom Verfasser empfohlen, auch hier die Angaben von Schoch, zumal sich diese mit der Auffassung weiter Kreise der Praxis decken, bei der praktischen Prüfung anzunehmen.

Zu achten ist darauf, daß die Vicat-Nadel vollkommen blank ist. Dem Verfasser ist es häufig vorgekommen, daß angerostete Vicatsche Nadeln[1]) gebraucht wurden. Derartige, teilweise mit einer Oxydschicht bedeckte und deshalb rauhe Nadeln geben natürlich einen zu schnellen Beginn der Abbindezeit an, da die Nadel infolge ihrer Rauheit den Kuchen nicht mehr ebenso leicht zu durchdringen vermag wie eine blanke Nadel. Beachtenswert ist auch, daß der Kuchen während der Beobachtung möglichst ruhig stehen muß, da nach Erfahrungen des Verfassers ein häufiges, unsanftes Aufstoßen des Kuchens die Abbindezeit hinauszögert, da der Zement durch dieses Aufstoßen immer wieder plastisch wird.

b) Abbinden für Eisenportlandzement. Gleichlautend mit den entsprechenden Portlandzement-Vorschriften. Das Wort „Portlandzement" ist stets durch „Eisenportlandzement ersetzt. Handelseisenportlandzemente binden stets ebenso wie Portlandzement ab.

c) Abbinden für Hochofenzement. Der Erhärtungsbeginn von normal bindendem Hochofenzement soll nicht früher als eine Stunde nach dem Anmachen eintreten. Für besondere Zwecke kann rascher bindender Hochofenzement verlangt werden, welcher als solcher gekennzeichnet sein muß. Hochofenzement muß trocken und zugfrei gelagert und möglichst frisch verarbeitet werden.

Begründung und Erläuterung

gleichlautend mit den entsprechenden Bestimmungen für Portlandzement und Eisenportlandzement unter Wegfall des letzten Absatzes.

Der Hinweis, daß Hochofenzement trocken und zugfrei gelagert und möglichst frisch verarbeitet werden soll (s. auch S. 102), war bei der Abfassung der Normen erwünscht, da bei den ersten Vergleichsprüfungen im Materialprüfungsamt Berlin-Dahlem, die zur Zulassung der Hochofenzemente führten, je einer der untersuchten Portlandzemente und Hochofenzemente durch einjährige Lagerung vor der Verarbeitung in ihren Festigkeiten unter die Normenvorschriften gesunken waren und da damals aus der Praxis über die Lagerfähigkeit von Hochofenzement noch nicht genügend Erfahrungen vorlagen. Inzwischen ging aus Laboratoriumsarbeiten und Erfahrungen der Praxis hervor, daß Hochofenzement die Lagerung ebensogut verträgt wie Portlandzement (s. S. 101f.).

4. Raumbeständigkeit[2]).

a, b und c. Portland- bzw. Eisenportland- bzw. Hochofenzement soll raumbeständig sein. Als entscheidende Probe soll gelten, daß ein auf einer Glasplatte hergestellter und vor Austrocknung geschützter Kuchen aus reinem Zement, nach 24 Stunden unter Wasser gelegt, auch nach längerer Beobachtungszeit durchaus keine Verkrümmungen oder Kantenrisse zeigen darf.

Erläuterung.

Zur Ausführung der Probe wird der zur Beurteilung des Abbindens angefertigte Kuchen bei langsam bindendem Zement nach 24 Stunden, jedenfalls aber erst nach erfolgtem Abbinden, unter Wasser gelegt. Bei rasch bindendem Zement kann dies schon nach kürzerer Frist geschehen. Die Kuchen, namentlich von langsam bin-

---

[1]) Empfehlenswert wäre die Anfertigung der Nadeln aus Kruppschem nichtrostendem Stahl.

[2]) Forderung und Erläuterung für Portlandzement, Eisenportlandzement und Hochofenzement gleichlautend.

dendem Zement, müssen bis nach erfolgtem Abbinden vor Trocknung geschützt werden, am besten durch Aufbewahren in einem bedeckten Kasten. Es wird hierdurch die Entstehung von Schwindrissen vermieden, welche in der Regel in der Mitte des Kuchens entstehen und von Unkundigen für Treibrisse gehalten werden können.

Zeigen sich bei der Härtung unter Wasser Verkrümmungen oder Kantenrisse, so deutet dies unzweifelhaft „Treiben" des Zementes an, d. h. es findet infolge einer Raumvermehrung Zerklüften des Portlandzementes unter allmählicher Lockerung des zuerst gewonnenen Zusammenhanges statt, welches bis zu gänzlichem Zerfallen des Zementes führen kann.

Die Erscheinungen des Treibens zeigen sich an den Kuchen in der Regel bereits nach 3 Tagen; jedenfalls genügt eine Beobachtung bis zu 28 Tagen.

Die Raumbeständigkeit ist erforderlich, um ein nachträgliches Treiben des Zementes im Beton zu verhindern. Die in den Normen angegebenen Prüfungen sind völlig ausreichend zur Bestimmung der

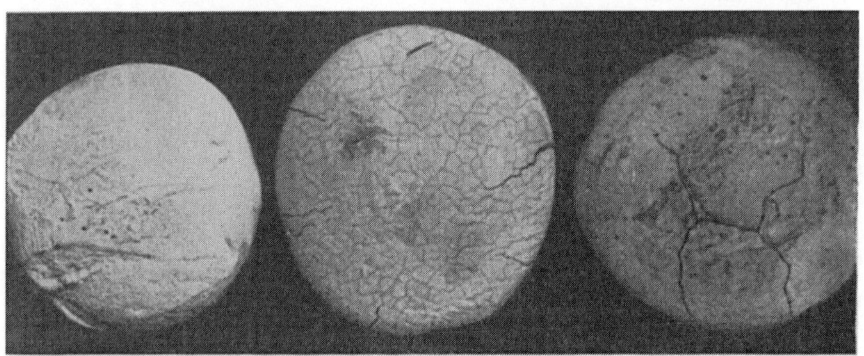

Abb. 50. Normenkuchen.

Raumbeständigkeit. Empirische Prüfungen, wie sie neuerdings angewendet werden, beispielsweise das Einfüllen von Zementbrei in Flaschen, Erhärtenlassen und Beobachtung auf Springen des Glases, sind unzuverlässig, da sie auf ganz anderen Grundlagen beruhen können (Quellungen) und keinerlei Aufschluß geben über die tatsächliche Raumbeständigkeit eines Zementes. Die Unterschiede zwischen einem guten und einem durch Treiben sowie einem durch Schwinden infolge unsachgemäßer Austrocknung zerstörten Kuchen zeigt Abb. 50.

5. Feinheit der Mahlung.

a) Für Portlandzement. Portlandzement soll so fein gemahlen sein, daß er auf dem Siebe von 900 Maschen auf 1 cm² höchstens 5% Rückstand hinterläßt. Die Maschenweite des Siebes soll 0,22 mm betragen.

Begründung und Erläuterung.

Zu der Siebprobe sind 100 g Portlandzement zu verwenden.

Genaue Siebe sind im Handel nicht zu haben, deshalb sollen Schwankungen der Maschenweite zwischen 0,215 mm und 0,240 mm zulässig sein.

Da Portlandzement fast nur mit Sand, in vielen Fällen sogar mit hohem Sandzusatz verarbeitet wird, die Festigkeit eines Mörtels aber um so größer ist, je feiner der dazu verwendete Portlandzement gemahlen war (weil dann mehr Teile des Portlandzementes zur Wirkung kommen), so ist die feine Mahlung des Portlandzementes von Wichtigkeit.

Es wäre indessen irrig, wollte man aus der feinen Mahlung allein auf die Güte eines Portlandzementes schließen.

Diese Bestimmung ist längst überholt. Portlandzemente werden zur Zeit ganz erheblich feiner gemahlen als die Normenvorschriften angeben.

b) Für Eisenportlandzement. Gleichlautend mit den Portlandzementnormen. Auch für Eisenportlandzement ist erheblich feinere Mahlung üblich.

c) Für Hochofenzement. Hochofenzement soll so fein gemahlen sein, daß er auf dem Siebe von 4900 Maschen auf 1 cm² höchstens 12% Rückstand hinterläßt.

Begründung und Erläuterung

sind gleichlautend mit den entsprechenden Vorschriften für Portlandzement und Eisenportlandzement.

Für Hochofenzement ist feinere Mahlung vorgeschrieben als für Portlandzement und Eisenportlandzement. Aber auch Hochofenzemente werden zur Zeit noch feiner gemahlen als die Normen es vorschreiben.

6. Festigkeitsproben[1]).

a, b und c. Der Zement soll auf Druckfestigkeit in einer Mischung von Zement und Normalsand nach einheitlichem Verfahren geprüft werden, und zwar an Würfeln von 50 cm² Fläche.

Begründung.

Da man erfahrungsgemäß aus den mit Zement ohne Sandzusatz gewonnenen Festigkeitsergebnissen nicht einheitlich auf die Bindefähigkeit zu Sand schließen kann, namentlich wenn es sich um Vergleichung von Zementen aus verschiedenen Fabriken handelt, so ist es geboten, die Prüfung von Zement auf Bindekraft mittels Normensandzusatz vorzunehmen.

Weil bei der Verwendung die Mörtel in erster Linie auf Druck in Anspruch genommen werden und die Druckfestigkeit sich am zuverlässigsten ermitteln läßt, ist nur die Prüfung auf Druckfestigkeit entscheidend.

Um die erforderliche Einheitlichkeit bei den Prüfungen zu wahren, wird empfohlen, derartige Apparate und Geräte zu benutzen, wie sie beim Königlichen Materialprüfungsamt in Groß-Lichterfelde in Gebrauch sind.

7. Festigkeit.[2])

a, b und c. Langsam bindender Zement soll mit 3 Gewichtsteilen Normensand auf einen Gewichtsteil Zement nach 7 Tagen Erhärtung — 1 Tag in feuchter Luft und 6 Tage unter Wasser — mindestens 120 kg/cm² erreichen (Vorprobe); nach weiterer Erhärtung von 21 Tagen in Luft von Zimmertemperatur (15—20°) — soll die Druckfestigkeit mindestens 250 kg/cm² betragen. Im Streitfalle entscheidet nur die Prüfung nach 28 Tagen.

Zement, der für Wasserbauten bestimmt ist, soll nach 28 Tagen Erhärtung — 1 Tag in feuchter Luft, 27 Tage unter Wasser — mindestens 200 kg/cm² Druckfestigkeit zeigen.

Zur Erleichterung der Kontrolle auf der Baustelle kann eine Prüfung auf Zugfestigkeit dienen. Der Zement soll in einer Mischung von 1 Teil Zement: 3 Teilen Normensand nach 7 Tagen Erhärtung (1 Tag in der Luft, 6 Tage unter Wasser) mindestens 12 kg/cm² Zugfestigkeit aufweisen.

---

[1]) Für Portlandzement, Eisenportlandzement und Hochofenzement gleichlautend.

[2]) Für Portlandzement, Eisenportlandzement und Hochofenzement gleichlautend. Die Festigkeitszahlen sind inzwischen erhöht, vgl. S. 72.

Bei schnell bindenden Zementen ist die Festigkeit nach 28 Tagen im allgemeinen geringer als die oben angegebene. Es soll deshalb bei Nennung von Festigkeitszahlen stets auch die Bindezeit aufgeführt werden.

Begründung und Erläuterung.

Da verschiedene Zemente hinsichtlich ihrer Bindekraft an Sand, worauf es bei ihrer Verwendung vorzugsweise ankommt, sich sehr verschieden verhalten können, so ist insbesondere beim Vergleich mehrerer Zemente die Prüfung mit hohem Sandzusatz unbedingt erforderlich. Als normales Verhältnis wird angenommen: 3 Gewichtsteile Normensand auf 1 Gewichtsteil Zement, da mit 3 Teilen Sand der Grad der Bindefähigkeit bei verschiedenen Zementen in hinreichendem Maße zum Ausdruck gelangt.

Wenn aber die Ausnützungsfähigkeit eines Zementes voll dargestellt werden soll, empfiehlt es sich, auch noch Versuchsreihen mit höheren Sandzusätzen auszuführen.

Zement, welcher eine höhere Festigkeit zeigt, gestattet in vielen Fällen einen größeren Sandzusatz und hat, aus diesem Gesichtspunkte betrachtet, sowie auch schon wegen seiner größeren Festigkeit bei gleichem Sandzusatz Anrecht auf einen entsprechend höheren Preis.

Da die weitaus größte Menge des Zementes Verwendung im Hochbau findet und in kürzerer Zeit die Bindekraft sich nicht genügend erkennen läßt, so wird als maßgebende Prüfung die auf Druckfestigkeit nach 28 Tagen Erhärtung — 1 Tag in feuchter Luft, 6 Tage unter Wasser und dann 21 Tage in Luft von Zimmertemperatur (15—20° C) — bestimmt, und damit den Verhältnissen der Praxis angepaßt.

Für den zu Wasserbauten bestimmten Zement wird der praktischen Verwendung entsprechend die Prüfung nach 27 Tagen Wassererhärtung beibehalten.

Da aus der Zugfestigkeit des Zementes nicht in allen Fällen auf eine entsprechende Druckfestigkeit geschlossen werden kann, empfiehlt es sich, bei sehr hohen Zugfestigkeitszahlen nach 7 tägiger Erhärtung die Druckfestigkeit des Zementes besonders zu prüfen.

Um zu übereinstimmenden Ergebnissen zu gelangen, muß überall Sand von gleicher Korngröße und gleicher Beschaffenheit (Normensand) benutzt werden.

Der deutsche Normensand wird aus einem tertiären Quarzlager der Braunkohlenformation in der Nähe von Freienwalde a. O. gewonnen. Der fast weiße Rohsand wird in einer Waschmaschine gewaschen und künstlich getrocknet. Die Absiebung des trockenen Sandes geschieht auf Schwingsieben, die pendelnd aufgehängt sind. Auf dem einen Siebe wird erst das Grobe abgesiebt, und dann auf dem anderen das Feine. Von jeder Tagesfertigung wird eine Probe auf Korngröße und Reinheit im Königlichen Materialprüfungsamt Groß-Lichterfelde kontrolliert.

Zur Überwachung der Korngröße dienen Siebe aus 0,25 mm dickem Messingblech mit kreisrunden Löchern von 1,350 und 0,775 mm Durchmesser.

Der nach wiederholten Kontrollproben für gut befundene Normensand wird gesackt und jeder Sack mit der Plombe des Königlichen Materialprüfungsamtes verschlossen.

Beschreibung der Proben zur Ermittelung der Festigkeit.

Da es darauf ankommt, daß bei Prüfung desselben Zementes an verschiedenen Orten übereinstimmende Ergebnisse erzielt werden, so ist auf die genaue Einhaltung der im nachstehenden gegebenen Regeln ganz besonders zu achten.

Zur Erzielung richtiger Durchschnittszahlen sind für jede Prüfung mindestens 5 Probekörper anzufertigen.

Anfertigung der Zementsandproben. Herstellung des Normenmörtels (1:3) und der Probekörper für die Festigkeitsversuche.

a) Mischen des Mörtels. Das Mischen des Mörtels aus 1 Gewichtsteil Zement + 3 Gewichtsteilen Normensand soll mit der Mörtelmischmaschine, Bauart Steinbrück-Schmelzer (siehe Abb. 51—53) wie folgt geschehen: 400 g Zement und 1200 g Normensand werden zunächst trocken mit einem leichten Löffel in einer Schüssel 1 Minute lang gemischt. Dem trockenen Gemisch wird die vorher zu bestimmende Wassermenge zugesetzt. Die feuchte Masse wird sodann eine weitere Minute lang gemischt, dann in dem Mörtelmischer gleichmäßig verteilt und durch 20 Schalenumdrehungen bearbeitet.

Apparat	Gewicht		Dicke	Durchmesser	Abstand der Walze von der Schale	Abstand vom Drehpunkt der Schale bis Mitte Walze
	der Mischwalze					
	mit Achse	ohne Achse				
	kg	kg	cm	cm	cm	cm
soll haben	21,5—22,0	19,1—19,4	8,08	20,25—20,35	0,50—0,60	19,7—19,8

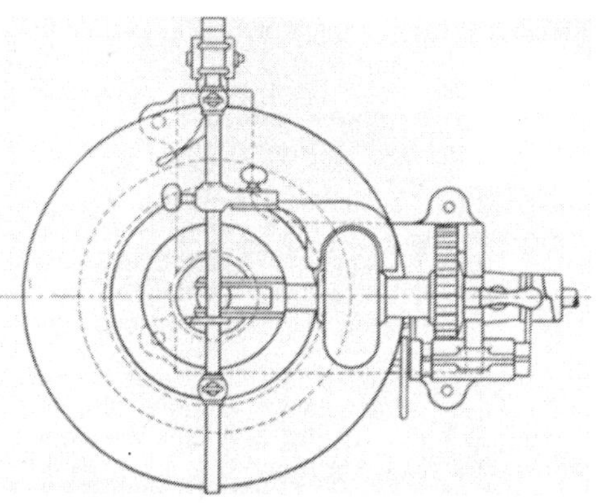

Abb. 51. Mörtelmischmaschine zur Zementnormenprüfung.

b) Bestimmung des Wasserzusatzes. Die Ermittelung des Wasserzusatzes zum Normenmörtel erfolgt unter Benutzung von Würfelformen in folgender Weise.

Trockene Mörtelgemische in oben angegebener Menge werden beim ersten Versuch mit 128 g (8%) und wenn nötig, beim zweiten Versuch mit 160 g (10%) Wasser angemacht und im Mörtelmischer, wie vorgeschrieben, gemischt.

850—860 g des fertig gemischten Mörtels werden in die Druckform, deren Aufsatzkasten am unteren Rande mit 2 Nuten nach nebenstehender Skizze versehen ist, gefüllt und im Hammerapparat von Böhme mit Festhaltung (nach Martens) mit 150 Schlägen eingeschlagen.

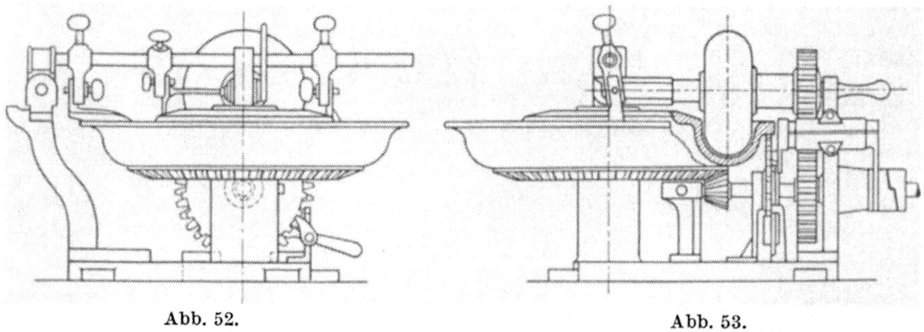

Abb. 52.   Abb. 53.

Nach dem Verhalten des Mörtels beim Einschlagen ist zu beurteilen, welcher Grenze der richtige Wasserzusatz am nächsten liegt; danach sind die Versuche mit verändertem Wasserzusatz fortzusetzen.

Der Wasserzusatz ist richtig gewählt, wenn zwischen dem 90. und 110. Schlag aus einer der beiden Nuten Zementbrei auszufließen beginnt.

Das Mittel aus drei Versuchskörpern mit gleichem Wasserzusatz ist maßgebend und gilt für Anfertigung der Proben.

Der Austritt des Wassers erfolgt bei noch trockenen Aufsatzkästen langsamer als bei schon einmal benutzten; deshalb ist der Versuch bei erstmaliger Benutzung des Aufsatzkastens unsicher.

c) Herstellung der Probekörper. Die Anfertigung der Probekörper aus Normenmörtel soll wie folgt geschehen:

850—860 g des vorschriftsmäßig gemischten Mörtels werden in die Normenwürfelformen[1]) gebracht und im

Tabelle 8. Abmessungen des Hammerapparates.

Der Apparat soll haben mm:								
Hubhöhe des Hammers = a	Länge des Hammerhebels = b	Höhe des Hammerkopfes = c	Breite des Hammerkopfes = d	Dicke des Hammerkopfes = e	Länge des Schwanzstückes = f	Höhe des Schwanzstückes = g	Länge des kurzen Hebels = h	Lagerhöhe = i
168	250	112	51	51	85	70	61	170

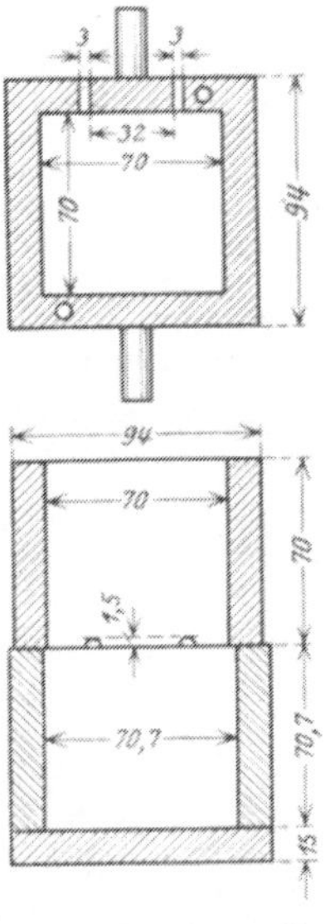

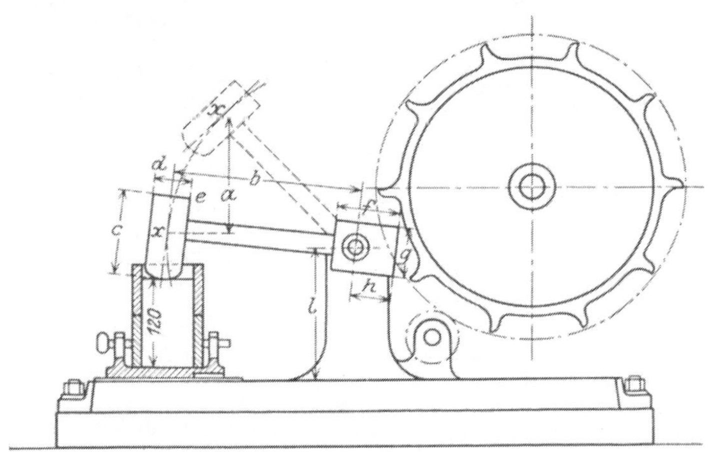

Abb. 54. Druckform für Zementnormenprüfung.

Hammerapparat (Bauart Böhme, siehe Abb. 55) mit Festhaltung (Bauart Martens) unter Anwendung von 150 Schlägen eingeschlagen.

Abb. 55. Hammerapparat für Zementnormenprüfung.

Die so hergestellten Probekörper werden an der Oberfläche mit einem Messer abgestrichen, geglättet und gezeichnet.

Die aus 400 g Zement und 1200 g Normensand angemachte Mörtelmenge reicht zur Anfertigung von zwei Druckproben aus.

---

[1]) Die Formen müssen vor Ingebrauchnahme gut gereinigt und leicht geölt sein. Am besten verwendet man eine Mischung aus $^2/_3$ Rüböl und $^1/_3$ Petroleum. (Entnommen aus den Mitteilungen der Königl. technischen Versuchsanstalt zu Berlin, Jg. 1898, Heft 2.)

Die Körper werden mit der Form auf nicht absaugender Unterlage in feucht gehaltene, bedeckte Kästen gebracht und nach etwa 20 Stunden entformt; 24 Stunden nach erfolgter Herstellung kommen die Körper aus den Kästen unter Wasser von 15—18° C.

Die für die Erhärtung unter Wasser bestimmten Probekörper dürfen erst unmittelbar vor der Prüfung dem Wasser entnommen werden. Das Wasser soll nicht mehr als 2 cm über den Probekörpern stehen und alle 14 Tage erneuert werden.

Die für die Erhärtung in Luft bestimmten Probekörper müssen einzeln freistehend auf dreikantigen Holzleisten im geschlossenen Raum zugfrei bei Zimmertemperatur gelagert werden.

Abb. 56. Mischmaschine und Hammerapparat zur Zementnormenprüfung
(Forschungsinstitut Düsseldorf).

Behandlung der Proben bei der Prüfung.

Bei der Prüfung soll, um einheitliche Ergebnisse zu erhalten, der Druck stets auf zwei Seitenflächen der Würfel ausgeübt werden, nicht aber auf die Bodenfläche und die bearbeitete Fläche. Das Mittel aus den 5 Proben soll als die maßgebende Druckfestigkeit gelten (Abb. 56).

Die in den Normen enthaltenen und hier wiedergegebenen Festigkeiten sind überholt. Für die neuen Normen sind folgende Festigkeiten vorgeschlagen[1]:

	3 Tage	7 Tage	28 Tage Wasserlag.	28 Tage komb. Lager
Alte Normen		120	200	250
Neue Normen (Vorschlag) .		180	260	330
Hochwertige Zemente . . .	250		400	450

[1] Der Verein Deutscher Portlandzementfabrikanten hat den Herrn Reichsverkehrsminister um Änderung der Festigkeitsvorschriften ersucht und als neue Normenfestigkeiten vorgeschlagen: 180 kg/qcm nach 7 Tagen und 260 bzw. 330 kg/qcm nach 28 Tagen (Zement 1926, S. 200). Vom Verein Deutscher Eisenportlandzementwerke und vom Verein Deutscher Hochofenzementwerke wurden dem Reichsverkehrsministerium gegenüber diese Zahlen schon jetzt als bindend für die den Vereinen angehörenden Hüttenzementwerke anerkannt.

Auch diese neuen Festigkeiten von 180, 260 und 330 kg werden von guten Handelszementen weit überschritten.

Ergebnisse praktischer Normenprüfungen.

Bei Untersuchungen von Portlandzement, Eisenportlandzement und Hochofenzement, die ausnahmslos aus dem Handel aufgekauft wurden, wurden im Jahre 1926 im Forschungsinstitut der Hüttenzementindustrie vom Verfasser Festigkeiten gefunden, welche die neuen Normenzahlen bereits weit übertrafen.

1. Portlandzement. Geprüft wurden 26 Portlandzemente aus dem Handel. Die Festigkeiten der einzelnen Zemente sind in Tabelle 9 wiedergegeben.

2. Eisenportlandzement. Geprüft wurden 30 Eisenportlandzemente aus dem Handel. Gefunden wurden die Festigkeiten der Tabelle 10.

3. Hochofenzement. Geprüft wurden 120 Hochofenzemente aus dem Handel. Die Festigkeitswiedergabe all dieser Zemente ist selbstverständlich im Rahmen dieses Buches unmöglich. Es können lediglich die Durchschnittszahlen der einzelnen Werke und der Gesamt-

Abb. 57. Druckpresse von Richter, Dresden, zur Feststellung der Druckfestigkeit der Normenwürfel. (Im Forschungsinstitut der Hüttenzementindustrie.

durchschnitt angeführt werden (Tab. 11). Da aber die Maximal- und Minimalzahlen mit angegeben sind, ist diese Wiedergabe aller einzelnen Festigkeitszahlen auch überflüssig.

Alle Zemente, deren Eigenschaften unter 1 bis 3 niedergelegt sind, werden aus dem Handel von stets wechselnden Händlern in ganzen Säcken aufgekauft.

Eine Gegenüberstellung der drei Zementarten ist in Tabelle 12 durchgeführt.

Ein Vergleich zeigt, daß alle drei Zementarten praktisch gleich sind. Der am Ende gezogene Durchschnitt gibt ein einwandfreies Bild über die augenblickliche ausgezeichnete Güte der deutschen Normenzemente.

Hochfeste Zemente.

Einen Überblick über die Festigkeiten der hochfesten Zemente geben die Tabellen 2 auf S. 16 und 5 auf S. 34, welche beweisen, daß auch zwischen hochfesten Portlandzementen und hochfesten Hüttenzementen ein praktischer Unterschied nicht besteht, und daß die deutschen hochfesten Zemente sich den im Ausland erzeugten hochfesten Zementen ebenbürtig an die Seite stellen.

Tonerdezemente haben allerdings die höchsten Festigkeiten nach k u r z e r Erhärtung. Ihrer allgemeinen Anwendung steht aber ihr höherer Preis entgegen, während andererseits für ihre Verwendung ihre Säurebeständigkeit als außerordentlich zweifelhaft nicht mehr ins Feld geführt werden kann. Lediglich an Sulfatbeständigkeit sind die Tonerdezemente den Portlandzementen überlegen. Von Essigsäure, Milchsäure, Leinöl werden sie schneller, zum mindesten ebenso schnell wie Portlandzement, zerstört, auch gegen Magnesiumchlorid und Alkalisalze zeigen sie keine unbedingte Beständigkeit.

B. Die ausländischen Zementnormen.

Die Normen der verschiedenen Staaten zur Prüfung von Zement sind leider untereinander verschieden, dabei sind die Verschiedenheiten

Tabelle 9. Normeneigenschaften von

		Litergewicht		Spezifisches Gewicht	Rückstände in % auf den Sieben von Maschen je cm²				Abbindezeit	
		eingelaufen	eingerüttelt		900	2500	5000	10 000	Anfang	Ende
I	Nd.	1155	1856	3,156	0,3	4,9	14,8	25,1	3^{10}	5^{20}
II	Kt.	1045	1702	3,070	0,1	2,2	8,2	15,1	3^{25}	5^{15}
III	Kt.	1075	1735	3,070	0,2	3,5	9,9	18,7	4^{05}	6^{15}
IV	Hg.	1079	1804	3,120	0,1	1,3	7,2	15,0	3^{20}	5^{40}
V	P. U.	1140	1905	3,120	0,4	5,9	13,2	22,0	4^{25}	7^{00}
VI	H.	1188	1904	3,152	0,1	2,2	11,5	18,7	6^{30}	9^{25}
VII	U.	1080	1773	3,136	0,1	2,1	11,0	17,5	5^{20}	6^{50}
VIII	Kt.	1055	1738	3,102	0,3	3,1	10,4	19,0	5^{20}	7^{30}
IX	Ea.	1072	1783	3,120	0,5	5,3	15,2	22,8	3^{40}	5^{15}
X	Wf.	1001	1712	3,052	0,1	1,8	10,5	19,7	2^{55}	4^{40}
XI	Wf.	984	1694	3,152	0,2	4,2	15,0	22,4	3^{05}	4^{55}
XII	Ga.	1082	1777	3,102	0,6	10,5	20,4	31,2	3^{50}	5^{30}
XIII	Sk.	1044	1731	3,040	1,0	5,8	14,7	23,0	3^{20}	5^{00}
XIV	Mk.	1120	1897	3,136	0,2	6,3	17,8	27,7	2^{35}	4^{25}
XV	D. S.	983	1700	3,085	0,1	2,9	12,2	21,8	4^{00}	6^{10}
XVI	Mg.	1002	1714	3,085	0,1	1,4	8,5	19,1	2^{25}	5^{30}
XVII	Wf.	1025	1711	3,078	0,1	3,1	12,4	21,0	3^{00}	5^{15}
XVIII	Bn.	994	1689	3,130	0,2	7,2	17,5	29,7	3^{10}	5^{25}
XIX	G. E.	1075	1808	3,145	0,3	3,2	11,1	22,4	4^{50}	6^{00}
XX	Kt.	1030	1667	3,102	0,2	3,8	10,2	19,0	3^{10}	5^{20}
XXI	Df.	1094	1837	3,130	0,3	5,8	15,0	26,2	3^{40}	6^{10}
XXII	Ta.	992	1707	3,102	0,3	6,0	14,0	24,3	3^{20}	5^{45}
XXIII	Ae.	1094	1845	3,131	0,2	3,8	11,7	22,0	3^{15}	5^{25}
XXIV	Sa.	1174	1927	3,120	0,3	5,4	14,6	25,0	4^{50}	7^{20}
XXV	Wg.	1188	1958	3,138	0,5	5,9	17,1	30,5	4^{35}	7^{00}
XXVI	Df.	1181	1902	3,152	0,5	7,0	16,4	31,4	3^{30}	5^{50}
	Durchschn.	1075	1787	3,112	0,2	4,4	13,1	22,6	3^{46}	5^{55}
	Höchstwert	1188	1958	3,156	1,0	10,5	20,4	31,4	6^{30}	9^{25}
	Niederstw.	983	1667	3,052	0,1	1,3	7,2	15,0	2^{25}	4^{25}
	1	2	3	4	5	6	7	8	9	10

teilweise so grundlegender Natur, daß die bei Prüfung von Zement nach den Normen gefundenen Zahlen, besonders die Festigkeiten, weder vergleichbar noch ineinander umzurechnen sind. Diese Tatsache ist außerordentlich bedauerlich, da sie eine Vergleichung der Zementqualitäten der einzelnen Länder außerordentlich erschwert, teilweise fast unmöglich macht. Es muß darauf hingearbeitet werden, daß eine gemeinsame Norm für die Prüfung von Zement für alle Kulturstaaten aufgestellt wird, ein Ziel, das um so leichter zu erreichen wäre, als ja die Anforderungen, welche an den Zement und an den Beton gestellt werden, überall gleich sind, ganz einerlei, ob dieser in Europa oder in Amerika verarbeitet wird. Leider sind die Aussichten für eine derartige Vereinigung der Normen aller Länder zur Zeit noch gering, da jede Nation zäh an ihren übernommenen Normen festhält und sich eifersüchtig gegen die Aufgabe auch nur einzelner Punkte ihrer, durch die Tradition geheiligt e r s c h e i - n e n d e n „Normen" wehrt, so veraltet, reformbedürftig und unpraktisch auch die einzelnen Bestimmungen sein mögen.

Portlandzementen aus dem Handel.

Raumbeständigkeit			Bruch nach 24 Stunden	Zugfestigkeit 1:3				Druckfestigkeit 1:3				Verhältnis von Zug und Druck nach 28 Tagen	
				nach Tagen Wasserlag.		nach 28 Tagen		nach Tagen Wasserlag.		nach 28 Tagen			
Normenprobe	Darrprobe	Heißwasserprobe		3	7	Wasserlag.	komb. Lager.	3	7	Wasserlag.	komb. Lager.	Wasserlag.	komb. Lager.
best.	best.	best.	3,4	19	24	30	40	215	289	319	438	14,0	10,9
,,	,,	,,	3,8	21	22	32	38	209	271	381	395	11,9	10,4
,,	,,	,,	4,7	20	25	31	39	212	265	377	398	12,1	10,2
,,	,,	,,	5,0	19	26	33	40	193	265	411	463	12,4	11,6
,,	,,	,,	4,4	19	21	32	39	224	271	433	475	13,5	12,2
,,	,,	,,	3,6	25	27	33	38	211	305	434	469	13,1	12,3
,,	,,	,,	3,0	20	28	33	40	202	329	472	477	14,3	11,9
,,	,,	,,	4,3	20	24	30	40	211	264	362	394	12,1	9,9
,,	,,	,,	3,6	22	26	33	37	199	252	442	474	13,4	12,8
,,	,,	,,	5,0	21	26	28	35	207	295	321	346	11,5	9,9
,,	,,	leicht	4,7	18	22	30	33	226	262	340	372	11,3	11,2
,,	,,	gekr.	4,0	17	22	28	37	189	225	329	366	11,7	9,9
,,	,,	best.	3,8	16	23	27	35	166	214	334	361	12,4	10,3
,,	,,	,,	5,0	21	23	29	37	200	268	348	393	12,0	10,6
,,	,,	,,	4,2	24	28	34	39	235	311	376	441	11,0	11,3
,,	,,	,,	4,5	22	25	30	38	257	319	432	431	14,4	11,4
,,	,,	gekr.	4,0	20	20	28	36	244	268	330	372	11,8	10,3
,,	,,	best.	5,7	15	19	26	29	195	227	314	338	12,1	11,6
,,	,,	,,	4,0	21	25	32	37	206	243	320	377	10,0	10,2
,,	,,	,,	5,0	25	33	39	43	278	366	441	495	11,3	11,5
,,	,,	,,	4,6	28	32	36	38	239	331	420	489	11,7	12,8
,,	,,	,,	4,0	21	27	29	39	186	261	363	416	12,5	10,7
,,	,,	,,	3,7	27	30	37	41	250	357	440	507	11,9	12,4
,,	,,	,,	3,9	24	28	33	41	222	292	384	440	11,6	10,7
,,	,,	,,	3.0	23	29	35	40	165	240	396	423	11,3	10,6
,,	,,	,,	3,5	30	31	36	41	282	342	466	522	12,9	12,7
best.	best.	best.	4,1	21	26	32	38	217	282	388	426	12,2	11,2
,,	,,	,,	5,7	30	33	39	43	282	366	472	522	14,4	12,8
,,	,,	gekr.	3,0	15	19	26	29	165	214	314	338	10,0	9,9
11	*12*	*13*	*14*	*15*	*16*	*17*	*18*	*19*	*20*	*21*	*22*	*23*	*24*

Tabelle 10. Normeneigenschaften von

		Litergewicht		Spezifisches Gewicht	Rückstände in % auf den Sieben von Maschen je cm²				Abbindezeit	
		eingelaufen	eingerüttelt		900	2500	5000	10 000	Anfang	Ende
I	FW.	992	1684	3,008	0,2	2,3	10,0	19,1	1^{20}	3^{25}
II	„	1077	1802	3,042	0,5	6,0	13,8	24,2	1^{15}	3^{00}
III	„	1085	1745	3,040	0,2	7,5	16,8	25,2	2^{10}	3^{40}
IV	S.	1098	1784	3,070	0,1	3,8	12,0	20,4	5^{00}	7^{20}
V	FW.	1031	1712	3,080	0,2	3,9	12,5	21,7	2^{30}	4^{45}
VI	„	992	1703	3,045	0,5	7,3	17,5	27,2	1^{10}	4^{00}
VII	„	1017	1704	3,070	0,2	2,9	10,0	15,8	3^{10}	5^{00}
VIII	S.	1044	1751	3,102	0,2	2,8	9,7	17,9	3^{25}	6^{50}
IX	FW.	1063	1744	3,038	0,9	7,7	18,3	23,2	2^{35}	5^{00}
X	„	994	1698	2,990	0,3	5,2	14,7	20,9	2^{40}	5^{10}
XI	„	986	1705	2,982	0,3	3,9	14,8	20,0	3^{10}	5^{20}
XII	S.	1056	1756	3,070	0,2	3,0	11,7	18,8	4^{20}	6^{15}
XIII	FW.	947	1655	2,940	0,2	8,0	16,8	23,2	2^{10}	3^{45}
XIV	„	980	1695	2,940	0,3	5,8	13,6	22,4	2^{35}	4^{00}
XV	B.	1042	1751	3,085	0,4	5,3	12,0	21,2	3^{30}	5^{45}
XVI	S.	1001	1695	3,070	0,1	1,8	9,0	17,4	2^{25}	4^{00}
XVII	B.	1003	1692	3,036	0,2	2,8	8,2	18,0	4^{15}	7^{00}
XVIII	„	1001	1692	3,054	0,1	1,2	6,0	14,1	4^{05}	5^{15}
XIX	S.	1073	1758	3,050	0,2	2,5	7,8	14,0	3^{35}	5^{15}
XX	B.	1048	1727	3,054	0,3	2,8	9,0	20,1	3^{20}	5^{25}
XXI	G.	1120	1893	3,054	0,1	1,4	7,9	21,4	4^{50}	7^{25}
XXII	K.	1125	1907	3,021	0,2	2,8	10,0	23,2	5^{40}	8^{25}
XXIII	„	1100	1837	3,086	0,3	4,8	13,5	30,2	5^{55}	8^{35}
XXIV	„	1109	1859	3,021	0,2	4,1	12,7	30,0	6^{25}	10^{00}
XXV	G.	1099	1839	3,070	0,1	1,6	8,8	25,5	6^{25}	10^{00}
XXVI	FW.	1085	1776	2,960	0,3	6,8	13,5	24,7	3^{00}	5^{50}
XXVII	G.	1103	1827	3,054	0,1	1,8	8,0	24,2	5^{20}	7^{00}
XXVIII	K.	1090	1805	3,004	0,4	5,3	13,6	30,2	8^{00}	10^{20}
XXIX	„	1127	1883	3,070	0,4	3,8	12,4	28,0	7^{20}	10^{50}
XXX	FW.	1073	1752	3,113	0,3	6,4	14,2	29,0	3^{20}	6^{09}
	Durchschnitt . . .	1052	1761	3,041	0,3	4,2	12,0	22,4	3^{50}	6^{10}
	Höchstwert	1127	1907	3,113	0,9	8,0	18,3	30,2	8^{00}	10^{50}
	Niederstwert . . .	947	1655	2,940	0,1	1,2	6,0	14,0	1^{10}	3^{00}
	1	*2*	*3*	*4*	*5*	*6*	*7*	*8*	*9*	*10*

Im nachfolgenden müssen deshalb die Normen der einzelnen Länder einzeln besprochen werden. Von einer wörtlichen Wiedergabe der Normen ist in den meisten Fällen abgesehen, nur wichtige Abschnitte sind abgedruckt, auf die Hauptunterschiede gegenüber den bekannten deutschen Normen ist hingewiesen, und schließlich sind in einer Tabelle am Schluß des Buches die wichtigsten Punkte aus den verschiedenen Normen einander gegenübergestellt. Möge Besprechung und Gegenüberstellung eine kurze Kenntnis der fremdländischen Normen vermitteln und die erste Handhabe bieten zu einer Vereinigung aller Normen, wie sie längst schon für die Prüfung anderer Erzeugnisse (Stahl) vorhanden ist und zweifellos auch für Zement eines Tages kommen wird.

Eisenportlandzementen aus dem Handel.

Raumbeständigkeit			Bruch nach 24 Stunden	Zugfestigkeit 1 : 3				Druckfestigkeit 1 : 3				Verhältnis von Zug und Druck nach 28 Tagen	
				nach Tagen Wasserlag.		nach 28 Tagen		nach Tagen Wasserlag.		nach 28 Tagen			
Normenprobe	Darrprobe	Heißwasserprobe		3	7	Wasserlag.	komb. Lager.	3	7	Wasserlag.	komb. Lager.	Wasserlag.	komb. Lager.
best.	best.	best.	5,2	16	20	25	35	174	239	330	373	13,2	10,7
,,	,,	,,	3,2	14	17	28	37	132	180	288	345	10,3	9,3
,,	,,	,,	2,3	16	22	32	41	135	200	332	369	10,4	9,0
,,	,,	,,	4,1	20	26	33	34	194	281	431	449	13,1	13,2
,,	,,	,,	3,9	18	21	26	35	149	196	308	330	11,8	9,4
,,	,,	,,	3,9	14	17	27	32	130	177	286	300	10,6	9,4
,,	,,	,,	5,1	13	22	31	39	154	203	312	344	10,1	8,8
,,	,,	,,	4,7	22	30	37	42	238	333	477	521	12,9	12,4
,,	,,	,,	1,8	15	21	32	40	127	182	327	337	10,2	8,4
,,	,,	,,	4,0	17	23	34	36	176	220	356	379	10,5	10,5
,,	,,	,,	4,0	20	23	32	38	172	213	353	344	11,0	9,1
,,	,,	,,	4,1	23	32	35	38	208	306	413	459	11,8	12,1
,,	,,	,,	3,8	18	23	32	36	208	268	365	377	11,4	10,5
,,	,,	,,	5,6	25	27	32	39	261	321	421	455	13,3	11,7
,,	,,	,,	2,8	18	24	34	37	186	229	338	373	9,9	10,1
,,	,,	,,	6,1	25	30	42	44	292	383	515	587	12,2	13,3
,,	,,	,,	3,4	20	26	36	40	206	319	436	481	12,1	12,0
,,	,,	,,	4,0	26	31	39	41	273	371	469	511	12,0	12,5
,,	,,	,,	5,5	26	35	35	44	238	289	438	496	12,5	11,3
,,	,,	,,	4,6	27	30	40	42	259	310	463	514	11,5	12,2
,,	,,	,,	4,4	26	31	37	43	222	302	456	565	12,3	13,1
,,	,,	,,	2,7	21	26	35	36	168	268	404	435	11,5	12,1
,,	,,	,,	2,0	18	27	30	37	163	231	377	420	12,5	11,3
,,	,,	,,	1,8	14	18	29	32	151	237	397	422	13,7	13,2
,,	,,	,,	2,5	20	26	31	38	206	300	430	485	13,8	12,7
,,	,,	,,	3,0	20	26	31	37	199	268	396	429	12,8	11,6
,,	,,	,,	2,8	23	27	34	38	231	328	497	515	14,6	13,5
,,	,,	,,	1,2	19	23	30	35	173	238	384	408	12,8	11,7
,,	,,	,,	1,2	17	24	30	37	161	237	377	410	12,6	11,1
,,	,,	,,	3,7	22	28	35	42	190	265	400	450	11,4	10,7
best.	best.	best.	3,6	19	25	33	38	196	262	392	429	11,9	11,3
,,	,,	,,	6,1	27	35	42	44	292	383	515	587	14,6	13,5
,,	,,	,,	1,2	13	17	25	32	127	177	286	300	9,9	8,4
11	*12*	*13*	*14*	*15*	*16*	*17*	*18*	*19*	*20*	*21*	*22*	*23*	*24*

Die deutschsprachigen Normen, Österreich und Schweiz, sind zunächst besprochen, darauf die europäischen Normen (Holland, Frankreich, Tschechoslowakei und Rußland), schließlich diejenigen Englands und der Vereinigten Staaten Amerikas. Eine Besprechung der Normen der übrigen Staaten erschien im Rahmen dieses Buches zunächst überflüssig.

1. Österreich.

Laut Mitteilung des „Österreichischen Ingenieur- und Architekten-Vereins" (27. Dezember 1926), Wien, Eschenbachgasse 9, gibt es in Österreich nur Normen für die frühhochfesten und gewöhnlichen Portlandzemente, während für Hochofenzement „Vorläufige Bestimmungen" in Gültigkeit sind, die der Zementausschuß des genannten Vereins auf-

Tabelle 11. Normeneigenschaften von

		Litergewicht		Spezifisches Gewicht	Rückstände in % auf den Sieben von Maschen je cm²				Abbindezeit	
		eingelaufen	eingerüttelt		900	2500	5000	10 000	Anfang	Ende
I	Aa.	1001	1698	2,978	0,1	1,8	7,7	15,3	4^{11}	6^{31}
II	Rn.	1048	1747	3,005	0,2	2,6	8,6	15,3	5^{58}	9^{05}
III	Wr.	1051	1752	3,017	0,1	1,2	6,1	14,8	5^{15}	6^{27}
IV	Ca.	1048	1818	2,996	0,7	1,2	7,9	16,8	2^{39}	4^{21}
V	Ag.	988	1693	2,973	Sp.	0,5	3,0	8,7	3^{33}	5^{69}
VI	Rh.	968	1675	2,980	0,1	1,3	6,7	15,3	3^{12}	5^{23}
VII	Mt.	.994	1703	3,022	0,1	0,8	3,4	9,6	4^{37}	6^{34}
VIII	Me.	1014	1711	2,956	0,1	1,5	6,8	14,7	4^{45}	6^{54}
IX	Br.	1042	1553	3,005	Sp.	0,6	4,2	11,2	3^{51}	6^{23}
X	Mm.	1013	1722	2,971	0,3	4,0	11,3	19,6	2^{57}	5^{50}
XI	Durchschnitt	1017	1706	2,990	0,2	1,6	6,6	14,1	4^{06}	6^{21}
	Höchstwert	1051	1818	3,022	0,7	4,0	11,3	19,6	5^{58}	9^{05}
	Niederstwert:	968	1553	2,956	Sp.	0,5	3,0	8,7	2^{39}	4^{21}
	1	*2*	*3*	*4*	*5*	*6*	*7*	*8*	*9*	*10*

Jede der Zahlenwerten *I—X* ist das Mittel aus den 12 Monatsuntersuchungen vom

Tabelle 12. Übersicht der Jahresergebnisse von aus dem

		Litergewicht		Spezifisches Gewicht	Rückstände in % auf den Sieben von Maschen je cm²				Abbindezeit	
		eingelaufen	eingerüttelt		900	2500	5000	10 000	Anfang	Ende
I	Portlandzemente . . .	1075	1787	3,112	2,8	4,4	13,1	22,6	3^{46}	5^{55}
II	Eisenportlandzemente .	1052	1761	3,041	0,3	4,2	12,0	22,4	3^{50}	6^{10}
III	Hochofenzemente . . .	1017	1706	2,990	0,2	1,6	6,6	14,1	4^{06}	6^{21}
	Durchschnitt	1048	1751	3,048	1,1	3,4	10,6	19,7	3^{54}	6^{09}
	1	*2*	*3*	*4*	*5*	*6*	*7*	*8*	*9*	*10*

gestellt hat. Da die Normen für Hochofenzement und Eisenportlandzement bei der „Önig"[1]) in Vorbereitung sind, muß die Wiedergabe der vorläufigen Bestimmungen für die einheitliche Lieferung und Prüfung von Hochofenzement in ihren Hauptpunkten in der Tabelle am Schluß des Buches genügen.

Hier seien nur die Normen für Portlandzement[2]), da sie in Einteilung und Wortlaut vorbildlich sind, im Zusammenhang wiedergegeben.

Begriff: Portlandzement wird aus natürlichen Kalkmergeln oder künstlichen Mischungen ton- und kalkhaltiger Stoffe durch Brennen bis zur Sinterung und darauffolgender Zerkleinerung bis zur Mahlfeinheit gewonnen, wobei die Gesamtmenge an Kalziumoxyd (CaO) mindestens das 1,7fache der Gesamtmenge an Kieselsäure, Tonerde und Eisenoxyd ($SiO_2 + Al_2O_3 + Fe_2O_3$) betragen muß.

Von anderen Bestandteilen dürfen im geglühten Portlandzement an Schwefel-

---

[1]) Österreichischer Normenausschuß für Industrie und Gewerbe, Wien III, Lothringer Straße 12.

[2]) Önorm B 3311.

Hochofenzementen aus dem Handel.

Raumbeständigkeit			Bruch nach 24 Stunden	Zugfestigkeit 1 : 3				Druckfestigkeit 1 : 3				Verhältnis von Zug und Druck nach 28 Tagen	
				nach Tagen Wasserlag.		nach 28 Tagen		nach Tagen Wasserlag.		nach 28 Tagen			
Normenprobe	Darrprobe	Heißwasserprobe		3	7	Wasserlag.	komb. Lager.	3	7	Wasserlag.	komb. Lager.	Wasserlag.	komb. Lager.
best.	best.	best.	2,3	19	28	36	38	180	257	384	417	10,8	11,1
,,	,,	,,	2,0	18	25	33	36	149	231	366	409	11,3	11,2
,,	,,	,,	3,2	21	26	35	39	184	253	401	471	11,7	12,2
,,	,,	,,	4,0	21	26	32	34	174	230	318	358	9,9	10,4
,,	,,	,,	2,7	20	27	36	38	166	252	387	413	10,8	11,0
,,	,,	,,	2,7	18	25	34	36	166	228	348	378	10,3	10,4
,,	,,	,,	2,2	16	23	33	37	154	225	368	406	11,2	10,9
,,	,,	,,	4,1	25	31	39	39	230	305	429	458	11,5	12,1
,,	,,	,,	3,3	20	28	34	39	183	278	412	442	11,2	11,3
,,	,,	,,	3,7	23	27	35	37	200	257	368	403	10,6	10,8
best.	best.	best.	3,0	20	27	35	37	179	252	378	416	10,9	11,1
,,	,,	,,	4,1	25	31	39	39	230	305	429	471	11,7	12,2
,,	,,	,,	2,0	16	23	32	34	149	225	318	358	9,9	10,4
11	*12*	*13*	*14*	*15*	*16*	*17*	*18*	*19*	*20*	*21*	*22*	*23*	*24*

Januar bis Dezember, die Reihe *XI* stellt demnach das Mittel aus 120 Zementen dar.

Handel gekauften Zementen verschiedener Art im Jahre 1926.

Raumbeständigkeit			Bruch nach 24 Stunden	Zugfestigkeit 1 : 3				Druckfestigkeit 1 : 3				Verhältnis von Zug und Druck nach 28 Tagen	
				nach Tagen Wasserlag.		nach 28 Tagen		nach Tagen Wasserlag.		nach 28 Tagen			
Normenprobe	Darrprobe	Heißwasserprobe		3	7	Wasserlag.	komb. Lager.	3	7	Wasserlag.	komb. Lager.	Wasserlag.	komb. Lager.
best.	best.	best.	4,1	21	26	32	38	217	282	388	426	12,1	11,2
,,	,,	,,	3,6	19	25	33	38	196	262	302	429	11,9	11,3
,,	,,	,,	3,0	20	27	35	37	179	252	378	416	10,8	11,2
best.	best.	best.	3,6	20	26	33	38	197	265	386	424	11,7	11,2
11	*12*	*13*	*14*	*15*	*16*	*17*	*18*	*19*	*20*	*21*	*22*	*23*	*24*

säureanhydrid (SO_3) höchstens 2,5% und an Magnesia (MgO) höchstens 5% vorhanden sein.

Fremde Stoffe können zur Regelung technisch wichtiger Eigenschaften bis höchstens 3% ohne Änderung des Namens Portlandzement zugesetzt werden.

Einteilung und Handelsbezeichnungen:

Nach der gewährleisteten Mindestbindekraft werden unterschieden:

1. Portlandzement.

2. Frühhochfester Portlandzement, das ist ein Portlandzement, der in den ersten Tagen der Erhärtung eine besonders hohe Bindekraft aufweist.

Eigenschaften:

1. Abbindeverhältnisse. Nach dem Abbindebeginn werden unterschieden: Raschbinder, Abbindebeginn unter 10 Minuten; Mittelbinder, Abbindebeginn zwischen 10 Minuten und 1 Stunde; Langsambinder, Abbindebeginn über 1 Stunde.

Die Abbindezeit gilt an der Luft ohne Sandzusatz vom Zeitpunkt der Wasserzugabe an gerechnet.

Rasch- und Mittelbinder sind nur über ausdrückliches Verlangen zu liefern.

2. **Raumbeständigkeit.** Portlandzement muß an der Luft und unter Wasser raumbeständig sein, d. h. er muß — mit Wasser ohne Sandzusatz angemacht — an der Luft und unter Wasser die beim Abbinden angenommene Form dauernd beibehalten. Portlandzement ist raumbeständig, wenn er die **Darr- und die Kuchenprobe unter Wasser besteht.**

3. **Mahlfeinheit.** Der Siebrückstand darf auf einem Sieb von 4900 Maschen/ cm² (0,05 mm Drahtstärke) 25% und auf einem Sieb von 900 Maschen/cm² (0,1 mm Drahtstärke) 3% nicht überschreiten.

4. **Bindekraft.** Sie wird bestimmt an einem Gemenge von 1 Gewichtsteil Portlandzement und 3 Gewichtsteilen Regelsand. Die Mindestfestigkeiten für Mittel- und Langsambinder, wobei die Probekörper die ersten 24 Stunden nach der Anfertigung an der Luft, dann bis zur Durchführung der Probe unter Wasser gelagert sind, müssen betragen:

	Erhärtungs-dauer in Tagen	Portlandzement		Frühhochfester Portlandzement	
		Zug-	Druck-	Zug-	Druck-
			Mindestfestigkeit in kg/cm²		
I	2	12	130	18	220
II	7	18	220	27	400
	1	*2*	*3*	*4*	*5*

Die Festigkeit ist als Mittel der 4 besten Ergebnisse von 6 Probekörpern der betreffenden Altersklasse zu berechnen. Die 2-Tagesprobe gilt nur als Vorprobe, die **7-Tagesprobe ist die entscheidende.**

Bei Prüfung von Probekörpern nach mehr als 7 tägiger Lagerung darf kein Festigkeitsrückgang gegenüber den nach 7 Tagen ermittelten Festigkeiten eintreten.

Die ermittelten Festigkeiten geben nur Vergleichswerte für die Bindekraft von Portlandzementen.

Prüfung: Die Proben sind grundsätzlich aus einzelnen Säcken oder Fässern, deren Inhalt durch äußere Einflüsse nicht verdorben ist, zu entnehmen und unvermischt zu prüfen. Für eine vollständige Normenprobe sind mindestens 5 kg Zement erforderlich.

Es wird empfohlen, die Zahl der Proben dem Umfang und der Wichtigkeit der Bauausführung anzupassen.

1. **Abbindeverhältnisse, Abbindebeginn und Abbindezeit** werden bestimmt an einem Zementbrei von Regelwasserzusatz mittels Regelnadel. Die Versuche sind bei einem Wärmestand des Zementes, des Wassers und der Luft von 15—18° C vorzunehmen. Abweichungen hiervon sowie der Feuchtigkeitsgrad der Luft sind anzugeben.

a) **Wasserzusatzmesser.** Das Gerät zur Bestimmung des Wasserzusatzes besteht aus einem Gestell, an dem eine Teilung in Millimetern angebracht ist. In einer Führung bewegt sich ein aufhaltbarer Metallstab, der am oberen Ende eine Metallscheibe trägt, während sich am unteren Ende ein Messingstab von 1 cm Durchmesser (der Wasserzusatzmesser) befindet. Der Wasserzusatzmesser wiegt samt dem Führungsstab und der Scheibe 300 g.

Die zum Gerät gehörige, zur Aufnahme des Zementbreies bestimmte Dose ist aus Hartgummi, schwach kegelförmig, von 8 cm Durchmesser in der Mitte und 4 cm Höhe. Beim Gebrauch wird dieselbe auf eine starke Glasplatte aufgesetzt, welche gleichzeitig den Boden der Dose bildet. Wird der Wasserzusatzmesser bis auf diese Bodenfläche herabgelassen, so zeigt der am Führungsstab befindliche Zeiger auf den Nullpunkt der Teilung, so daß der jedesmalige Stand der unteren Fläche des Wasserzusatzmessers über der Bodenfläche der Dose unmittelbar an der Teilung abgelesen werden kann.

b) **Ermittlung des Regelwasserzusatzes.** Man rührt 400 g Portlandzement mit einer vorläufig angenommenen Wassermenge bei Langsam- und Mittel-

bindern durch 3 Minuten, bei Raschbindern durch 1 Minute mit einem löffel-
artigen Spatel zu einem steifen Brei, welcher, ohne gerüttelt oder eingestoßen zu
werden, in die Dose gebracht und an der Oberfläche in gleicher Ebene mit dem
oberen Rande der Dose abgestrichen wird. Die so gefüllte Dose wird mit der Glasplatte, auf der sie aufsitzt, unter den Wasserzusatzmesser gebracht, welcher sodann behutsam auf die Oberfläche des Zementbreies aufgesetzt und der Wirkung
seines eigenen Gewichtes überlassen bleibt.

Der Brei von Regelwasserzusatz ist hergestellt, wenn der in den Zementbrei
eindringende Wasserzusatzmesser mit seinem unteren Ende 6 mm über der Bodenfläche stecken bleibt, d. h. der Zeiger des Gerätes auf den sechsten Teilstrich der
Teilung zeigt. Gelingt dies beim ersten Versuch nicht, so muß der Wasserzusatz
solange geändert werden, bis ein Brei von Regelwasserzusatz zustande gebracht
wird.

c) Ermittlung des Abbindebeginnes. In dem unter a) beschriebenen
Gerät wird statt des Wasserzusatzmessers die Regelnadel, d. i. eine Stahlnadel
von 1,13 mm Durchmesser (1 mm² Querschnitt), welche senkrecht zur Achse abgeschnitten ist, eingesetzt. Diese Nadel hat die gleiche Länge wie der Wasserzusatzmesser und wiegt samt Führungsstab, Scheibe und dem aufzulegenden Er-
gänzungsgewicht 300 g.

Man füllt die Dose mit einem Brei von Regelwasserzusatz in der vorbeschrie-
benen Weise, setzt die Nadel auf dessen Oberfläche behutsam auf und überläßt sie der
Wirkung des eigenen Gewichtes. Dieser Vorgang wird in kurzen Zeiträumen an
verschiedenen Stellen des Kuchens wiederholt. Die Nadel wird anfänglich den
Kuchen bis auf die Glasplatte durchdringen, bei den späteren Versuchen aber im
erhärteten Brei stecken bleiben. Der Zeitpunkt, in welchem die Nadel den Kuchen
nicht mehr in seiner ganzen Höhe zu durchdringen vermag, gilt als
Abbindebeginn.

d) Ermittlung der Abbindezeit. Ist der Kuchen so weit erstarrt, daß
die Nadel beim Aufsetzen keinen merkbaren Eindruck hinterläßt, so ist der Portlandzement abgebunden; die Zeit, welche von der Zugabe des Wassers bis zu diesem
Zeitpunkt verstrichen ist, heißt Abbindezeit.

2. Raumbeständigkeit.

a) An der Luft. Probe hierfür: Darrprobe. Bestehen über den Ausfall
einer Darrprobe Zweifel, dann entscheidet eine Kochprobe.

b) Unter Wasser. Probe hierfür: Kuchenprobe unter Wasser.

Darrprobe. Man rührt den Portlandzement mit der bei der Vornahme der
Abbindeproben ermittelten Wassermenge zu einem Brei von Regelwasserzusatz
an, breitet denselben auf ebenen Glasplatten oder gehobelten Stahlplatten in
Kuchen aus, welche ungefähr 10 cm Durchmesser und ungefähr 1 cm Dicke in
der Mitte haben, und legt diese zur Vermeidung von Schwindrissen in einen feucht
gehaltenen Kasten, wo sie vor Zugluft und Einwirkung der Sonnenstrahlen geschützt sind. Nach 24 Stunden, jedenfalls aber erst nach erfolgtem Abbinden,
werden die auf den Platten liegenden Kuchen in einem Trockenschrank einer
Wärme ausgesetzt, welche allmählich von der Luftwärme auf 120° C gesteigert
und auf dieser Höhe durch 2—3 Stunden, für alle Fälle aber eine halbe Stunde
über den Zeitpunkt hinaus gehalten wird, bei dem ein sichtbares Entweichen von
Wasserdämpfen aufgehört hat.

Die Kuchen sind in den Trockenkasten nicht lotrecht übereinander, sondern
treppenförmig nebeneinander einzulegen.

Zeigen die Kuchen nach dieser Behandlung Verkrümmungen oder gegen die
Ränder hin sich erweiternde Risse von strahlenförmiger Richtung, so sind diese
Risse als Treibrisse anzusehen und ist der Portlandzement als an der Luft nicht
raumbeständig zu bezeichnen. Bei der Darrprobe treten infolge zu raschen Aus-
trocknens durch Raumverminderung manchmal Rißbildungen auf, welche als
Schwindrisse bezeichnet werden und von Treibrissen wohl zu unterscheiden sind.
Diese Schwindrisse erscheinen gewöhnlich als gegen die Mitte hin sich erweiternde
Risse ohne bestimmte Richtung.

Kochprobe. Nach der unter Darrprobe gegebenen Vorschrift werden Kuchen
aus reinem Zement hergestellt und im Feuchtschrank aufbewahrt, 24 Stunden nach
der Herstellung, jedenfalls aber erst nach erfolgtem Abbinden, werden die auf den

Platten liegenden Kuchen in ein Wasserbad gebracht, das allmählich von der Luftwärme auf 100° C erhitzt und auf diesem Wärmezustand 3 Stunden erhalten wird.

Sind die Kuchen nach dieser Behandlung zerfallen, rissig, verkrümmt oder von mürber, zerreiblicher Beschaffenheit, so hat dieser Zement die Kochprobe nicht bestanden.

Kuchenprobe unter Wasser. Ein nach der unter Darrprobe gegebenen Vorschrift auf ebener Glasplatte hergestellter und im Feuchtschrank aufbewahrter Kuchen aus Portlandzement wird 24 Stunden nach der Herstellung, jedenfalls aber erst nach erfolgtem Abbinden, samt der Glasplatte unter Wasser von 15 bis 18° C gelegt und daselbst bei möglichster Erhaltung des Wärmestandes mindestens 10 Tage belassen.

Zeigen sich während dieser Zeit an dem Kuchen Verkrümmungen oder gegen den Rand hin sich erweiternde Kantenrisse von mehr oder weniger strahlenförmiger Richtung, so deutet dies unzweifelhaft auf Treiben des Portlandzementes hin. Bleiben die Kuchen unverändert, so ist der Portlandzement als unter Wasser raumbeständig anzusehen.

Zusatz zu a) und b). Bei zu dünn auslaufenden Rändern der Kuchen, welche bei der Herstellung zu vermeiden sind, können feine Risse auftreten, welche, wenn die Kuchen eben geblieben sind, nicht Treiberscheinungen, sondern Spannungs- oder Schwindrisse darstellen.

3. Mahlfeinheit. Zu jeder Siebeprobe sind 100 g Portlandzement zu verwenden.

4. Bindekraft. Die Prüfung erfolgt durch Ermittlung der Zug- und Druckfestigkeit nach einheitlichen Verfahren an Probekörpern in der Regelmörtelmischung von 1 Gewichtsteil Portlandzement mit 3 Gewichtsteilen Regelsand.

a) Regelsand. Als solcher gilt der vom staatlichen Materialprüfungsamt Berlin-Dahlem überprüfte Regelsand aus Freienwalde a. d. Oder. Dieser ist ein natürlicher, reiner Quarzsand, der durch ein Drahtgewebe von 60 Maschen auf 1 cm² geht und auf einem solchen von 120 Maschen liegen bleibt. Zur Nachprüfung der Korngröße dienen Siebe aus 0,25 mm starkem Messingblech mit kreisrunden Löchern von 0,778 bzw. 1,357 mm Durchmesser. Der Sand ist vom Laboratorium des Vereines Deutscher Portlandzementfabriken in Berlin-Karlshorst in Säcken zu beziehen. Die Säcke sind mit der Plombe des staatlichen Prüfungsamtes verschlossen.

b) Ermittlung des Regelmörtelwasserzusatzes. Aus 800 g Trockenmörtelstoff (Portlandzement und Regelsand) wird mit einer vorläufig angenommenen Wassermenge ein Mörtel hergestellt. Das Mischen des Mörtels soll mittels der Mörtelmischmaschine, Bauart Steinbrück-Schmelzer, wie folgt geschehen: 200 g Portlandzement und 600 g Sand werden zunächst mit einem leichten Löffel in einer Schüssel 1 Minute lang trocken gemischt. Diesem Gemisch wird eine vorläufig angenommene Menge Wasser zugesetzt. Die feuchte Masse wird sodann 1 Minute lang mit dem Löffel gemischt und darauf in dem Mörtelmischer gleichmäßig verteilt und durch 24 Schalenumdrehungen desselben 3 Minuten lang bearbeitet. Der so gewonnene Mörtel wird auf einmal in die Form der zur Herstellung der Druckprobekörper dienenden Rammvorrichtung gefüllt und durch 150 Schläge eines 3,2 kg schweren Fallgewichtes aus 0,5 m Fallhöhe verdichtet.

Tritt nach ungefähr 100 Schlägen in der Fuge zwischen Form und Aufsatzkasten eine mäßige Absonderung von Wasser auf, so gilt dies als Zeichen, daß die Wassermenge richtig gewählt worden ist. Andernfalls ist der Versuch mit einer jedesmal geänderten Wassermenge bis zur Erreichung dieser Wasserabsonderung zu wiederholen. Die derart ermittelte Wassermenge gibt den Regelmörtelwasserzusatz.

Der Mörtelmischer soll folgenden Bedingungen entsprechen:

Gewicht der Mischwalze mit Achse . . . . 21,5—22,0 kg
Gewicht der Mischwalze ohne Achse . . . . 19,1—19,4 kg
Dicke der Mischwalze . . . . 8,08 cm
Durchmesser derselben. . . . . 20,25—20,35 cm
Abstand der Walze von der Schale . . . . 5—6 mm
Abstand vom Drehpunkt der Schale bis Mitte der Walze . 19,7—19,8 cm

c) **Herstellung der Probekörper.** Diese muß maschinell erfolgen. Für jede Probegattung und Altersklasse gehören sechs Probekörper. Die Arbeit, welche bei der Herstellung der Probekörper zu leisten ist, wird mit 0,3 kg m auf 1 g Trockenmörtelstoff festgesetzt.

Es sind auf einmal 1000 g Mörtelmischung mit Regelmörtelwasserzusatz und derart, wie bei Mischen des Mörtels angegeben, aufzubereiten, welche für einen Druckprobekörper und für einen Zugprobekörper ausreichen.

Die aufbereitete Mischung wird auf einmal in die mit Füllkasten versehenen Formen gefüllt und mittels eines genau in die Form passenden Kernes bei den Druckprobekörpern durch 150 Schläge eines 0,5 m hoch herabfallenden, 3,2 kg schweren Fallgewichtes, bei den Zugprobekörpern durch 120 Schläge eines 0,25 m hoch herabfallenden, 2 kg schweren Fallgewichtes verdichtet. Unmittelbar nach dem letzten Schlag entfernt man den Kern und den Aufsatz des Formkastens, streicht den die Form überragenden Mörtel mit einem Messer ab und glättet die Oberfläche. Sobald der Mörtel vollständig abgebunden ist, nimmt man den Probekörper aus der Form. Die zur Herstellung der Probekörper dienenden Geräte sollen auf Mauerwerk aufliegen.

Die Herstellung der Probekörper muß unter allen Umständen vollendet sein, bevor der Erhärtungsbeginn des Portlandzementes eingetreten ist. Es ist daher namentlich bei Raschbindern in dieser Beziehung besondere Sorgfalt geboten und bei solchen Zementen die Anzahl der Schalenumdrehungen sowie die Menge des auf einmal aufbereiteten Mörtels entsprechend zu vermindern. Nötigenfalls kann bei rasch bindenden Portlandzementen die Mischung der Probekörpermasse durchaus von Hand erfolgen. Die durchschnittliche Dichte der Probekörper ist sofort nach ihrer Herstellung zu erheben und den Versuchsergebnissen beizufügen.

d) **Zerreißproben.** Probekörper der 8-Form mit der Bruchfläche von 5 cm² Querschnitt (2,25 × 2,22 cm).

e) **Druckproben.** Probekörper in Würfelform von 50 cm² Seitenfläche (7,07 cm Kantenlänge).

f) **Aufbewahrung der Probekörper.** Nach der Anfertigung sind die Probekörper die ersten 24 Stunden an der Luft, und zwar um sie vor ungleichmäßiger Austrocknung zu schützen, in einem geschlossenen, feucht gehaltenen Kasten aufzubewahren. Bei der Aufbewahrung der Probekörper im Wasser müssen diese immer von Wasser bedeckt sein.

g) **Vornahme der Festigkeitsproben.** Die Probekörper sind sofort nach der Entnahme aus dem Wasser zu prüfen. Die Zunahme der Belastung während des Versuches soll bei der Prüfung auf Zugfestigkeit 5,0 kg/sek entsprechend einem Schrotzulauf von 0,1 kg/sek beim Zerreißapparat nach Dr. Michaëlis und bei der Prüfung auf Druckfestigkeit 500 kg/sek betragen.

Beim Einspannen der Zugprobekörper ist darauf zu achten, daß der Zug genau in einer zur Bruchfläche senkrechten Richtung stattfindet.

Bei der Prüfung auf Druckfestigkeit soll der Druck stets auf die Seitenflächen der Würfel (im Sinne der Herstellung) ausgeübt werden, nicht aber auf die Bodenfläche und die bearbeitete obere Fläche.

5. **Bestimmung des Raumgewichtes.** Den Versuchsergebnissen der Festigkeitsproben ist das jeweilige Gewicht des Portlandzementes und des Regelsandes für einen Liter im lose eingesiebten Zustand beizufügen, zu welchem Zweck Portlandzement und Sand in 1 Liter fassendes trommelförmiges Blechgefäß von 10 cm Höhe eingesiebt werden. Hierbei ist ein Sieb von 60 Maschen auf 1 cm² zu verwenden. Dieses ist während des Siebens in einer Entfernung von ungefähr 15 cm über dem oberen Rand des Litergefäßes zu halten. Das Sieben ist so lange fortzusetzen, bis sich ein Kegel gebildet hat, der mit seiner Grundfläche die ganze obere Öffnung des Litergefäßes bedeckt. Dieser Kegel ist mit einem geradlinigen Streicheisen eben abzustreichen. Während der ganzen Dauer der Verrichtung ist jede Erschütterung des Litergefäßes zu vermeiden.

Aufbewahrung: Portlandzement wird durch längeres Lagern meist langsamer bindend und gewinnt bei trockener, zugfreier Aufbewahrung im allgemeinen an Güte. Bei nicht sorgfältiger, diesen Voraussetzungen nicht entsprechender Lagerung wird dessen Güte ungünstig beeinflußt.

Handelsgebräuche: Portlandzement wird nach Gewicht mit der Preisstellung für 100 kg Rohgewicht verkauft. Ohne besondere Vereinbarung wird Portlandzement in Fässern von 200 kg Rohgewicht oder in Säcken von 50 kg Rohgewicht geliefert. Schwankungen im Einzelrohgewicht sind bis zu 2% zulässig. Das Gewicht der Verpackung darf bei Fässern nicht mehr als 5%, bei Säcken nicht mehr als 1,5% des Rohgewichtes betragen.

Die Lieferung von frühhochfestem Portlandzement muß ausdrücklich vereinbart worden sein.

Auf der Verpackung muß das Wort „Portlandzement" oder „Frühhochfester Portlandzement", der Geschäftsname des Werkes, der Herstellungsort und das Rohgewicht vermerkt werden.

Auf Verlangen des Bestellers sind die Säcke durch einen Verschluß zu sichern, welcher den Namen des Lieferwerkes und die Bezeichnung des Portlandzementes trägt.

Unbeschadet der handelsgesetzlichen Bestimmungen können Einwendungen gegen die Lieferung aus dem Titel der Eigenschaften des Portlandzementes nur auf Grund von Prüfungen erhoben werden, welche längstens innerhalb 14 Tagen vom Einlangen des Zementes beim Empfänger begonnen wurden.

Besprechung.

Die in den deutschen Normen enthaltenen Vorschriften über Gewicht, Bezeichnung und Lagerbeständigkeit sind herausgelassen und als Handelsgebräuche an den Schluß gesetzt. Auch die Prüfungsmethoden sind unter dem Punkt „Prüfung" vereinigt, während die Eigenschaften gleichfalls zusammengefaßt wurden, wodurch die Übersichtlichkeit weiter gewonnen hat. Es ergibt sich somit die kurze Einteilung in

Begriff,
Eigenschaften und
Prüfung.

Gewöhnliche und frühhochfeste Zemente sind in der einen Norm vereinigt.

Begriff. Dieser deckt sich mit den deutschen Normen, nur sind auch Naturzemente zugelassen, da keine feine Zerkleinerung und innige Mischung der Rohstoffe vor dem Brennen verlangt wird.

Eigenschaften. 1. Abbindeverhältnisse. Es werden 3 Zementarten unterschieden; aber nur Langsambinder, deren Abbindebeginn wie in Deutschland über 1 Stunde betragen muß, werden als normale Handelsware bezeichnet.

2. Raumbeständigkeit. Nur die Darrprobe und die auch in Deutschland entscheidende Normenprobe sind maßgebend.

3. Mahlfeinheit. Im Gegensatz zu Deutschland ist auch das 4900-Maschensieb herangezogen.

4. Bindekraft. Nur 2 und 7 Tagesfestigkeiten sind in Wasserlagerung vorgeschrieben. Auf die 28 Tagesfestigkeiten ist verzichtet.

	Erhärtungsdauer Tage	Portlandzement		Frühhochfeste Portlandzemente	
		Zug	Druck	Zug	Druck
Österreich . . .	2	12	130	18	220
Deutschland . .	3	—	—	25	250
Österreich . . .	7	18	220	27	400
Deutschland . .	7	18	180	—	—

Bei Bewertung der Zahlen ist zu berücksichtigen die verschiedene Prüfungsweise, welche in Österreich mit der Ramme 15 bis 20% höhere Werte ergibt (s. S. 86).

Prüfung. 1. Abbindeverhältnisse. a) Wasserzusatzmesser. Für die sehr wichtige Feststellung des Wasserzusatzes, welche in den deutschen Normen fehlt, ist der auf S. 65 und 80 beschriebene Konsistenzmesser vorgeschrieben.

b) Ermittlung des Regelwasserzusatzes. Den Wasserzusatzmesser läßt man f r e i in den Brei einsinken; er muß 6 mm über der Glasplatte stehenbleiben.

c) und d) Ermittlung des Abbindebeginns und der Abbindezeit. Gleich mit den deutschen Vorschriften.

2. Raumbeständigkeit. a) Darrprobe. N u r, wenn Zweifel über den Ausfall einer Darrprobe bestehen, soll die Kochprobe entscheiden. Kochprobe: Ausführung wie in Deutschland.

b) Kuchenprobe unter Wasser gleich der deutschen Normenprobe, Entscheidung aber schon nach 10 tägiger[1]) Lagerung, nicht erst nach 28 tägiger Lagerung wie in Deutschland.

3. Mahlfeinheit. Ausführung wie in Deutschland, Angaben aber kürzer.

4. Bindekraft. a) Regelsand. Vorgeschrieben ist deutscher Normensand aus Freienwalde a. d. Oder.

b) Ermittlung des Regelmörtelwasserzusatzes wie in Deutschland. Mischmaschine: Steinbrück-Schmelzer, wie in Deutschland. Einschlagmaschine: Fallramme.

c) Herstellung der Probekörper. Formen wie in Deutschland. An Stelle des Hammerapparates tritt die Fallramme, welche bei

Druckkörpern aus 50 cm Höhe mit 3,2 kg Gewicht 150 Schläge

Zugkörpern „ 25 „ „ „ 2 „ „ 120 „

ausüben soll. Bei Anwendung der Fallramme werden etwas höhere Festigkeiten erreicht als mit dem Hammerapparat. Tabelle 13 zeigt eine Gegenüberstellung einiger vom Verfasser im Forschungsinstitut gefundenen Zahlen.

d) Zerreißproben
e) Druckproben ⎫
f) Aufbewahrung der Probekörper ⎬ wie in Deutschland.
g) Vornahme der Festigkeitsproben. ⎭

5. Bestimmung des Raumgewichtes. Diese ist vorgeschrieben, um eine Umrechnung von Raumteilen in Gewichtsteile usw. auf der Baustelle zu ermöglichen.

Bei den deutschen Normenprüfungen wird seit 4 Jahren das Litergewicht gewohnheitsmäßig bestimmt und angegeben. Vorschriften befinden sich aber in den deutschen Normen nicht.

2. Schweiz.

Die zur Zeit in der Schweiz in Gültigkeit befindlichen, den österreichischen Normen sehr ähnlichen Normen sind wiederholt, zuletzt im

---

[1]) Genügt auch nach den Beobachtungen des Verfassers vollkommen.

Tabelle 13. Vergleich der bei Herstellung der Körper mit Hammerapparat und Ramme erzielten Druckfestigkeiten.

| | Hammer-Apparat | | | | | Ramme | | | | |
| | | Druckfestigkeit | | | | | Druckfestigkeit | | | |
	Journal-Nr.	3 Tage	7 Tage	28 Tage	komb.	Journal-Nr.	3 Tage	7 Tage	28 Tage	komb.
I	871	281	348	479	498	873	319	447	620	637
II	872	215	289	419	438	876	218	311	483	514
III	877	145	211	313	333	879	175	242	339	391
IV	880	210	343	462	510	881	232	360	512	552
V	882	155	231	352	364	884	177	271	402	440
VI	883	127	185	305	325	889	131	197	348	353
VII	890	183	246	374	402	891	189	262	402	439
VIII	784	275	402	547	707	895	329	529	670	770
IX	896	151	195	346	372	898	160	232	402	422
X	897	132	180	288	345	901	156	214	333	427
XI	907	147	234	346	394	908	205	307	457	476
XII	870	178	263	386	441	915	246	335	487	532
XIII	916	287	437	553	628	917	350	518	677	700
XIV	918	139	189	301	312	920	171	210	338	372
XV	919	167	219	315	343	930	208	248	343	388
XVI	931	160	238	354	409	933	189	285	403	477
XVII	932	127	189	330	360	936	135	244	390	427
XVIII	934	181	251	418	474	939	205	321	446	510
XIX	938	209	271	381	445	943	252	307	418	499
XX	941	208	299	466	487	946	224	358	510	556
XXI	944	204	300	411	451	948	226	331	465	496
XXII	949	203	282	342	381	951	228	305	384	425
XXIII	950	194	281	431	449	954	248	336	473	521
XXIV	963	178	259	402	415	965	264	333	504	522
XXV	964	212	265	377	398	970	258	323	447	515
XXVI	969	193	267	411	463	973	214	305	462	509
XXVII	971	141	233	382	405	986	187	287	419	475
XXVIII	988	166	248	388	410	989	199	287	439	493
XXIX	1	149	196	308	330	3	199	262	347	376
XXX	2	160	217	372	421	5	214	267	421	466
XXXI	21	138	204	354	375	14	158	265	433	462
XXXII	22	128	186	325	355	23	158	222	353	414
XXXIII	24	223	280	403	442	26	266	335	467	523
XXXIV	28	224	271	433	475	30	252	392	499	550
XXXV	48	238	333	477	521	49	248	364	529	569
XXXVI	50	162	239	371	393	52	189	260	420	494
XXXVII	56	167	220	355	386	59	175	264	403	428
Verhältnis:	Durchschnitt						1,18	1,19	1,15	1,16
Ramme	Maximum						1,48	1,45	1,32	1,29
Hammerapparat	Minimum						1,01	1,05	1,06	1,08
	1	*2*	*3*	*4*	*5*	*6*	*7*	*8*	*9*	*10*

Diskussionsbericht 10 der Eidgenössischen Materialprüfungsanstalt an
der E.T.H. in Zürich als veraltet bezeichnet, und es ist ausgesprochen
worden, daß sie durch Prüfung mit plastischen Mörteln ergänzt werden sollen, welche allenfalls an Stelle der erdfeucht eingerammten Zug-
und Druckkörper zu treten habe. Da aber vor 1929 an die Einführung
des neuen Verfahrens, welches zur Zeit noch geprüft wird, nicht zu den-

ken ist, sollen zunächst die alten Normen, daran anschließend das neue Verfahren besprochen werden.

Die Schweizer Normen von 1920, ergänzt durch Teilrevision 1925, sind eingeteilt wie folgt:

A. Physikalische Bestimmungen:
   1. spez. Gewicht,
   2. Glühverlust,
   3. Raumgewicht,
   4. Färbung.
B. Besondere Bestimmungen für hydraulische Bindemittel:
   1. Abbindeverhältnisse,
   2. Raumbeständigkeit,
   3. Feinheit der Mahlung,
   4. Festigkeitsverhältnisse.

Zu A: Die Feststellungen unter A erfolgen nach den allgemein üblichen Methoden, in Deutschland finden sich in den Normen keine Bestimmungen über die Ausführung der genannten Untersuchungen, ihre Durchführung ist aber allgemein in ungefähr gleicher Weise üblich.

Zu B: 1. **Abbindeverhältnisse.** Auch hier wird 1 Stunde als Mindestmaß für den Bindebeginn gefordert, als Prüfapparat dient wie in Deutschland und Österreich die Vicatnadel, die „Konsistenz"-Messung ist, im Gegensatz zu Deutschland und in Übereinstimmung mit Österreich, ausdrücklich festgelegt.

Die Konsistenz ist dann richtig, wenn der Zylinder 3 bis 5 mm über der Bodenfläche stecken bleibt (in Österreich 6 mm).

2. **Raumbeständigkeit.** Die Kaltwasserprobe wird wie in Deutschland durchgeführt, die Entscheidung aber schon nach 10 Tagen gefällt. Bei Anwendung des Bindemittels in „wasserfeuchtem Baugrund oder feuchter Luft" ist die „Kaltwasserprobe" maßgebend.

Bei Anwendung des Zementes in „trockener Luft" entscheidet die Warmwasserprobe, die an kugelförmigen Körpern von 4 bis 5 cm Durchmesser durchgeführt wird, welche aus Zement und wenig Wasser durch Anrühren und Kneten in der Hand hergestellt werden. Zerfallen diese Körper oder werden sie „rissig, bröckelig und zerreiblich", nachdem sie 3 Stunden gekocht sind (Anheizen 1 Stunde), so ist die Warmwasserprobe nicht bestanden.

3. **Feinheit der Mahlung.** Der Rückstand darf betragen:
   auf dem   900-Maschensieb bis   2%,
   „   „   4900   „   „   25%.
Je 50 g Zement sind anzuwenden.

4. **Festigkeitsverhältnisse.**

a) Sand: Der Sand ist aus reinem Sand durch Absieben zwischen dem Sieb von 64 Maschen je Quadratzentimeter (Drahtstärke 0,4 mm) und dem Sieb von 144 Maschen je Quadratzentimeter (Drahtstärke 0,3 mm) zu gewinnen. Mischungsverhältnis 1 : 3 Gwt.

b) Herstellung: Mischung 3 Minuten.

Wasserzusatz: Austritt des Wassers zwischen dem 90. und 100. Schlag.

Maschinelle Erzeugung.

Zugkörper: Achtform wie in Deutschland, 120 Schläge eines Rammklotzes von 2 kg Gewicht aus 25 cm Höhe.

Druckkörper: 7 cm-Würfel wie in Deutschland, 150 Schläge eines Rammklotzes von 3 kg Gewicht aus 50 cm Höhe.

Entformen: Bei Zugkörpern sofort, bei Druckkörpern, wenn „eine Beschädigung oder Formänderung zuverlässig ausgeschlossen ist".

Lagerung: 1 Tag Luft, 6 Tage bzw. 27 Tage Wasser.

Die deutsche kombinierte Lagerung ist nicht maßgebend. Verlangte Festigkeiten (Teilrevision 1925):

| | nach 3 Tagen | | nach 7 Tagen | | nach 28 Tagen | |
	Zug	Druck	Zug	Druck	Zug	Druck
Gewöhnliche Portlandzemente . .	—	—	20	230	28	325
Hochfeste Portlandzemente . . .	28	325	35	500	40	650

Außer den beschriebenen, in den alten Normen enthaltenen Vorschriften sollen in die zukünftigen Normen aufgenommen werden:

Abbindewärme,

Mindestfestigkeitswerte für Biegung und Druck mit plastisch angemachten Normalmörteln, Mischung 1 : 3 Wasserlagerung,

Schwinden der Zemente und Zementmörtel,

Dehnungszahlen,

das nicht zu umgehende Spiel in den Normenwerten einer Zementmarke,

Grenzwerte des hydraulischen Moduls, des unlöslichen Rückstandes, des Gips- und des Magnesiagehaltes.

Die Aufnahme all dieser sicher wissenswerten Einzelheiten wird zwar die Kenntnisse von den Eigenschaften der Zemente vertiefen, birgt aber die Gefahr in sich, daß die Prüfung nach den Normen, die doch letzten Endes dem Verbraucher nur sagen soll, ob der Zement gut oder schlecht ist, sehr kostspielig und schwerfällig, dabei weniger übersichtlich wird.

Die Prüfung der Zemente mit plastischem Mörtel.

Die Versuche mit der von der Materialprüfungsanstalt an der Eidgen. Techn. Hochschule Zürich, Prof. F. Schüle, zur Aufnahme in die Normen vorgeschlagenen Prüfmethode an plastischen Mörteln gehen bis zum Jahre 1906 zurück. Die Prüfweise gibt zwar 40% geringere Festigkeitswerte als die Prüfung eingerammter Würfel, soll aber ein „richtigeres Bild der auf den Baustellen wirklich erreichbaren Festigkeiten und des wirklich sich vollziehenden Erhärtungsvorganges geben" als die Prüfung nach den heutigen Schweizer Normen, „welche trotz des ihnen innewohnenden klassischen Kerns den gewaltig gesteigerten technischen Anforderungen nicht mehr entsprechen"[1] Die Methode ist deshalb von geschichtlicher Bedeutung, weil sie der Kommission 42 — Bindemittel — des Internationalen Verbandes für die Materialprüfung in der Technik, welcher 1914 nach 7 jähriger Arbeit seine Tätigkeit einstellte,

---

[1] Prof. M. Roš, Diskussionsbericht I der E.M.P.A., 1925.

als internationales Einheitsverfahren zur Prüfung von Zement vorgeschlagen worden war.

Da die Prüfweise als Grundlage für die neuen Schweizer Normen gedacht ist und als solche sehr gut wieder internationale Bedeutung gewinnen kann, sei sie im folgenden kurz geschildert, obgleich bei ihrer Nachprüfung in 10 deutschen Laboratorien Prof. Gary (Kgl. Materialprüfungsamt Dahlem) zu dem Schluß gekommen war, daß sie „unter keinen Umständen" zu empfehlen sei[1]).

1. Herstellung der Prismen.

Formen: 6teilige Eisenformen, die durch Lösen einer Schraube an einem Ende leicht auseinandergenommen werden.

Größe: $4 \times 4 \times 16$ cm.

Mischungsverhältnis: 1 : 3 Normensand (normierter Mauersand würde zweckmäßiger sein. Der Verf.)

Wasserzusatz: 380 g Sand, 126,7 g Bindemittel = 506,7 g + 55,7 cm² Wasser (11%). Jedes Prisma muß also 562,4 g wiegen.

Stampfarbeit: Kräftige Durcharbeitung des Mörtels, „bis er nicht plastischer werden kann", Einbringen auf 2- bis 3mal in die Form und Einpressen mit einem Stößel von 3×3 cm Grundfläche und 1 kg Gewicht.

Entformen: Nach Abbinden des Mörtels (in der Regel nach 24 Stunden).

Aufbewahrung: 8—12 Stunden nach dem Entformen in Wasser bis unmittelbar vor der Prüfung.

2. Prüfung.

Biegefestigkeit: Im Michaelisschen Zugapparat, der durch Einfügung eines Bügels mit 2 Schneiden in 10 cm Entfernung hierfür hergerichtet wird, Belastung in der Mitte, rechtwinklig zur Stampfrichtung. Das Gewicht der Schrotschale wird mit 11,7 multipliziert.

Druckfestigkeit: Wird an den Bruchstücken der Biegefestigkeitsprobe zwischen Stahlplatten von 4 cm Breite auf der hydraulischen Presse ermittelt, Mittel aus den 6 geprüften Halbkörpern.

3. Holland.

Die neuesten holländischen Normen sind niedergelegt in „Gewapend Betonvoorschriften 1918"[2]). In Holland sind außerdem augenblicklich, wie in den meisten Ländern, Verhandlungen über die Neuausgabe von Normen im Gange. Die neusten Vorschläge für diese Normen sollen im folgenden zusammen mit den alten Vorschriften besprochen werden. Ebenso sind die Vorschläge für Normen von Portlandzement, Eisenportlandzement, Hochofenzement, Tonerdezement, Naturzement und Schlackenzement hinzugefügt, obgleich es für diese Zemente bisher keine Normen gab. Alle Normen für die Zemente: Portlandzement, Eisenportlandzement, Hochofenzement, sind fast gleichlautend mit Ausnahme derjenigen Punkte, die im nachfolgenden als besonders abweichend hervorgehoben werden.

1. Begriffsbestimmung.

a) Portlandzement. Normen von 1918. Die alten Normen für Portlandzement beschränken den Magnesiagehalt auf 5% und sind im übrigen sinngemäß die gleichen wie die deutschen Portlandzementnormen. Feine Zerkleinerung der Rohstoffe vor dem Brennen ist vorgeschrieben.

---

[1]) Mitteilungen des Kgl. Materialprüfungsamtes 1914, S. 447.
[2]) Verlag L. J. Veen, Amsterdam.

Neue Normenvorschläge für Portlandzement. Die Begriffsbestimmung unterscheidet sich grundsätzlich nicht von der alten Begriffsbestimmung. Für die Rohstoffe ist zweckmäßige Feinheit vor der Vermischung und vor dem Brennen vorgeschrieben.

b) Eisenportlandzement. Die Begriffsbestimmung ist inhaltlich gleichlautend mit der deutschen Begriffsbestimmung.

c) Hochofenzement. Der erste Satz der Begriffsbestimmung lautet:

Hochofenzement ist ein hydraulisches Bindemittel, das bei einem Minimumgehalt von 15% Portlandzement im übrigen aus granulierter basischer Hochofenschlacke besteht.

Im übrigen ist die Begriffsbestimmung gleich mit der deutschen Begriffsbestimmung.

d) Tonerdezement. Die Begriffsbestimmung lautet:

Tonerdezement ist ein hydraulisches Bindemittel, hergestellt durch vermahlen eines Produktes, welches erhalten ist durch Zusammenschmelzen von Kalk (CaO) enthaltenden Stoffen mit hohem Tonerdegehalt (Al_2O_3).

2. Chemische Zusammensetzung.

a) Portlandzement. Normen von 1918. In den Normen befindet sich unter 2 eine Vorschrift über Herkunft, Verpackung und Gewicht, die hier nicht interessiert.

Neue Normenvorschläge. Gleichlautend. Außerdem befindet sich in diesen der Absatz:

„Chemische Zusammensetzung": Die inaktiven Bestandteile sind auf 3% beschränkt, der Magnesiagehalt soll nicht über 5%, der Gehalt an SO_3 nicht über $2^1/_2$% steigen, bestimmt am getrockneten Zement.

b) Eisenportlandzement und c) Hochofenzement. Auch hier ist der Gehalt an inaktiven Bestandteilen auf 3% beschränkt, der Magnesiagehalt auf 6%, der SO_3-Gehalt auf $2^1/_2$%.

d) Tonerdezement. Beschreibung des Magnesia und Schwefelsäureanhydridgehalts wie bei Portlandzement.

3. Beginn des Abbindens.

a) Portlandzement. Normen von 1918. Der Abbindebeginn ist auf 2 Stunden als Mindestgrenze festgesetzt, Konsistenzmessung mit dem üblichen Apparat (Vicat-Apparat) ist vorgeschrieben, wie bei den österreichischen und Schweizer Normen. Die Geschmeidigkeit ist dann richtig, wenn der Zylinder des Konsistenzmessers 5 bis 6 mm über dem Boden stehen bleibt. Die Abbindezeit beginnt dann, wenn die Nadel den Teig nicht mehr gänzlich zu durchdringen vermag.

Neue Normenvorschläge. Kein Unterschied von den Normen von 1918.

b) Eisenportlandzement
c) Hochofenzement   } wie Portlandzement.
d) Tonerdezement

4. Raumbeständigkeit.

a) Portlandzement von 1918. Ausschlaggebend ist wie in Deutschland das Verhalten eines 24 Stunden unter Wasser gelagerten

Normenkuchens, der bis zu 4 Wochen beobachtet wird und keine Rand-
risse und sonstigen Treiberscheinungen zeigen darf.

Neue Normenvorschläge: wie 1918.

b) Eisenportlandzement
c) Hochofenzement } wie Portlandzement.
d) Tonerdezement

Als vorläufige Prüfung kann bei allen Zementen die Le Chatelier-Probe
herangezogen werden, die aber nicht von ausschlaggebender Bedeutung ist.

<h3 align="center">5. Siebfeinheiten.</h3>

	Maximalrückstände auf dem	
	900-Maschensieb	4900-Maschensieb
a) Portlandzement, Normen 1918	3%	25%
Neue Normenvorschläge . . .	2%	20%
b) Eisenportlandzement	2%	20%
c) Hochofenzement	2%	12%
d) Tonerdezement	1%	20%

<h3 align="center">6. Festigkeiten.</h3>

Die neuen Druckfestigkeiten für alle hochfesten und normalen
Zemente sind gleich, für die Tonerdezemente werden höhere, für die
Naturzemente niedrigere Festigkeiten vorgeschrieben.

	Zug				Druck			
	1 Tag	1 + 2 Tage	1 + 6 Tage	1 + 6 + 21 Tage	1 Tag	1 + 2 Tage	1 + 6 Tage	1 + 6 + 21 Tage
Tonerdezement.	25	26	28	30	400	450	475	500
Portlandzement, Eisenportland- zement, Hochofenzement hochfest 1926	—	20	25	35	—	250	350	450
do. normal 1926	—	—	18	25	—	—	200	350
Portlandzement 1918	—	—	12	—	—	—	150	250
Naturzemente	—	—	—	—	—	—	150	250
Schlackenzemente	—	—	—	—	—	—	125	200

Vorgeschrieben ist die Klebesche Ramme, die bekanntlich etwas
höhere Festigkeiten gibt als der deutsche Böhmesche Hammerapparat.
Es sind Bestrebungen im Gange, den Hammerapparat an Stelle der
Ramme und statt der kombinierten Lagerung Wasserlagerung einzuführen.

<h3 align="center">4. Frankreich.</h3>

Auch die französischen Normen sind in Umarbeitung begriffen.
Da die neuen Vorschläge nicht zu erhalten waren, müssen hier die alten
Normen wiedergegeben werden, auf welchen sich zweifellos die neuen
Normen aufbauen werden.

Die französischen Normen zeigen ebenfalls einen großen Unterschied gegenüber den Normen der anderen Länder. In Frankreich gibt
es zwei Arten von Normen:

Normen für gewöhnlichen Portlandzement und

Normen für Zement, der zu Meerwasserbauten bestimmt ist.

Normen für gewöhnlichen Portlandzement.

Der Portlandzement darf nicht mehr als 3% gebundene Schwefelsäure, 5% Magnesia und 10% Tonerde und keine Schwefelverbindungen
enthalten.

Abbindezeit.

Die Abbindezeit soll länger sein als 20 Minuten für den Beginn, das
Ende soll nicht vor 2 Stunden und nicht nach 12 Stunden liegen.

Als Probe gilt diejenige mit der Vicat-Nadel, und zwar beginnt die
Abbindezeit dann, wenn die Nadel den Kuchen nicht mehr ganz zu durchdringen vermag. Die Konsistenz ist so zu halten, daß der Konsistenzmesser von 1 cm Durchmesser 6 mm über dem Boden der Dose stehen
bleibt.

Zugfestigkeit.

Die Zugfestigkeitsprobe wird entweder an Purzement- oder an
Sandproben festgestellt, und zwar wird der Mörtel bei Anfertigung dieser
Proben nicht eingestampft, sondern nur eingedrückt.

Der Sand muß bestehen zu gleichen Teilen aus Körnern von vier
verschiedenen Größen, die durch 4 Siebe aus Eisenblech mit Löchern
von $^1/_2$, 1, $1^1/_2$ und 2 mm Durchmesser getrennt sind.

Folgende Festigkeiten werden verlangt:

	Reiner Zement	Mörtel 1 : 3
Nach 7 Tagen	25	8
Nach 28 „	35	15

Raumbeständigkeit.

Die Raumbeständigkeit bei gewöhnlichen Temperaturen wird nach
den üblichen Normenproben geprüft. Zur Raumbeständigkeit bei höheren
Temperaturen wird die Le-Chatelier-Probe herangezogen.

Bei Lieferung von Zementen, die für Meerwasserbauten bestimmt
sind, gelten folgende abweichende Bestimmungen:

Chemische Zusammensetzung.

Meerwasserzemente dürfen nicht mehr als 1,5% Schwefelsäure,
nicht mehr als 2% Magnesia und nicht mehr als 8% Tonerde enthalten,
ebenso keine Schwefelverbindungen. (Diese Beschränkung der Schwefelverbindungen beruht wohl auf falschen Voraussetzungen, da sie keinerlei
nachteilige Bedeutung für die Salzwasserbeständigkeit haben.)

Raumbeständigkeit.

Die Normenproben sind statt in Süßwasser in Meerwasser zu lagern.
Bei der Le-Chatelier-Probe darf die Vergrößerung des Abstandes der
Nadelspitzen 5 mm nicht überschreiten, während bei gewöhnlichen Ze-
menten 10 mm zugestanden sind.

5. Tschechoslowakei.

Die tschechoslowakischen Normen sind fast gleichlautend mit den
deutschen Normen. Sie sind gleich für Portlandzement, Eisenportland-

zement und Hochofenzement; nur die Begriffserklärung und Siebfeinheiten sowie einige unwesentliche Zusätze sind bei den Hüttenzementnormen etwas anderes wie in Deutschland, so daß die Hüttenzemente nicht besonders besprochen werden brauchen. Wesentlich ist bei Hochofenzement lediglich der eine Satz, welcher einen Mindestgehalt von 20% Klinker vorschreibt.

Hochofenzement muß wenigstens 20% Gewichtsteile Portlandzement und höchstens 80% basische Hochofenschlacke enthalten, die durch schnelle Abkühlung der feuerflüssigen Masse gekörnt ist.

1. Begriffserklärung.

Die Begriffserklärungen sind im allgemeinen gleichlautend mit den Begriffserklärungen der anderen Normen, schreibt aber kein Zerkleinern der Rohstoffe vor dem Sintern vor, faßt demgemäß auch Naturportlandzement als Portlandzement auf.

2. Verpackung, Gewicht und Probenahme.

Es folgen Bestimmungen, die nichts Neues bringen.

3. Abbindezeit.

Die Abbindezeit soll 1 Stunde als unterste Grenze betragen. Bemerkenswert ist, daß auch hier im Gegensatz zu den deutschen Normen Konsistenzprüfung vorgeschrieben ist, und zwar soll die Geschmeidigkeit des angemachten Zementes dann richtig sein, wenn der Zylinder von 10 mm Durchmesser 5—7 mm über der Bodenfläche stehenbleibt.

4. Raumbeständigkeit.

Für die Raumbeständigkeitsproben gilt die deutsche Normenprobe bei 28 Tage-Wasserlagerung. Kochprobe ist nicht vorgeschrieben.

5. Mahlfeinheit.

Es sollen für Portlandzement auf dem 4900-Maschensieb 25%, für Hochofenzement 12% zurückbleiben dürfen.

6. Bindekraft.

Maßgebend ist die Würfeldruckprobe nach 28 tägiger Wasserlagerung oder in gemischter Lagerung, auch 7-Tagesproben können ausgeführt werden, dienen aber wie in Deutschland nur zur vorläufigen Beurteilung der Beschaffenheit. Auch die Zugproben können zwar angefertigt werden, sind aber nicht ausschlaggebend. Als Einschlagapparat dient der Böhmesche Hammerapparat, mit welchem in genau der gleichen Weise gearbeitet wird wie in Deutschland.

7. Festigkeiten.

Als Festigkeiten waren gemäß Erlaß des Arbeitsministeriums vom 16. Februar 1925 folgende Zahlen maßgebend:

	1 Tag Luft, 6 Tage Wasser	1 Tag Luft, 27 Tage Wasser	1 Tag Luft, 21 Tage Wasser 21 „ Luft
Druck .	130	220	250 kg/cm²
Zug . .	12	20	25 „

Unter Normensand ist ein reiner Quarzsand zu verstehen, der auf 2 Sieben 1,35 mm und 0,755 mm Lochweite abgesiebt worden ist.

6. Rußland.

In Rußland bestehen zur Zeit folgende Normen:.
1. für Portlandzement,
2. „ Schlackenportlandzement (Hochofenzement),
3. „ Tonerdezement,
4. „ Romanzement,
5. „ Puzzolanportlandzement.

Die Normen für Portlandzement, Hochofenzement, Tonerdezement und Puzzolanportlandzement sind in ihren Anforderungen an die Bindemittel gleichlautend und unterscheiden sich in der Hauptsache nur in ihren diesbezüglichen Begriffsbestimmungen. Sie können deshalb zusammen besprochen werden. Auch die Romanzementnormen sind ganz ähnlich, fordern bloß von den Zementen etwas geringere Festigkeiten und kürzere Abbindezeiten. Die verlangten Festigkeiten sind unter 7. angegeben.

Die Normen sind wie folgt eingeteilt.

1. Begriffsbestimmung,	5. Raumbeständigkeit,
2. Probenahme,	6. Mahlfeinheit,
3. Glühverlust,	7. Zugfestigkeit,
4. Abbindezeit,	8. Druckfestigkeit.

1. Begriffsbestimmung.

a) Portlandzement. Nach der Begriffsbestimmung, die sich im allgemeinen mit den Begriffsbestimmungen der anderen Länder deckt, können offenbar auch Naturportlandzemente als Portlandzemente bezeichnet werden, da für die Rohmaterialien nur „starkes Brennen bis zum Zusammenbacken und sorgfältiges Sortieren günstiger Stoffe“, also keine Vermahlung der Rohstoffe vor der Sinterung vorgeschrieben ist. Der hydraulische Modul soll sich zwischen 1,7 und 2,4 bewegen.

b) Schlackenportlandzement. Der hier interessierende 1. Teil der Begriffsbestimmung lautet:

„Schlackenportlandzemente sind Erzeugnisse, die durch sorgfältige mechanische Zusammenmischung auf fabrikmäßigem Wege von Portlandzement mit basischer granulierter Hochofenschlacke einer bestimmten Zusammensetzung erhalten werden. Der Gewichtsprozentgehalt an Schlacke kann zwischen 30 und 70% der ganzen Mischung schwanken.“

Demnach ist also der russische Schlackenportlandzement Hochofenzement.

c) Tonerdezement. Es ist starkes Brennen bis zum Schmelzen oder Zusammenbacken aus Stoffen mit reichem Tonerdegehalt mit Kalk vorgeschrieben. Über die übrige chemische Zusammensetzung finden sich keine Angaben.

d) Romanzement. Es ist Brennen von natürlichem Mergel oder künstlicher Mischung bis zu einer Temperatur, bei welcher die Stoffe nicht zusammenbacken, vorgeschrieben.

e) Puzzolanportlandzement. Hierunter sind Erzeugnisse zu verstehen, die durch mechanische Zusammenmischung auf fabrikmäßigem Wege von Portlandzement mit feinem hydraulischem Zuschlage erhalten werden. Eine chemische Zusammensetzung ist nicht vorgeschrieben. Es kann aber vom Lieferwerk Angabe der Analyse des Klinkers und der Beimengung gefordert werden.

2. Probenahme.

Die Probenahme ist in allen Normen gleich und entspricht ungefähr den englischen Vorschriften (Seite 97). Sie kann deshalb hier übergangen werden.

3. Glühverlust.

Der Glühverlust ist bei Portlandzement auf 4% beschränkt, bei Hochofenzement, Tonerdezement, Romanzement und Puzzolanportlandzement sind Glühverlust- und spezifische Gewichtsbestimmungen nicht vorgeschrieben.

4. Abbindezeit.

Als Beginn der Abbindezeit werden mindestens 20 Minuten bei allen Zementen mit Ausnahme von Romanzement gefordert, bei welch letzterem 15 Minuten vorgeschrieben sind. Bemerkenswert ist, daß die Konsistenzprüfung wie bei den Schweizer Normen vorgeschrieben ist. Der Konsistenzprüfer soll bis zum Teilstrich 6 der Skala einsinken. Die Abbindezeit beginnt dann, wenn die Vicat-Nadel bei freiem Einsinken in den Zementbrei zwischen den Teilstrichen 0 und 1 der Einteilung stehen bleibt. Der Schluß der Abbindezeit wird zu dem Zeitpunkt festgelegt, an welchem die Nadel nicht mehr als $1/2$ mm einzudringen vermag.

Die Abbindezeit soll nicht über 12 Stunden betragen, außer bei Romanzementen, bei welchen kein Schluß der Abbindezeit festgelegt wurde.

5. Raumbeständigkeit.

Es ist die deutsche Kuchenprobe bei 27 tägiger Lagerung in Wasser vorgeschrieben, ebenso die Darrprobe. Eine Kochprobe findet nicht statt.

6. Mahlfeinheit.

Folgende Rückstände sind Höchstrückstände:

	900-Maschensieb	4900-Maschensieb
Portlandzement	5 %	30 %
Schlackenportlandzement. .	5 %	30 %
Tonerdezement	5 %	30 %
Romanzement.	15 %	—
Puzzolan-Portlandzement. .	5 %	30 %

7. Zugfestigkeiten.

Die Zugfestigkeitsprobe wird hergestellt sowohl von reinem Zement als auch Zement 1 : 3 in der in England üblichen Weise.

Folgende Festigkeiten sind vorgeschrieben:

	4 Tage	7 Tage	28 Tage
Portlandzement[1]):			
1. reiner Zement . .	20	25	35 kg/cm²
2. Zement 1 : 3 . . .	9	10	14 „
Schlackenportlandzement:			
1. reiner Zement. . .	—	—	—
2. Zement 1 : 3 . . .	9	10	14 „
Tonerdezement:			
1. reiner Zement. . .		unbekannt	
2. Zement 1 : 3 . . .			
Romanzement:			
1. reiner Zement. . .	—	—	4 „
2. Zement 1 : 5 . . .			
Puzzolan-Portlandzement:			
1. rciner Zement. . .	9	10	14 „
2. Zement 1 : 3 . . .			

8. Druckfestigkeit.

Die Druckfestigkeit soll für alle Zemente bei 1:3-Herstellung der Probekörper nach 28 Tagen mindestens 140 kg[2]) betragen, mit Ausnahme von Puzzolanportlandzement und Tonerdezementen. Bei Puzzolanportlandzement sind 32 kg als Minimum angenommen, bei Tonerdezement sollen für die zu errichtenden Bauten von Fall zu Fall besondere Normen aufgestellt werden.

Die Körper sollen mit der Ramme hergestellt werden.

7. England.

Die englischen Normen für Portlandzement (1925) und Hochofenzement (1926) sind fast gleichlautend, sie unterscheiden sich naturgemäß nur durch die Begriffserklärung und die Vorschriften, welche für die chemische Zusammensetzung in Frage kommen. Sie können deshalb gemeinsam (a und b) besprochen werden.

Einteilung:

1. Zusammensetzung u. Herstellung,
2. Probenehmer,
3. Probenahme,
4. Probenahme für größere Mengen,
5. Erleichterung f. d. Probenahme,
6. Kosten für die Probenahme,
7. Versuche,
8. Mahlfeinheit,
9. Chemische Zusammensetzung,
10. Zugfestigkeit: Purzement,
11. Zugfestigkeit: Zement u. Sand 1 : 3.
12. Abbindezeit,
13. Raumbeständigkeit,
14. Nichtübereinstimmung m. d. Vorschriften,
15. Abschriften der Versuchsergebnisse,
16. Lieferung.

1. Zusammensetzung und Herstellung.

a) Portlandzement. „Der Zement soll hergestellt werden durch innige Mischung von kalkhaltigen und tonhaltigen Stoffen oder von Kalkstein oder

---

[1]) Die 7- und 28-Tageproben sind nur dann entscheidend und notwendig, wenn die 4-Tageproben schlecht ausgefallen sind, sonst genügen diese zur Prüfung.

[2]) Nach Mitteilung der Tonind.-Ztg. (Dr. Goslich), welche sich mit dem Mitglied der russischen Normenkommission Prof. Budnikoff in Charkow in Verbindung gesetzt hat, sind diese 140 kg zur Zeit maßgebend.

anderen kieselsäure- oder tonerdehaltigen Materialien, Brennen des so hergestellten Rohmehls bei Sintertemperatur und Mahlen der sich ergebenden Klinker zu einer derartigen Feinheit, daß ein Zement entsteht, welcher den vorliegenden Vorschriften entspricht.

Nach dem Brennen sollen keinerlei andere Stoffe hinzugefügt werden als Gips oder Wasser oder beides. Kein Zement, zu welchem Schlacke hinzugefügt worden ist oder welcher eine Mischung von Schlacken und Portlandzement darstellt, fällt unter diese Vorschrift."

Nach diesem Wortlaut schreiben auch die englischen Normen in ähnlicher Weise wie die deutschen Normen eine innige Mischung der Rohstoffe vor der Vermahlung vor.

b) Der Hochofenzement soll bestehen „aus einer Mischung von Portlandzementklinker und granulierter Hochofenschlacke. Diese zwei Stoffe sollen zusammengemischt werden in einem Gewichtsverhältnis, wie es dem Hersteller beliebt. Es soll aber in keinem Fall der Gehalt an Schlacke über 65% der ganzen Mischung ansteigen.

Der Portlandzementklinker soll hergestellt werden durch innige Mischung von Kalk und Ton oder anderen kieselsäure- und tonerdehaltigen Materialien und Brennen des so entstandenen Rohmehls auf Sintertemperatur.

Die granulierte Hochofenschlacke soll dann dem Portlandzementklinker hinzugefügt und das Ganze in der Weise vermahlen werden, daß die beiden Komponenten, nämlich der Portlandzementkliniker und granulierte Hochofenschlacke vollständig und innig gemischt werden und einen Zement ergeben, der den vorliegenden Normen entspricht."

Diese Begriffserklärung entspricht der deutschen Begriffserklärung für Hochofenzement mit der Abänderung, daß der Schlackengehalt der Mischung bis 65% betragen kann, also mindestens 35% Klinker zu verwenden sind (in Deutschland 15%); der Klinkerzusatz kann in beliebiger Höhe gesteigert werden.

2. Probenehmer.

Hier finden sich Vorschriften, dahingehend, daß Probenehmer vom Käufer bestimmt werden können.

3. Probenahme.

Die diesbezügliche Bestimmung gehört eigentlich nicht in den Rahmen der Normen, ist aber doch, da in Deutschland ähnliche Bestimmungen nicht bestehen, interessant genug, um hier wiedergegeben zu werden.

„Jede zur Untersuchung bestimmte Probe soll bestehen aus annähernd gleichen Teilen, die von mindestens 12 verschiedenen Stellen aus dem Zementhaufen entnommen worden sind, wenn der Zement lose ist, aus nicht weniger als 12 Fässern, Säcken od. dgl., wenn der Zement verpackt ist. Falls eine geringere Anzahl als 12 verschiedene Säcke, Fässer oder andere Packungen vorhanden ist, soll aus jeder Packung eine Probe genommen werden. Bei der Probenahme ist jede mögliche Sorgfalt zu beachten, damit man einen richtigen Durchschnitt erhält. Solche Gesamtmuster sollen wenigstens $4^1/_2$ kg wiegen."

4. Probenahme bei größeren Mengen.

Auch die Vorschriften über diese Probenahme seien hier wiedergegeben.

„Wenn mehr als 250 t Zement auf einmal bemustert werden sollen, müssen von je 250 t gesonderte Proben genommen werden, gemäß Bestimmungen unter 3.

Nicht mehr als 250 t Zement sollen zusammengelagert werden, und zwar in einer solchen Weise, daß der Zement getrennt bezeichnet und gemäß Bestimmung unter 3 entnommen werden kann. Wenn mehr als 250 t Zement in einem Silo gelagert werden, müssen Vorkehrungen getroffen werden, daß je 250 t oder ein Teil von 250 t abgetrennt untersucht und bei der Probenahme von verschiedenen Punkten Proben entnommen werden können.

5. Erleichterung für die Probenahme.

Die Verkäufer müssen Arbeitskräfte und Material zur Probenahme usw. zur Verfügung stellen.

6. Kosten für die Probenahme.

Die Kosten für die Probenahme, Untersuchungen und Analysen hat der Käufer zu tragen.

7. Versuche.

Der Abschnitt zählt die vorzunehmenden Versuche von 8 bis 13 auf.

8. Mahlfeinheit.

Es sind 2 Siebe vorgeschrieben. Die Rückstände sollen höchstens betragen:

auf dem 895-Maschensieb 1%,
„   „ 5022   „   10%.

Die Feinheitsvorschriften sind also strenger als in Deutschland.

9. Chemische Zusammensetzung.

a) Portlandzement. Nach Abzug der Kalkmenge, welche an Schwefelsäure als Gips gebunden ist, soll das Mol-Verhältnis

$$\frac{CaO}{SiO_2 + Al_2O_3}$$

nicht größer sein als 2,9 und nicht kleiner als 2,0. Die Menge des unlöslichen Rückstandes soll nicht über 1,5% steigen, die von Magnesia nicht über 4% und der Gesamtschwefelgehalt, als SO_3 gerechnet, soll nicht über 2,75% hinausgehen. Der Gesamtglühverlust soll nicht mehr als 3% betragen.

b) Hochofenzement. Für die Feststellung des Mischungsverhältnisses von Klinker und Schlacke ist die Schwebeanalyse vorgeschrieben. Der Portlandzementklinker soll nach der Trennung durch die Schwebeanalyse den unter a) vorgeschriebenen Portlandzementnormen entsprechen. Der Zement soll nicht mehr als 1,5% unlöslichen Rückstand und nicht mehr als 5% Magnesia enthalten.

Schwefel in Form von Sulfid soll nicht über 1,2%, in Form von Sulfat nicht über 2% vorhanden sein. Der Gesamtglühverlust darf 3% nicht übersteigen.

Diese Festlegung des Schwefelgehaltes der Schlacke unter 1,2%, welche einem Kalziumsulfidgehalt von 2,7% entspricht, ist rückständig und entspricht nicht der modernen Auffassung, welche gezeigt hat, daß ein Sulfidgehalt der Schlacke die Festigkeiten und sonstigen Eigenschaften eines Zementes in günstigem Sinne zu beeinflussen vermag[1]).

---

[1]) Die Einwirkung des Sulfidgehaltes auf die Eigenschaften von Hochofenschlacken und Hüttenzementen. Grün, R.: Stahleisen 1925, S. 344.

10. Zugfestigkeiten: Purzement.

Die Zugfestigkeitsprüfungen werden zunächst an Purzementkörpern durchgeführt. Zu diesem Zweck wird der Zement mit Wasser plastisch angemacht und die Paste in Formen mit dem Querschnitt von 6,45 cm² eingedrückt. Ein Einhämmern darf nicht stattfinden. Nach 24 Stunden wird der Körper entformt. Die entformten Körper kommen dann in Wasser und werden nach 7 Tagen geprüft. Die Zugfestigkeit soll mindestens 42,18 kg/cm² erreichen.

11. Zugfestigkeit: Zement und Sand 1 : 3.

Die Zugkörper mit Sand werden von Hand durch Einklopfen mit dem „Normalspatel" hergestellt. Dabei soll die verwandte Wassermenge betragen:

$$\tfrac{1}{4}\,P + 2{,}50,$$

wobei P die Wassermenge bedeutet, die notwendig ist zur Herstellung der Purzementkörper nach 10. Die Zugfestigkeit wird wieder genau in der gleichen Weise festgestellt wie bei den Purzementkörpern in ähnlichen Apparaten wie in Deutschland.

Die Zugfestigkeiten sollen betragen:
nach   7 Tagen: 22,85 kg/cm²
„   28   „

$$\text{Zugfestigkeit nach 7 Tagen} + \frac{49{,}431}{\text{Zugfestigkeit nach 7 Tagen}}$$

also mindestens 33,54 kg/cm².

Durch dieses Abhängigmachen der Zugfestigkeit nach 28 Tagen von der Zugfestigkeit nach 7 Tagen soll einer allenfallsigen Treibneigung des Zementes vorgebeugt bzw. diese zum Ausdruck gebracht werden, da Zemente mit Treibneigung zwar hohe Anfangsfestigkeiten in Wasser haben können, dagegen schlechte Zugfestigkeiten nach 28 Tagen aufweisen werden.

Der englische Normensand gibt etwas höhere Zugfestigkeiten als der deutsche Normensand, da er einem Bausand mehr entspricht, also etwas mehr feinere Anteile enthält.

Die Ergebnisse mit den englischen Zugfestigkeitsprüfungen stimmen ungefähr mit den deutschen Ergebnissen bei Verwendung gleicher Zemente überein[1]).

Die Anforderungen an Portlandzement sind also nach den englischen Normen um ein geringes höher als nach den deutschen Normen, welche zur Zeit nur 18 kg/cm² verlangen.

12. Abbindezeit.

Die Abbindezeit wird wie in Deutschland mit der Vicat-Nadel bestimmt. Die Nadel wird auf die Oberfläche des abbindenden Kuchens gesetzt und dann plötzlich losgelassen; wenn sie den Kuchen nicht mehr durchdringt, hat die Abbindezeit begonnen.

----

[1]) Festigkeitsergebnisse von Portlandzement nach deutschem und englischem Prüfverfahren, Haegermann: Zement 1926, S. 877.

13. Raumbeständigkeit.

Die Raumbeständigkeit wird nach dem Le-Chatelier-Verfahren geprüft, d. h. der Zement wird in einen 3 cm breiten Blechring von 3 cm Durchmesser eingebracht, welcher auf einer Seite offen und mit 16,5 cm langen Nadeln versehen ist. Der in dem Blechring befindliche Zementkörper wird nach 24 Stunden Wasserlagerung 6 Stunden gekocht und aus dem durch allenfallsiges Treiben des Zementes hervorgerufenen Auseinandergehen der Nadelspitzen[1]) auf die Treibneigung geschlossen. Zeigt der Zement in diesem Fall Treibneigung, so muß eine zweite Probe stattfinden, die sich aber auf 7 Tage ausdehnt. Falls ein die Kochprobe nicht bestehender Zement diese Raumbeständigkeitsprobe besteht, gilt er als raumbeständig.

14, 15 und 16 interessieren hier nicht.

8. Amerika.

1. Begriffserklärung.

Die amerikanische Begriffserklärung lautet wie folgt:

„Portlandzement ist ein Erzeugnis aus feingemahlenem Klinker, der seinerseits durch Brennen einer innigen Mischung im richtigen Verhältnis stehender toniger und kalkhaltiger Rohstoffe bis zu ihrer beginnenden Sinterung erhalten wird. Zusätze nach diesem Brennen sind nicht gestattet, ausgenommen Wasser und gebrannter oder ungebrannter Gips."

2. Chemische Eigenschaften.

Folgende Höchstwerte sollen nicht überschritten werden:

Glühverlust	4,00%
Unlöslicher Rückstand . .	0,85%
Schwefelsäure-Anhydrid . .	2,00%
Magnesia	5,00%

3. Natürliche Eigenschaften.

Spezifisches Gewicht: Dieses soll nicht weniger als 3,10% betragen.

4. Feinheit der Mahlung.

Auf dem Normalsieb Nr. 200 (6200 Maschen = 0,007 cm Maschenöffnung) sollen 22 Gewichtsprozent Rückstand nicht überschritten werden.

5. Raumbeständigkeit.

Die Dampfprobe, die in einem besonderen kleinen Apparat vorgenommen wird, bei welchem der reine Zementkuchen Wasserdampfeinwirkung ausgesetzt wird, soll ohne Verkrümmung bleiben.

6. Bindezeit.

45 Minuten ist als unterste Grenze bei Prüfung mit der Vicatnadel festgesetzt, wobei der Konsistenzmesser von 1 cm Durchmesser $^1/_2$ Minute nach dem Loslassen 10 mm unter der ursprünglichen Oberfläche des Zementes stehen bleiben soll.

---

[1]) Die Ausdehnung, gemessen am Abstand der Nadelspitzen, darf nicht über 10 mm betragen.

7. Zugfestigkeit

Die Zugfestigkeit der Körper 1 : 3 bei Lagerung 1 Tag Luft, 6 Tage Wasser soll 14,2 kg/cm² und bei 1 Tag Luft —, 27 Tage Wasserlagerung soll 21,3 kg/cm² betragen.

Dabei werden die Zugkörper mit Ottawa-Sand hergestellt unter Einpressen mit dem Daumen und Abstreichen mit der Kelle. Eingeschlagen wird nicht. Ebensowenig werden Druckkörper angefertigt. Die Zugproben bleiben mindestens 20 Stunden in den Formen, welche den englischen Formen entsprechen.

Zusammenfassung zu den Normen der einzelnen Länder.

Eine schnelle Übersicht über die Verschiedenheiten der Normen der einzelnen Länder gibt Tabelle 35 am Ende des Buches.

Eine Durchsicht der Angaben über die einzelnen Normen in der Tabelle zeigt, daß zahlreiche recht überflüssige Verschiedenheiten vorhanden sind, die soweit gehen, daß selbst bei Anwendung gleicher Apparate in den einzelnen Ländern die Bestimmungen über den Gebrauch dieser Apparate voneinander abweichen, z. B. Konsistenzmesser, Vicatnadel, so daß dadurch neue Verschiedenheiten in der Beurteilung der Zemente hervorgerufen werden.

II. Die Eigenschaften der Zemente und hydraulischen Zuschläge außerhalb der Normen.

Die Forderungen aller Normen beschränken sich auf Angaben über die Herstellung der einzelnen Zemente und auf Forderungen bezüglich deren Mahlfeinheit, Raumbeständigkeit und Festigkeit. Alle anderen Angaben über die Eigenschaften und das weitere Verhalten von Zementen nach der Verarbeitung sind in den Normen nicht berücksichtigt. Da nun diese Eigenschaften von außerordentlich großer Tragweite sowohl bei der Verarbeitung von Zementen als auch bei der Beurteilung der Standsicherheit und Beständigkeit der aus Beton hergestellten Bauwerke sind, ist eine eingehende Berücksichtigung der verschiedenen, in den Normen nicht berücksichtigten Zement- und Betoneigenschaften unbedingt notwendig. Als solche Eigenschaften kommen in Betracht:

A. Die Lebensdauer der unverarbeiteten Zemente.
B. Mischbarkeit verschiedener Zemente.
C. Haftfestigkeit der verschiedenen Zementarten aneinander.
   1. Abgebunde Betone,   2. Frische Betone.
D. Beziehungen zwischen Normenfestigkeiten und Betonfestigkeiten. Vorausberechnung der Drückfestigkeiten.
   1. Berechnung der Endfestigkeiten aus den Anfangsfestigkeiten.
   2. Umrechnung der Normenfestigkeiten in Betonfestigkeiten.
E. Einfluß der Zuschlagstoffe.   F. Einwirkung des Wasserzusatzes.
G. Festigkeiten von Beton in verschieden magerem Mischungsverhältnis und die Ausgiebigkeit der einzelnen Zementarten.
H. Verhalten des verarbeiteten Betons.
   1. Abbinden,   5. Einwirkung von Austrocknung,
   2. Erhärten,   6. Hitze,
   3. Einwirkung kühler   7. Überflutung,
      Temperaturen,   8. Schwindung und Dehnung,
   4. Einwirkung von Frost,   9. Einwirkung chemischer Stoffe.

A. Die Lebensdauer der unverarbeiteten Zemente.

In den Portlandzement- und Eisenportlandzementnormen findet sich bezüglich Lebensdauer und Lagerfähigkeit des Portlandzementes bzw. des Eisenportlandzementes zwar der tröstliche Zusatz: „Die Mei-

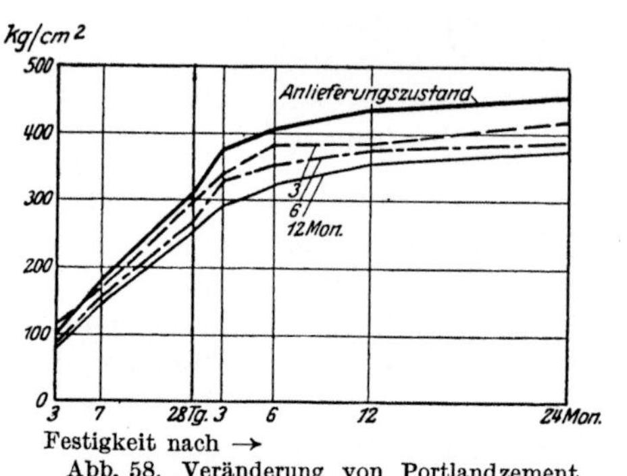

Abb. 58. Veränderung von Portlandzement bei Lagerung bis zu 12 Monaten vor der Verarbeitung (Mittel aus 10 geprüften Zementen).

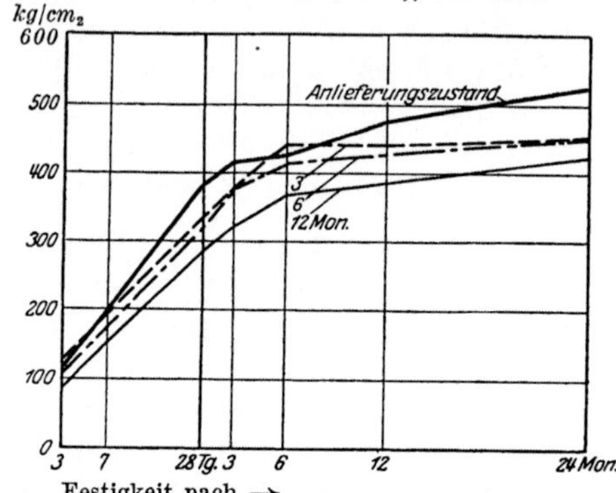

Abb. 59. Veränderung von Hochofenzement bei Lagerung bis zu 12 Monaten vor der Verarbeitung (Mittel aus 6 geprüften Hochofenzementen).

nung, daß Portlandzement bzw. Eisenportlandzement bei längerer Lagerung an Güte verlieren, ist irrig, sofern der Portlandzement bzw. Eisenportlandzement trocken und zugfrei gelagert wird." Irgendwelche Angaben aber über die Lagerungsmöglichkeit von Portlandzement bzw. Eisenportlandzement in bezug auf die zweckmäßigste, nicht zu überschreitende Lagerdauer sind nicht vorhanden. In den Hochofenzementnormen findet sich an der gleichen Stelle der Satz: „Hochofenzement muß trocken und zugfrei gelagert und möglichst frisch verarbeitet wer-

Tabelle 14. Veränderung der verschiedenen

	Zementart	Gelagert Monate	Abbindezeit		Bruch nach 24 Stunden	Zugfestigkeiten							
						bis 1 Monat				3 Monate		6 Monate	
			Anfang	Ende		3 Tg.	7 Tg.	28 Tage W	L	W	L	W	L
I	Portlandzement	0	2^{50}	6^{38}	2,750	18	21	27	37	31	36	33	40
II		3	3^{21}	6^{51}	2,212	19	23	28	37	33	36	33	35
III		6	3^{15}	7^{19}	2,812	15	21	29	34	31	30	33	30
IV	Abb. 58	12	4^{41}	8^{18}	1,125	13	19	27	34	32	31	34	34
V	Hochofenzement	0	3^{53}	6^{38}	2,917	16	24	43	35	35	37	36	39
VI	mit 40% Klinker	3	3^{53}	6^{54}	2,608	18	24	31	35	33	39	35	43
VII		6	3^{28}	7^{27}	1,925	17	24	31	34	34	36	33	35
VIII	Abb. 59	12	5^{07}	9^{41}	1,100	13	21	28	30	31	31	32	36
IX	Hochofenzement	0	4^{03}	7^{14}	2,271	15	23	30	33	33	37	34	39
X	kalkärmer als	3	4^{29}	7^{48}	2,014	18	23	31	34	33	37	33	40
XI	V—VIII	6	4^{34}	8^{49}	1,550	15	22	28	32	31	37	32	34
XII	Abb. 60	12	5^{36}	10^{53}	0,876	13	21	27	29	28	30	30	34
	1	*2*	*3*	*4*	*5*	*6*	*7*	*8*	*9*	*10*	*11*	*12*	*13*

den", während die tröstliche Beruhigung bezüglich der Lagerfähigkeit des Zementes weggelassen ist. Die Ursache für den Unterschied in den beiden Normen ist darin zu erblicken, daß bei den Versuchen des Staatlichen Materialprüfungsamtes Berlin-Dahlem, die zu der Zulassung des Hochofenzementes führten, bei dem 1 jährigen Lagerungsversuch von u n v e r - a r b e i t e t e m Zement einer der ein Jahr lang abgelagerten Hochofenzemente u n t e r die Normenfestigkeiten abgesunken war. Man war deshalb nicht ganz sicher, ob Hochofenzement in der gleichen Weise gelagert werden könnte wie Portlandzement, und man sah sich zu der obenerwähnten Anforderung auf möglichst frische Verarbeitung veranlaßt. Bei den gleichen Versuchen war allerdings auch ein Portlandzement, der ein Jahr lang gelagert worden war, u n t e r die Normenfestigkeiten gesunken. Ein

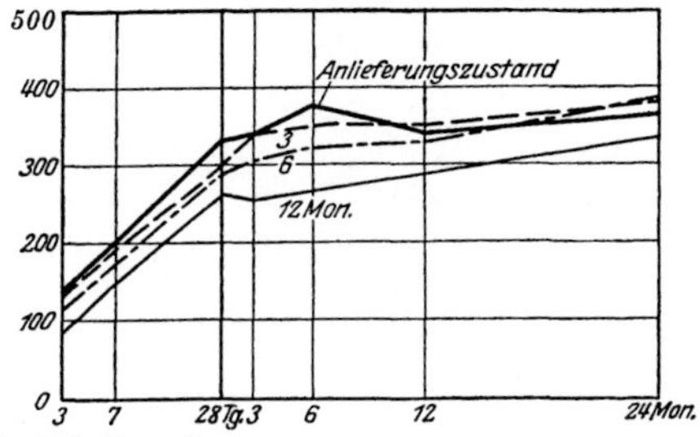

Abb. 60. Veränderung von Hochofenzement bei Lagerung bis zu 12 Monaten vor der Verarbeitung (Mittel aus 7 niedrigkalkigen Hochofenzementen).

gleicher Zusatz zu den Portlandzementnormen auf Grund dieses gleichen Verhaltens von Portlandzement und Hochofenzement erschien aber nicht notwendig, da bei den damaligen Versuchen keinerlei Entschließung über die Portlandzement- bzw. Eisenportlandzementnormen gefaßt werden sollte. und da außerdem in der Praxis der Portlandzement sich als genügend lagerfähig erwiesen hatte.

Als 5 Jahre nach der Zulassung des Hochofenzementes bestimmungsgemäß die Bewährung des Hochofenzementes an Hand einer Rundfrage an die Verarbeiter nachgeprüft wurde, konnte die Zulassung auf Grund der eingegangenen günstigen Urteile aufrechterhalten bleiben[1]).   Eine

Zementarten durch Ablagerung. (Hierzu Abb. 58—60.)

kg/cm²				Druckfestigkeiten kg/cm²											
12 Monate		24 Monate		bis 1 Monat				3 Monate		6 Monate		12 Monate		24 Monate	
W	L	W	L	3 Tg.	7 Tg.	28 Tage W	28 Tage L	W	L	W	L	W	L	W	L
32	40	38	50	142	200	280	331	358	341	403	378	371	342	413	366
34	40	33	37	138	191	265	300	336	340	367	352	386	355	441	380
34	37	35	43	119	175	240	286	306	303	343	321	378	329	428	383
35	41	34	47	88	146	212	261	260	256	324	266	317	289	363	332
36	39	38	46	119	201	334	368	387	413	409	424	466	477	478	522
34	38	35	47	128	198	294	330	332	377	373	436	396	437	432	450
36	39	36	44	110	175	277	319	353	368	382	411	397	427	434	443
35	38	36	48	86	157	267	282	310	322	342	367	406	388	400	424
35	39	36	46	106	178	281	310	331	369	371	405	400	437	411	455
33	37	37	46	112	176	257	299	312	341	339	386	359	385	429	419
33	37	36	43	88	154	272	265	298	327	329	353	344	372	358	384
32	38	35	48	81	143	219	251	274	292	290	323	329	348	317	379
14	15	16	17	18	19	20	21	22	23	24	25	26	27	28	29

<hr>

[1]) Siehe S. 92 des Reichsverkehrsblattes Nr. 16 vom 26. Mai 1924.

Abänderung der Normen schien aber nicht am Platze. Über die tatsächlichen Verhältnisse bei der Ablagerung von Zement gibt eine ausführliche Arbeit von Richard Grün Aufschluß[1]) Bei dieser Arbeit wurden zur Nachprüfung amerikanischer Angaben, welche eine starke Schädigung der untersuchten amerikanischen Portlandzemente durch Lagerung festgestellt hatten, zum Vergleich von Portlandzement und Hochofenzement 10 Portlandzemente und 13 Hochofenzemente im Sack 1 Jahr lang in ungeheiztem Raum gelagert und sowohl im Anlieferungszustande als auch nach 3-, 6- und 12 monatiger Lagerung geprüft. Dabei wurde die Festigkeit der Normensandkörper nicht nur in der üblichen Weise nach 3, 7 und 28 Tagen festgestellt, sondern auch nach 3, 6, 12 und 24 Monaten Erhärtung, so daß ein einwandfreies Bild gefunden wurde über die Veränderung, welche die Zemente durch Lagerung in unverarbeiteten Zustande erleiden. In der vorangehenden Tabelle 14 sind die Durchschnittszahlen für die drei geprüften Zementarten, nämlich Portlandzement, höherkalkigen und tiefkalkigen Hochofenzement wiedergegeben.

Eine schnelle Übersicht über diese Tabelle geben die Kurventafeln

Tabelle 15. Veränderung der untersuchten Zemente bei Lagerung vor dem
Festigkeiten der frischen Zemente.)

	Zement-art	Abfall nach Monaten	Zugfestigkeit									
			bis 1 Monat				3 Monate		6 Monate		12 Monate	
			3 Tage	7 Tage	28 Tage W	28 Tage L	W	L	W	L	W	L
I	PZ.	3	+5,56	+9,53	+3,70	O	+6,45	O	O	−12,48	+6,25	O
II	Abb. 61.	6	−16,64	O	+7,42	−8,10	O	−16,65	O	−25,00	+6,25	−7,50
III		12	−27,79	−9,53	O	−8,10	+3,22	−13,88	+3,03	−15,01	+9,37	+2,50
IV	HOZ.	3	+12,50	O	−6,07	O	−5,72	+5,40	−2,78	+10,30	−5,55	−2,56
V	mit 40% Kl	6	+6,25	O	−6,06	−2,86	−2,86	−2,60	−8,32	−10,30	O	O
VI	Abb. 62.	12	−18,74	−12,50	−15,14	−14,30	−11,40	−16,20	−11,10	−7,70	−2,78	−2,56
VII	HOZ.	3	+20,00	O	+3,34	+3,03	O	O	−2,94	+2,56	−5,71	−5,13
VIII	mit weniger als 40% Kl.	6	O	−4,35	−6,67	−3,34	−6,06	O	−5,90	−12,80	−5,72	−5,14
IX	Abb. 63.	12	−13,30	−8,70	−10,00	−12,10	−15,10	−18,90	−11,75	−12,80	−8,55	−2,57
	1	*2*	*3*	*4*	*5*	*6*	*7*	*8*	*9*	*10*	*11*	*12*

---

[1]) Grün, R.: Tonindustrie-Ztg. 1925, S. 6 u. 473.

Abb. 58—60, welche zeigen, daß die Festigkeitsänderung bei allen drei Zementen nur sehr gering ist.

In Prozente umgerechnet sind die Änderungen in Tabelle 15 wiedergegeben. — Auch die Ergebnisse dieser Tabelle sind in den Kurventafeln Abb. 61—63 graphisch aufgetragen.

Die Kurventafeln zeigen nur geringe Unterschiede in der prozentualen Veränderung. Etwas größer ist das Absinken der Hochofenzemente bei den 2 Jahre alten Körpern, und zwar aus dem einfachen Grunde, weil die Hochofenzemente im Anlieferungszustand in den Festigkeiten dauernd fortgeschritten sind, während bei den Portlandzementen im Anlieferungszustand nach 1 jähriger Erhärtung der übliche, schon häufig festgestellte Knick, der allerdings für die Praxis vollkommen ohne Bedeutung ist, durch das geringe Zurückgehen der Festigkeiten eingetreten ist. Zusammengefaßt sind die drei Zementarten in Tabelle 16, welche wieder durch Kurventafel Abb. 64 erläutert ist.

Die Kurventafel Abb. 64 zeigt, daß allerdings eine Schädigung aller Zemente bei der Lagerung festzustellen ist, daß diese Schädigung aber als praktisch belanglos angesehen werden kann. Für kombinierte Lage-

Einschlagen 3, 6, 12 Monate im Sack. (Berechnet in Prozenten gegenüber den
(Hierzu Abb. 61, 62 und 63.)

| 24 Monate | | Druckfestigkeit: bis 1 Monat | | | | 3 Monate | | 6 Monate | | 12 Monate | | 24 Monate | |
W	L	3 Tage	7 Tage	28 Tage W	28 Tage L	W	L	W	L	W	L	W	L
−13,15	−26,00	−2,80	−4,50	−5,35	−9,37	−6,15	−0,29	−8,94	−4,23	+4,04	+3,80	+6,78	+3,83
−7,90	−13,97	−16,19	−12,50	−14,28	−13,58	−11,70	−11,10	−14,85	−15,05	+1,85	−3,80	+3,67	+4,64
−10,50	−6,00	−38,00	−27,00	−24,26	−21,15	−27,08	−24,90	−19,60	−29,62	−14,58	−15,50	−12,10	−9,30
−7,90	+2,18	−7,55	−1,49	−11,90	−10,30	−14,20	−9,30	−8,80	+2,83	−15,00	−8,39	−9,63	−13,75
−5,26	−4,35	−7,55	−12,90	−17,03	−13,30	−8,80	−10,88	−6,60	−3,06	−14,80	−10,45	−9,20	−15,10
−5,27	+4,35	−27,70	−22,90	−20,00	−23,40	−19,85	−22,00	−16,36	−13,40	−12,85	−18,62	−16,30	−18,73
+2,78	O	+5,65	−1,12	−8,55	−3,55	−5,74	−7,80	−8,60	−4,69	−10,20	−11,90	+4,38	−7,91
O	−6,50	−16,98	−13,46	−3,20	−14,50	−9,96	−11,70	−11,30	−12,80	−13,98	−14,82	−12,90	−15,60
−2,78	+4,35	−23,60	−19,68	−22,00	−19,00	−17,20	−21,40	−21,80	−20,02	−17,75	−20,30	−22,86	−16,70
13	*14*	*15*	*16*	*17*	*18*	*19*	*20*	*21*	*22*	*23*	*24*	*25*	*26*

rung wurden folgende Festigkeitsrückgänge bei den verschiedenen Untersuchungen festgestellt:

	nach 3	6	12 Monaten Lagerung
Materialprüfungsamt Dahlem	9 %	21 %	23 %
Prüssing	—	—	18 %
Grün	7,7%	13,8%	21,2%
Amerika	20 %	29 %	39 %

Es geht aus diesen Zahlen hervor, daß die deutschen Versuche recht gut übereinstimmen und bei 1 jähriger Lagerung ein Abfall der Festigkeiten um rund $^1/_4$ gefunden wurde. Die amerikanischen Untersuchungen fanden höhere Festigkeitsabfälle, die entweder zurückzuführen sind auf die anderen Untersuchungsmethoden oder aber auf die anderen Eigenschaften der Zemente.

Die Angaben in den Normen können demnach dahin ergänzt werden, daß eine dreimonatige Ablagerung der Zemente wenig, eine sechsmonatige Ablagerung erheblich mehr und selbstverständlich am meisten eine zwölfmonatige Ablagerung schadet, wobei der Abfall der Festigkeiten bei zwölfmonatiger Ablagerung nicht über 30% Festigkeitsherabsetzung hinausgeht. Dabei werden unter die Anfangsfestigkeiten, weniger die Endfestigkeiten vermindert. Wesentliche Unterschiede zwischen den verschiedenen geprüften Zementarten sind nicht vorhanden. Vor-

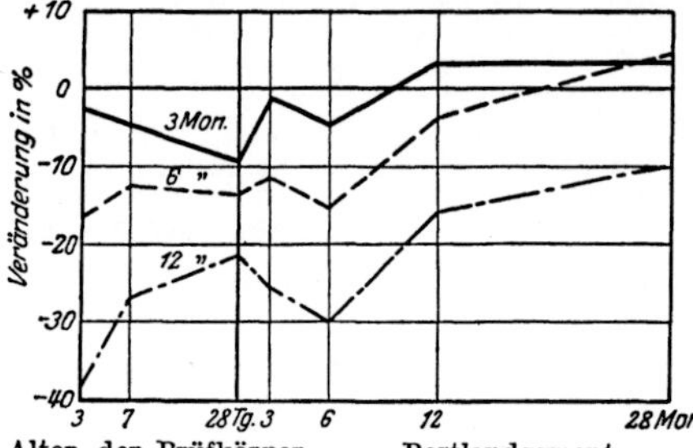

Alter der Prüfkörper.   Portlandzement.
Abb. 61. Veränderung sämtlicher untersuchten Zemente, berechnet in %, gegenüber den Festigkeiten der frischen Zemente.

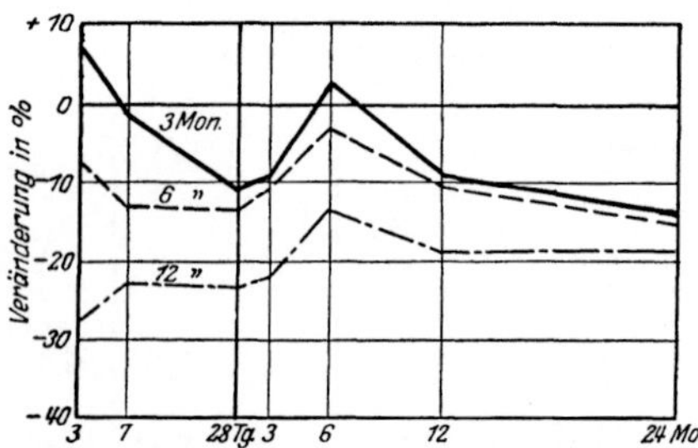

Alter der Prüfkörper.   Hochofenzement.
Abb. 62. Veränderung sämtlicher untersuchten Zemente, berechnet in %, gegenüber der Festigkeit der frischen Zemente.

Tabelle 16. Mittel aus den 3 Zementarten: PZ., HOZ. mit 40% Kl. und Festigkeiten der frischen Zemente.)

	Ablagerungs-zeit		Zugfestigkeiten									
			bis 1 Monat				3 Monate		6 Monate		12 Monate	
			3 Tage	7 Tage	28 Tage W	28 Tage L	W	L	W	L	W	L
I	3 Monate		+12,67	+3,17	+0,32	+1,01	+0,24	+1,80	−1,90	+0,13	−1,67	−2,56
II	6 Monate		−1,45	−1,44	−4,76	−2,97	−6,42	−4,74	−16,03	+0,17	−4,21	−4,39
III	12 Monate		−19,94	−10,24	−8,38	−11,50	−7,76	−16,33	−6,61	−11,84	−0,65	−0,88
	Abb. 64											
1	2		3	4	5	6	7	8	9	10	11	12

aussetzung ist natürlich immer, daß die Zemente gemäß den Normen-anforderungen im zugfreien und trockenen Raum gelagert werden. Lagerung in zugigen Räumen schädigt die Festigkeiten mehr, und feuchte Lagerung verdirbt natürlich die Zemente in verhältnismäßig kurzer Zeit.

B. Mischbarkeit verschiedener Zemente.

Obgleich in der Praxis bei zielbewußter Arbeit eine Mischung verschiedener Zementarten im allgemeinen nicht stattfindet — man nimmt für größere Bauwerke, wenn möglich, nicht nur eine Zementart, sondern meistens sogar die gleiche Zementmarke —, kommen doch Fälle vor, bei welchen mit einer Mischung verschiedener Zementarten gerechnet werden muß. Bei größeren Bauten, bei welchen aus irgendwelchen Gründen verschiedene Zementarten verwendet werden müssen, läßt sich häufig nicht die Gewähr dafür übernehmen, daß nicht einmal doch die verschiedenen auf der Baustelle vorhandenen Zementarten zusammenkommen. Es ist deshalb von Interesse, zu wissen, wie die verschiedenen Zemente sich bei einer Mischung verhalten.

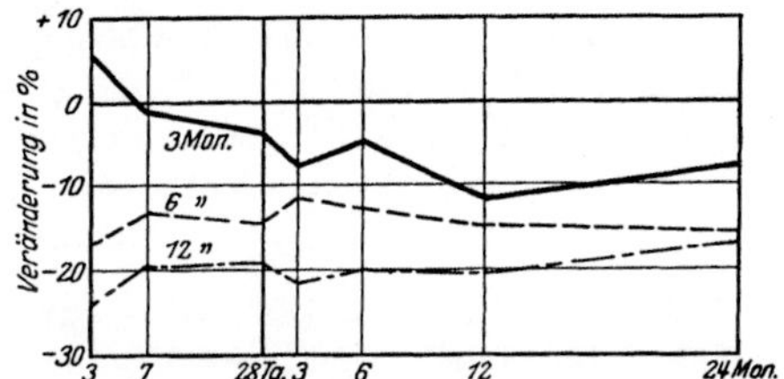

Alter der Prüfkörper.
Abb. 63. Hochofenzement (kalkarm). Veränderung sämtlicher untersuchten Zemente, berechnet in %, gegenüber der Festigkeit der frischen Zemente.

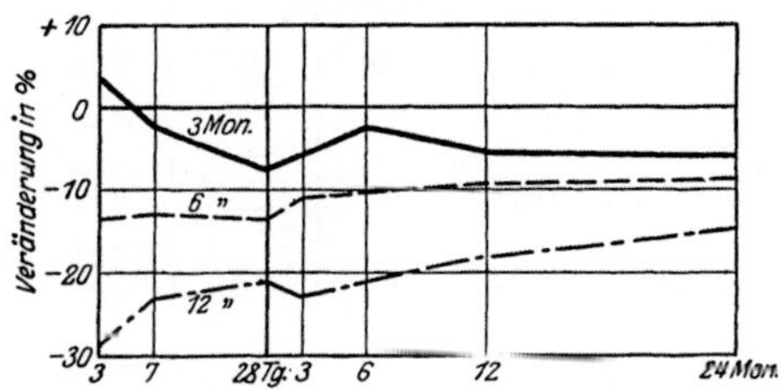

Alter der Körper.
Abb. 64. Veränderung von bis zu 1 Jahr abgelagerten Zementen im Verhältnis zu frischen Zementen in %. Mittel aus den 3 Zementarten. (Abb. 61—63).

HOZ. mit weniger Klinker. (Veränderung, berechnet in Prozenten gegenüber den (Hierzu Abb. 64.)

| | | Druckfestigkeiten | | | | | | | | | | | |
| 24 Monate | | bis 1 Monat | | | | 3 Monate | | 6 Monate | | 12 Monate | | 24 Monate | |
W	L	3 Tage	7 Tage	28 Tage W	28 Tage L	W	L	W	L	W	L	W	L
− 6,09	− 7,94	+ 3,47	− 2,37	− 8,60	− 7,74	− 9,25	− 5,80	− 8,75	− 2,03	− 7,05	− 5,50	+ 0,51	− 5,49
− 8,27	− 13,57	− 13,57	− 12,95	− 6,17	− 13,79	− 10,15	− 11,23	− 10,92	− 10,30	− 8,98	− 9,90	− 6,14	− 8,87
− 6,18	+ 0,90	− 28,43	− 23,19	− 22,09	− 21,18	− 21,38	− 22,77	− 19,25	− 21,01	− 15,06	− 18,14	− 17,09	− 14,91
13	*14*	*15*	*16*	*17*	*18*	*19*	*20*	*21*	*22*	*23*	*24*	*25*	*26*

1. Portlandzement und Hüttenzement.

Portlandzement und Hüttenzement bestehen aus den gleichen Komponenten. Während Portlandzement zu 98% aus Portlandzementklinker besteht, wird Hüttenzement aus gleichartigem Portlandzementklinker, der seinerseits aus Hochofenschlacke hergestellt ist, und Hochofenschlacke hergestellt. Es ist deshalb von vornherein damit zu rechnen, daß bei einer Mischung von Portlandzement und Hüttenzement keinerlei ungünstige Erscheinungen auftreten, da ja bei dieser Mischung von Hüttenzement mit Portlandzement aus dem Hüttenzement durch den Portlandzementzusatz wieder ein Hüttenzement, nur mit etwas höherem Portlandzementklinkergehalt, erzeugt wird.

Tatsächlich haben auch Versuche von Schnetter gezeigt, daß keinerlei Nachteile bei der Verarbeitung der beiden Zementarten durcheinander stattfinden, wie die folgende Tabelle beweist.

Tabelle 17. Druckfestigkeiten für Portlandzement, Hochofenzement und Mischungen aus Portlandzement und Hochofenzement 1:3 N.S.

Bezeichnung		Druckfestigkeiten						
				28 Tage		3 Monate		6 Monate
P.Z.	H.O.Z.	3 Tage	7 Tage	Wasser	Luft	Wasser	Luft	Luft
I 100	0	196	281	380	393	390	373	456
II 0	100	177	266	316	397	296	339	396
III 50	50	183	244	330	412	328	399	436
IV 66,6	33,3	229	271	365	403	298	352	437
V 33,3	66,6	210	246	359	411	338	373	453
VI 80	20	214	289	323	421	402	410	418
VII 20	80	170	253	343	395	364	400	408
1	*2*	*3*	*4*	*5*	*6*	*7*	*8*	*9*

2. Portlandzement, Hüttenzement und Tonerdezement.

Anders verhalten sich Portlandzement und Tonerdezement, wenn sie zusammen vermischt werden. Amerikanische Versuche haben über die diesbezüglichen Verhältnisse Aufschluß gegeben. Roger C. Morisson fand schlechtes Verhalten der beiden Zemente, wenn sie 33—67% Portlandzement enthielten, mit anderen Worten: Portlandzement darf nur bis $\frac{1}{3}$ Tonerdezement und Tonerdezement nur bis $\frac{1}{3}$ Portlandzement als Zusatz enthalten. Bei höheren Anteilen der fremden Zementart treten Schädigungen ein. Auch bei Vermischung von Hüttenzement mit Tonerdezement treten Festigkeitsabfälle ein. Derartige Mischungen können aber unter Umständen für besonders salzwasserbeständige Zemente von Vorteil sein, da die Hochofenschlacken von bestimmten Tonerdezementen günstig beeinflußt werden.

All diese Mischungen von Tonerdezementen mit anderen Normenzementen können aber nur in zielbewußter Weise im Großbetrieb durchgeführt werden. Eine Mischung auf dem Bauplatz ist wegen der Gefahr des unvorhergesehenen Verhaltens unbedingt zu verhindern (D. R. P. 421 776).

C. Haftfestigkeit der verschiedenen Zementbetone aneinander.

1. Abgebundene Betone.

Die Haftfestigkeit frischen Betons an einen bereits abgebundenen Beton ist verhältnismäßig gering. Inniger Zusammenhang von Beton wird nur dann erreicht, wenn ein Beton auf den anderen Beton vor Abbinden des ersthergestellten Betons aufgebracht wird. Hat der zuerst hergestellte Beton bereits abgebunden, bevor der zweite Beton aufgebracht wird, so entstehen die gefürchteten Arbeitsfugen, in welchen nur eine außerordentlich geringe Haftfestigkeit vorhanden ist. Erfahrungsgemäß erweisen sich Arbeitsfugen bei Wasserandrang auf Beton stets als undicht, und Zerstörungserscheinungen durch aggressive Wässer beginnen stets bei den Arbeitsfugen, da eben ein inniger Zusammenhang zwischen dem alten und dem neuen Beton nicht besteht. Eine in verschiedenen Lagen betonierte Mauer, bei welcher die neue Lage immer aufgebracht wurde, wenn die alte Lage bereits erhärtet war, ist streng genommen keine monolithische Mauer mehr, sondern sie ist mit einer Quadermauer aus unregelmäßigen Quadern zu vergleichen, wobei die einzelnen Quader dargestellt werden von den einzelnen Betonschichten.

Demgemäß sind auch z. B. in Amerika besondere Eisenbewehrungen, die sich von einer Betonlage in die andere erstrecken, vorgeschrieben. Bei bereits erhärtetem Beton, bei welchem derartige Eiseneinlagen aus irgendwelchen Gründen nicht eingebracht wurden, genügen unter Umständen einbetonierte kurze Eisenstifte. Der alte Beton ist tagelang gut zu wässern und vor allen Dingen gut zu reinigen und evtl. auch aufzurauhen, bevor der neue Beton aufgebracht wird. Ein Anstreichen mit Zementmilch hat bei Versuchen des Verfassers sich als nachteilig erwiesen. Irgendwelche Unterschiede zwischen Portlandzement-, Hüttenzement- und Tonerdezementbeton scheinen nicht zu bestehen; es kann wohl mit Recht angenommen werden, daß alle drei Zementbetonarten sich in gleicher Weise verhalten, auch dann, wenn z. B. Tonerdezementbeton auf Portlandzementbeton aufgebracht wird.

2. Frische Betone.

Anders ist das Verhalten von frischem Zementbeton z. B. dann, wenn irgendein Bauwerk gegen Salzwassereinflüsse zu sichern ist, und Hochofenzement- oder Tonerdezementbeton als Vorsatzbeton benutzt, der Kern des Bauwerkes aber gleichzeitig mit Portlandzementbeton hochgeführt wird. In diesem Fall ist ein besseres Haften der beiden Zementarten aneinander zu erwarten, als dann, wenn bereits einer der Betone abgebunden hat. Sicher ist zwischen Hüttenzement- und Portlandzementbeton, da sie ja in ihren Abbindevorgängen auf denselben Voraussetzungen beruhen, ein solches Haften vorhanden. Von Portlandzement- und Tonerdezementbeton wird es in einer neuerlichen Patentschrift festgestellt.

Es können also sehr wohl Tonerdezement- bzw. Hüttenzementbetone als Vorsatzbetone für Portlandzementbauwerke verwendet werden, natürlich ist dabei eine Mischung der Tonerdezemente mit den Portlandzementen bzw. Hüttenzementen im ungünstigen Mischungsverhältnis hintan zu halten.

D. Beziehungen zwischen Normenfestigkeiten und Betonfestigkeiten. Vorausberechnung der Druckfestigkeiten.

Die Normenfestigkeiten geben lediglich die Festigkeiten eines Zementes im Mischungsverhältnis 1 : 3 Normalsand. Normalsand ist ein besonders reiner, aber ziemlich gleichkörniger, also vom bautechnischen Standpunkt ungünstig zusammengesetzter Sand. Die Normenkörper werden mit 150 Schlägen des Hammerapparates eingeschlagen, eine Arbeitsweise, die selbstverständlich für den Bauplatz überhaupt nicht in Frage kommt. Eine Stampfarbeit, wie sie hier geleistet wird, ist auf den meisten Bauplätzen überhaupt nicht möglich, infolgedessen die Tatsache unbestreitbar, daß der Zement auf der Baustelle in ganz anderer Weise verarbeitet wird, als diese Verarbeitung nach den Normenvorschriften im Laboratorium vorgenommen wird. Es ist daher notwendig, bestimmte Beziehungen aufzustellen zwischen den bekannten Normenfestigkeiten und den Betonfestigkeiten. Die Literatur, welche sich mit dieser Frage beschäftigt, ist sehr umfangreich. Es ist nicht nur versucht worden, die Endfestigkeiten vorauszuberechnen, sondern auch Berechnungsweisen aufzustellen für die Berechnung der Betonfestigkeiten in gewissem Magerungsverhältnis aus der Normenfestigkeit. Es sei gleich vorausgeschickt, daß die Berechnung der Endfestigkeiten aus den Anfangsfestigkeiten bei Verwendung stets gleicher Zuschlagsmaterialien möglich ist, daß aber die Umrechnung der Normenfestigkeiten in Betonfestigkeiten auf Schwierigkeiten stößt.

1. Berechnung der Endfestigkeiten aus den Anfangsfestigkeiten.

Für diese Berechnung wurde von Grün und Kunze in Anlehnung an eine ähnliche amerikanische Formel[1]) folgende Formel aufgestellt:

$$D_{28} = D_7 + 6\sqrt{D_7},$$

wobei bedeuten:

D_{28} = Druckfestigkeiten nach 28 Tagen,
D_7 = Druckfestigkeiten nach 7 Tagen.

Voraussetzung für die Anwendbarkeit dieser Formel ist selbstverständlich, daß die Anfangsfestigkeiten mit dem gleichen Zement und Zuschlagsmaterial bei gleichen Verarbeitungs- und Lagerungsverhältnissen erreicht wurden, wie die Endfestigkeiten erreicht werden sollen. Es ist deshalb notwendig, falls die Formel zur Anwendung kommen soll, aus dem ins Auge gefaßten Rohmaterial Betonkörper in der gleichen

---

[1]) Slater, Proc. Am. Concrete Inst. 1926, S. 437.

Weise wie auf der Baustelle herzustellen, nach 7 Tagen zu prüfen und aus diesen Festigkeiten die Endfestigkeiten zu berechnen.

Graphisch wiedergegeben ist die Formel in Kurventafeln Abb. 65 und 66, in welchen gleichzeitig die gefundenen 28 Tagesfestigkeiten auf den jeweils zugehörigen Abszissenabschnitten eingetragen sind. Das Zusammenfallen der Punkte der gefundenen Festigkeiten mit der Kurve, welche die voraussichtlichen Festigkeiten anzeigt, ist befriedigend und zeigt die Brauchbarkeit der Formel. Bei Anwendung der Kurve ist eine Rechnung gar nicht nötig, es ist nur notwendig, die gefundenen 7-Tagebetonfestigkeiten auf der Abszisse einzutragen und auf der im so gefundenen Punkt erreichten Ordinate die zugehörigen 28 Tagesfestigkeiten zu suchen[1]).

2. Umrechnung der Normenfestigkeiten in Betonfestigkeiten.

Eine Berechnung der für einen beliebigen Zeitpunkt zu erwartenden Festigkeiten eines Betons, der mit einem beliebigen Kies in einem beliebigen Mischungsverhältnis hergestellt wurde, aus den Normenfestigkeiten ist in zuverlässiger Weise meist unmöglich. Es kann bloß ganz allgemein gesagt werden, daß bei guten Normenfestigkeiten auch gute Betonfestigkeiten zu erwarten

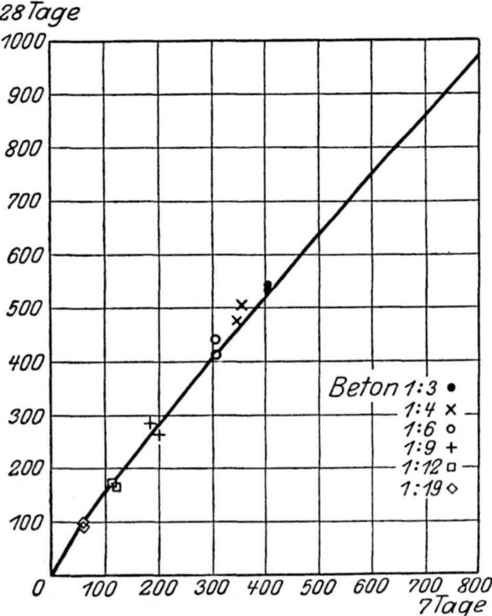

Abb. 65. Gefundene Betonfestigkeiten (Punkte) im Vergleich zu den berechneten Festigkeiten (Kurve).

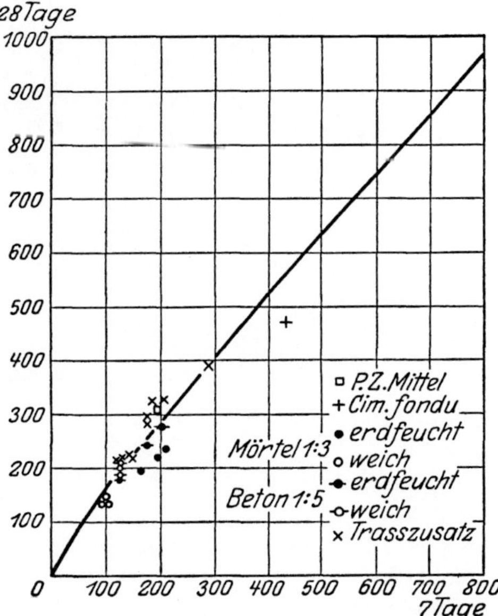

Abb. 66. Veränderung von bis zu 1 Jahr abgelagerten Zementen im Verhältnis zu frischen Zementen in % Mittel aus den 3 Zementarten. (Abb. 61—63).

---

[1]) Grün, R., und G. Kunze: Die Vorausberechnung der Enddruckfestigkeiten aus den Anfangsdruckfestigkeiten bei Zementbeton. Bauingenieur 1926, S. 866.

sind, vorausgesetzt daß gutes Zuschlagsmaterial, richtiges Mischungsverhältnis und gute Arbeitsweise gewählt werden. Es wurden schon
wiederholt, hauptsächlich von amerikanischer Seite, diesbezügliche Versuche gemacht. Auf diese Versuche sei aber hier nur kurz verwiesen[1]).

E. Einwirkung der Zuschlagstoffe.

Die Eigenschaften eines Betons hängen nicht nur ab von dem verwendeten Zement, sondern in viel höherem Maße von den angewendeten
Zuschlagstoffen und der Verarbeitungsart. Besonders die Zuschlag-

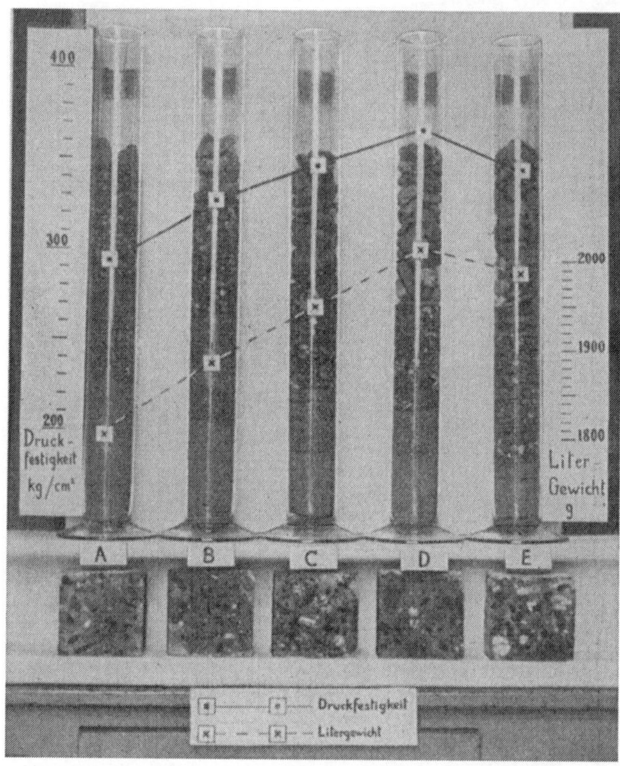

Abb. 67. Einwirkung verschiedener Gehalte an einzelnen Korngrößen auf Litergewicht der
Kiese (– – –), Druckfestigkeit (——) und Gefüge der Betone. Druckfestigkeit: 1 : 7 Gewichtsteile
nach 28 Tagen. — Kiese in die verschiedenen Korngrößen getrennt. — Betone mit der Steinsäge
durchschnitten. — A und B entsprechen etwa natürlichem Rheinkies.

stoffe spielen, wie sie auch einen erheblichen Gewichtsteil des Betons
ausmachen, eine sehr wichtige Rolle. Leider wird immer noch nicht die
Wichtigkeit der Zuschlagstoffe für das Betongefüge und die Betonfestigkeiten in genügendem Maße berücksichtigt. Es kann nicht oft genug
wiederholt werden, daß die Korngröße, chemische Zusammensetzung
und Festigkeiten der Zuschlagstoffe ausschlaggebend für die Güte des

[1]) Abrams, Struct. Mat. Res. Lab. 1921, Bull. I; Talbot, Eng. News-
Record 1921, 147 u. ä.; Graf, Der Aufbau des Mörtels im Beton. J. Springer,
Berlin 1923.

fertigen Betons sind. Die Prüfung der Zuschlagstoffe vor der Verarbeitung ist v i e l m e h r zu fordern als die Prüfung des Zements. Der Zement wird sowohl von der herstellenden Fabrik als auch von den verschiedenen Kontrollstellen der Industrie, des Staates und der Behörden dauernd geprüft. Die Zuschlagstoffe werden meistens vollkommen oder fast vollkommen vernachlässigt. V i e l w i c h t i g e r a l s N o r m e n f ü r Z e m e n t e w ä r e n N o r m e n f ü r Z u s c h l a g s t o f f e. Manche Bau-

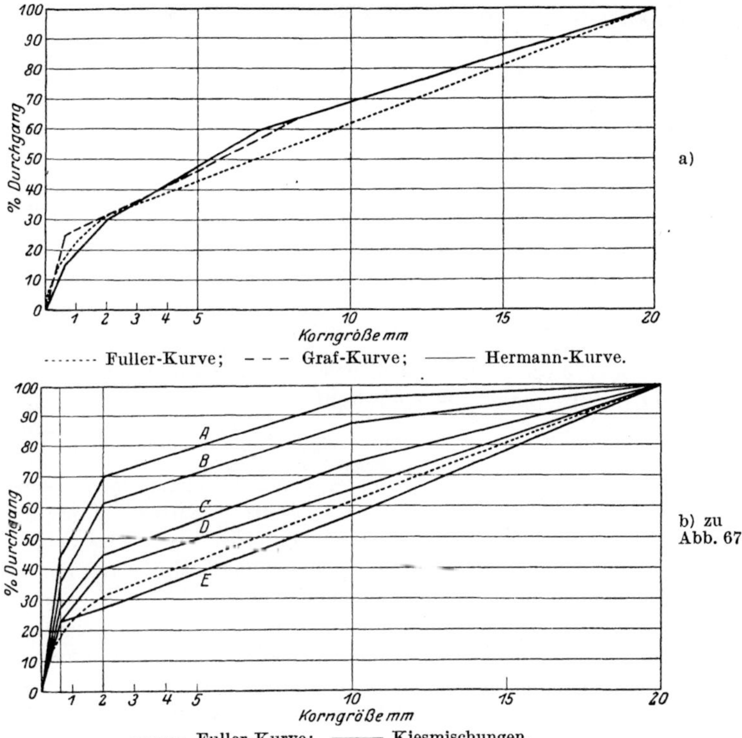

-------- Fuller-Kurve;   – – – Graf-Kurve;   ——— Hermann-Kurve.

-------- Fuller-Kurve;   ——— Kiesmischungen.

Abb. 68. Gegenüberstellung der Fuller-Hermann-Graf-Kurve (a) und der Fuller-Kurve mit den verschiedenen künstlich zusammengesetzten Kiessanden der Abb. 67 (b).

unfälle und die meisten Fälle schlechter Bewährungen und schlechten Verhaltens von Beton sind nicht auf die Zemente, sondern auf schlechte Zuschlagstoffe zurückzuführen. Von guten Zuschlagstoffen ist folgendes zu verlangen:

1. Freiheit von Lehm, Schlamm und anderen Verunreinigungen,
2. hohe Festigkeit der Körner,
3. geringster Hohlraum zwischen den Körnern (nicht zu viel grobe Bestandteile),
4. möglichst kleine Oberfläche der Körner (nicht zu viel feine Bestandteile),
5. rauhe Oberfläche der Körner (Granit).

Die Zuschlagstoffe müssen also fest, möglichst ohne splittrigen Bruch und nicht brüchig, widerstandsfähig gegen Abnutzung und frei von Verunreinigungen sein, und ihr Korngrößenverhältnis muß so gewählt werden, daß das dichteste Gemisch mit geringer Oberfläche der Körner entsteht. Das Korngrößenverhältnis muß also der Porenrennkurve, der Grafschen, Hermannschen oder Fullerschen Kurve entsprechen, die hier wiedergegeben ist (Abb. 68).

Meist folgen die in den verfügbaren Zuschlägen vorhandenen Korngrößen nicht dem durch die Kurven angedeuteten günstigsten Korngrößenverhältnis, beispielsweise enthalten Flußkiese meist zu viel Feines, durch Steinbrecher aus Naturgesteinen erhaltene Zuschläge zu viel Grobes. Es ist deshalb stets zweckmäßig, durch Siebanalyse (Absieben der Zuschlagstoffe auf 2—4 Sieben beispielsweise von 0,7, 2, 10 und 20 mm Lochweite) die vorhandenen Korngrößen in ihren Mengen festzustellen und dann den Zuschlag durch Absieben im Großen und Wiederzusammengeben der einzelnen Fraktionen in den zweckmäßigsten Mengenverhältnissen auf das beste Korngrößenverhältnis zu bringen. Die Verwendung von Zuschlägen, welche in dieser Weise korrigiert sind, ermöglicht Zementersparnis und gleichzeitig Erreichung erheblicher Betonfestigkeiten[1]). Die bei guten, zweckmäßig zusammengesetzten Zuschlägen erreichbaren Festigkeiten zeigt Tab. 18.

F. Einwirkung des Wasserzusatzes.

Ebenso wie die Zuschlagstoffe, wirkt auch der Wasserzusatz auf die Festigkeiten des Zementes in hohem Maße ein. Gut gestampfter, erdfeuchter Beton hat immer höhere Festigkeiten als ein Beton, der mit höherem Wasserzusatz hergestellt wurde. Für die Technik spielen aber meist die Festigkeiten nicht diejenige ausschlaggebende Rolle wie andere Eigenschaften des Betons, also leichte Verarbeitungsfähigkeit (Gußbeton), gute Umhüllung der Eiseneinlagen (Eisenbeton mit dichter Eisenbewehrung), Dichte und Widerstandskraft gegen schädliche Lösungen und Dämpfe. Es ist deshalb häufig zweckmäßig, die Festigkeiten zugunsten leichter und schneller Verarbeitungsfähigkeit und großer Dichte des Betons zurückzustellen und mit höherem Wasserzusatz zu arbeiten, als er dem Festigkeitsoptimum entspricht. Natürlich darf der Wasserzusatz nicht beliebig gesteigert werden, da sonst die Festigkeiten zu weit absinken. es muß stets darauf hingearbeitet werden, möglichst wenig Wasser über denjenigen Gehalt, welchen erdfeuchter Beton braucht, zu nehmen,

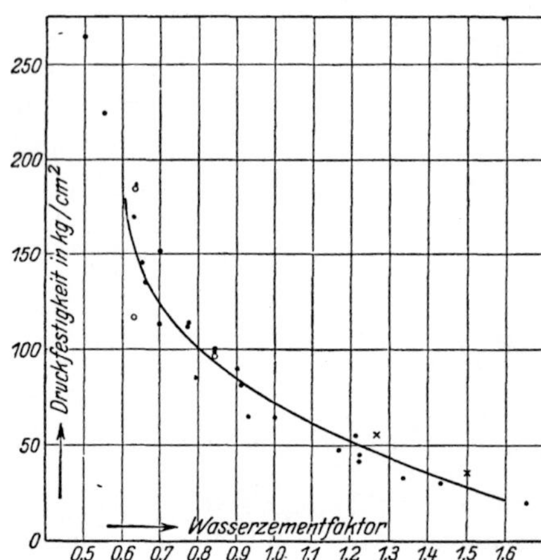

Abb. 69. Beziehung zwischen Druckfestigkeit und Wasserzementfaktor. (20 cm Würfel nach 28 Tagen geprüft.)
• Gußbeton,
× Gußbeton mit Preßzusatz,
○ plastischer Beton.

---

[1]) Grün, R.: Der Beton, S. 6 u. ff. Berlin 1926.

Tabelle 18. Druckfestigkeit von Betonen verschiedener Mischungsverhältnisse
(hochfester Hochofenzement, Granitsplitt und Rheinkies).

Kornzusammensetzung¹)		Granitsplitt der Südwestdeutschen Hartsteinwerke Haslach — Gwt.	Granitsplitt der Pfalz-Saarbrücker Hartstein-Industrie Neustadt a./Hardt — Gwt.	Granitsplitt der Granitwerke Hemsbach, Rüth u. Reinmuth Heppenheim — Gwt.	Rheinkies aus Düsseldorf — Gwt.
I	20—40 mm	30,4 %	33,8 %	24,3 %	20,0 %
II	10—20 „	15,8 %	16,4 %	13,5 %	25,0 %
III	2—10 „	22,8 %	26,3 %	41,8 %²)	25,0 %
IV	0— 2 „	31,0 %	23,0 %	20,4 %	30,0 %
V	Poren-volumen	230 ccm	240 ccm	220 ccm	225 ccm

Mischungsverhältnis Gwt.	Rt. etwa	Nr.	Wasserzusatz %	\[Haslach\] 7	28	45	Nr.	Wasserzusatz %	\[Neustadt\] 7	28	45	Nr.	Wasserzusatz %	\[Heppenheim\] 7	28	45	Nr.	Wasserzusatz %	\[Düsseldorf\] 7	28	45
				Druckfestigkeit³) nach Tagen (kg/cm²)					Druckfestigkeit³) nach Tagen (kg/cm²)					Druckfestigkeit³) nach Tagen (kg/cm²)					Druckfestigkeit³) nach Tagen (kg/cm²)		
VI 1:3	1:2	433	8,5	513	673	704	436	8,5	547	654	715	442	8,5	658	764	785	439	8,0	558	635	663
VII 1:4	1:3	434	8,0	482	562	589	437	8,0	488	568	599	443	8,0	607	722	695	440	7,5	462	564	597
VIII 1:5	1:4	435	7,5	422	524	529	438	7,5	428	526	553	444	7,5	522	588	635	441	7,4	429	528	571
Normenfestigkeit		296	8,0	431	580																
1	2	3	4	5	6	7	8	9	10	11	12	13	14	15	16	17	18	19	20	21	22

8*

¹) Nach der Porenvolumenkurve gemischt.

²) Diese Körnung war zusammengesetzt aus 17,2% 5—10 mm
24,6% 0— 5 „
$\overline{41,8\%}$

³) Mittel aus je 2 Betonwürfeln von 20 cm Kantenlänge.

bei Gußbeton also die Mischung anzuwenden, welche bei möglichst geringem Wassergehalt dennoch gießbar ist. Bethke[1]) hat zahlreiche, an 20-cm-Körpern erhaltene Festigkeiten von Betoncn mit verschieden hohen Wasserzusätzen bei der Herstellung in einer Tabelle vereinigt und die Zahlen graphisch ausgewertet. Die Tabelle ist in folgendem wiedergegeben (Tabelle 19). Aus diesen Zahlen wurde von Bethke die in Abb. 69 abgedruckte Kurve gezeichnet, welche die erhaltenen Gesetzmäßigkeiten wiedergibt.

Aus dieser Gesetzmäßigkeit läßt sich die Druckfestigkeit bei einem beliebig gewählten Wasserzusatz berechnen, wenn die Druckfestigkeit bei einem bestimmten Wasserzusatz bekannt ist. Als Gleichung ergab sich die Formel

$$K = K_a - \alpha\,(w - w_a)^{\beta}.$$

Tabelle 19. Beziehung zwischen Wasser-

	a	b	c		d[3])	e
	Serie	Mischungsverhältnis	Kornzusammensetzung		Wasserzusatz	Wasser-zement-faktor
			Kurve	Sandgehalt[2]) %	%	
I	1		3	39	11	0,55
II	2		3	39	14 — 1,5 = 12,5	0,63
III	3		3	39	17 — 3 = 14	0,7
IV	4	1 : 4	5	67	13	0,65
V	5		5	67	15 — 1,75 = 13,25	0,66
VI	6		5	67	19 — 3,2 = 15,8	0,79
VII	7		1	28	10	0,7
VIII	8		2	38	10	0,7
IX	9		3	39	10	0,7
X	10		3	39	11	0,77
XI	11		3	39	12	0,84
XII	12		3	39	9	0,63
XIII	13	1 : 6	4	55	11	0,77
XIV	14		4	55	12	0,84
XV	15		4	55	9	0,63
XVI	16		5	67	12	0,84
XVII	17		5	67	13	0,91
XVIII	18		5	67	16 — 2,8 = 13,2	0,93
XIX	19		5	67	21 — 3,5 = 17,5	1,22
XX	20		6	84	21 — 2 = 19	1,33
XXI	21		3	39	10	0,9
XXII	22	1 : 8	3	39	11	1,0
XXIII	23		5	67	13	1,17
XXIV	24		5	67	15 — 1,5 = 13,5	1,22
XXV	25		3	39	11	1,21
XXVI	26	1 : 10	5	67	13	1,43
XXVII	27		5	67	15	1,65
XXVIII	28	1 : 0,5 : 10	3	39	11	1,27
XXIX	29		5	67	13	1,5
	1	*2*	*3*	*4*	*5*	*6*

---

[1]) Bethke, O.: Das Wesen des Gußbetons. Julius Springer, Berlin 1924.
[2]) Gewichtsprozente des Zuschlagmaterials. [3]) Wasserverlust durch Überlaufen 1,5%, 3% usw. Rinnenneigung: 25°.

Dabei ist K die gesuchte Druckfestigkeit für einen bestimmten Wasserzusatz und w der zugehörige Wasserzementfaktor $\left(\dfrac{\text{Wasserzusatz}}{\text{Zementgehalt}}\right)$,

K_a die Ausgangsfestigkeit,

w_a der zu K_a gehörende Wasserzementfaktor,

α und β sind zu bestimmende Koeffizienten, welche von Bethke mit $\alpha = 160$ und $\beta = 0{,}43$ angegeben sind.

Falls ein sehr hoher Wassergehalt gewählt werden soll, muß auch der Zementgehalt erhöht werden, um den Wasserzementfaktor niedrig zu halten.

Die Konsistenz eines Betons wird auf dem Bauplatz zweckmäßigerweise nach dem aus Amerika eingeführten Setzmaß geprüft. Bei dieser

zementfaktor und Druckfestigkeit.

f	g				h			i
Kon-sistenz-zahl	Druckfestigkeit in kg/cm² nach				Herstellungstag			Bemerkungen
	7 Tagen	28 Tagen	90 Tagen	360 Tagen	Tempe-ratur	Feuchtig-keit %	Wetter	
175	167	225	250	—	15°	62	bedeckt	
—	115	170	—	—				
—	65	114	—	—				
220	100	145	167	—	27°	56	,,	
—	84	135	—	—				
—	38	83	—	—				
—	—	—	—	—				
171	73,5	150	—	—	18°	70	Sonne	Zu grob — Ent-
170	75	151	179	—				mischung nach
—	—	112	140	—				Fuller
—	—	100	130	—	23°	40	,,	
146	86	174	220	234				plastischer Beton
180	—	114	—	—				
—	—	98	—	—	22°	65	bedeckt	
—	—	119	—	—				plastischer Beton
186	50	96	119	149				plastischer Beton
220	43	82	98	128	18°	70	Sonne	
—	—	65	100	—				
—	—	42	56	—	20°	45	,,	
239	—	33	47	—				
173	—	90	—	—				
—	—	65	—	—	16°	50	,,	
215	—	48	—	—				
—	—	45	—	—				
172	—	55	75	84				
—	—	38	53	—	19°	72	bedeckt	
193	—	20	32,5	—				
201	—	57	76	—	28°	62	,,	0,5 Traßzusatz
221	—	35	52	59				
7	8	9	10	11	12	13	14	15

Prüfung wird der fertig angemachte Beton in einen oben und unten offenen Blechkonus von 30 cm Höhe, 10 cm oberem und 20 cm unterem Durchmesser in vier Lagen unter Einstochern mit einem ca. 5 kg schwerem

Tabelle 20. Setzmaß, Fließmaß und Druckfestigkeit von Betonen mit verschieden hohem Wassergehalt.

	Wasser	Setzmaß	Fließmaß	Druckfestigkeit 28 Tage
	%	cm	$\dfrac{\text{neuer Durchmesser}}{\text{alter Durchmesser}} \cdot 100$	kg/cm²
I	5	0	130	210
II	6	0	120	272
III	7	1,6	137	275
IV	8	3,0	158	230
V	9	7,0	192	182
VI	10	14,4	212	151
VII	11	19,0	228	110
VIII	12	20,0	257	—
	1	2	3	4

und 2¹/₂ cm dickem Eisenstab eingefüllt und nach ca. 1 Minute der Konus abgehoben. Das Zusammensacken des Betonhaufens gibt das „Setzmaß“; je weicher der Beton, desto stärker das Zusammenfallen und desto größer das Setzmaß. Die Beziehungen zwischen Wasserzusatz, Setzmaß, Fließmaß[1] und Druckfestigkeit geben vorstehende Tabelle und Kurventafel Abb. 70. Sie zeigt, daß die Kurve für das Setzmaß in gleicher Weise steigt, wie die Druckfestigkeitskurve sinkt[2].

G. Festigkeiten von Beton in verschieden magerem Mischungsverhältnis und die Ausgiebigkeit der einzelnen Zementarten.

Die Festigkeit eines Betons fällt von einem gewissen Punkt ab mit fallendem Zementgehalt. Es ist selbstverständlich notwendig, zu wissen, in welchem Maße dieses Fallen stattfindet. Außerdem ist von größter Bedeutung die Erkenntnis, bei welchem Mischungsverhältnis die Erhärtungsenergie eines Zementes am besten ausgenutzt wird. Über diese Fragen wurde im Forschungsinstitut eine eingehende Arbeit mit verschiedenen Zementarten durchgeführt[3], die zu dem Ergebnis führte, daß kein Unterschied in der Ausnutzbarkeit der einzelnen hochwertigen und normalen Bindemittel, gleichgültig, ob es sich um Portlandzemente oder Hüttenzemente handelt, besteht m. a. W., daß das Bindemittel mit den höheren Betonfestigkeiten in zementreichen Mischungen, auch in zementarmen Mischungen den besseren Beton ergibt. Damit ist die bisweilen vertretene Ansicht,

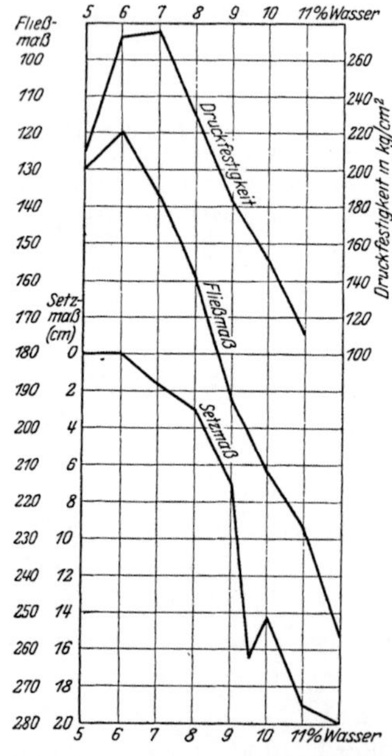

Abb. 70. Beziehung zwischen Druckfestigkeit und Setzmaß (Wassergehalt).

[1] Für Feststellung des Fließmaßes wird der „Fließtisch“ verwendet. Siehe Grün, R.: „Der Beton“. Julius Springer, Berlin 1926.

[2] Grün, R.: „Der Beton“, S. 28 ff. Julius Springer, Berlin 1926.

[3] Grün, R. u. G. Kunze: Zentralblatt der Bauverwaltung 1927, S. 145.

daß Hüttenzemente zwar gute Normenfestigkeiten, in mageren Mischungen aber schlechtere Betonfestigkeiten ergäben als gleichnormenfeste Portlandzemente, oder daß hochfeste Zemente in mageren Mischungen nur noch die gleichen Festigkeiten ergäben wie gewöhnliche Zemente, widerlegt. Einen kurzen Überblick über die Ergebnisse gestattet Tabelle 21, deren Ergebnisse in Kurventafel Abb. 71 graphisch aufgezeichnet sind.

Tabelle 21. Ergiebigkeit verschiedener Zementarten (Abb. 71).

	Zement-arten	Misch-ungs-ver-hältnis (GT.)	Zement-zusatz in Ge-wichts-prozent.		Druckfestigkeit kg/cm² nach Tagen				Verhältnis von Druck-festigkeit und Zement-gehalt in % nach Tagen		
					3	7	28	45	7	28	45
I	Hütten-zement 3		25	Normen-würfel	179	242	399				
II		1: 3	25	Beton-würfel 20 cm Kanten-länge	—	402	530	551	16,1	21,2	22,0
III		1: 4	20		—	346	475	500	17,3	23,8	25,0
IV		1: 5,7	15		—	306	409	414	**20,4**	**27,2**	27,6
V		1: 9	10		—	196	267	280	19,6	26,7	**28,0**
VI		1:12,3	7,5		—	108	173	187	14,4	23,0	24,9
VII		1: 19	5		—	56	92	98	11,2	18,4	19,6
VIII	Hütten-zement 7		25	Normen-würfel	127	182	327				
IX		1: 3	25	Beton-würfel 20 cm Kanten-länge	—	344	443	469	13,8	17,7	18,7
X		1: 4	20		—	296	395	422	**14,8**	19,8	21,1
XI		1: 5,7	15		—	215	307	317	14,3	**20,4**	**21,1**
XII		1: 9	10		—	126	177	192	12,6	17,7	19,2
XIII		1:12,3	7,5		—	75	104	135	10,0	13,9	18,0
XIV		1: 19	5		—	42	56	65	8,4	11,2	13,0
XV	Portland-zement H		25	Normen-würfel	211	305	434				
XVI		1: 3	25	Beton-würfel 20 cm Kanten-länge	—	405	530	538	16,2	21,2	21,5
XVII		1: 4	20		—	352	503	513	17,6	25,2	25,6
XVIII		1: 5,7	15		—	301	443	457	**20,0**	**29,5**	**30,4**
XIX		1: 9	10		—	186	284	248	18,6	28,4	29,8
XX		1:12,3	7,5		—	118	170	179	15,7	22,6	23,8
XXI		1: 19	5		—	56	94	101	11,2	18,8	20,6
	1	2	3	4	5	6	7	8	9	10	11

Die graphische Aufzeichnung erfolgte in einer Tafel mit logarithmischer Einteilung der Koordinaten, welche ein Ablesen nicht nur der gefundenen absoluten Druckfestigkeiten, sondern auch der Verhältniszahlen für die Ausgiebigkeit der Bindemittel Druckfestigkeit : Zementgehalt und einen schnellen Vergleich bezügl. der allenfalls vorhandenen Unterschiede erlaubt.

Die beste Ausnutzung der Zementenergien fand sich für verschiedene Hüttenzemente und Portlandzemente

nach 7 Tagen bei 15—20% Zementzusatz zum Kies 1:5 — 1:4 Gewichtsteile,
„ 28 „ „ 15% „ „ „ 1:5 Gewichtsteile,
„ 45 „ „ 10—15% „ „ „ 1:9 — 1:5 Gewichtsteile.

bei Anwendung eines normalisierten, d. h. in bezug auf Korngrößenverhältnis günstig zusammengesetzten Rheinkieses.

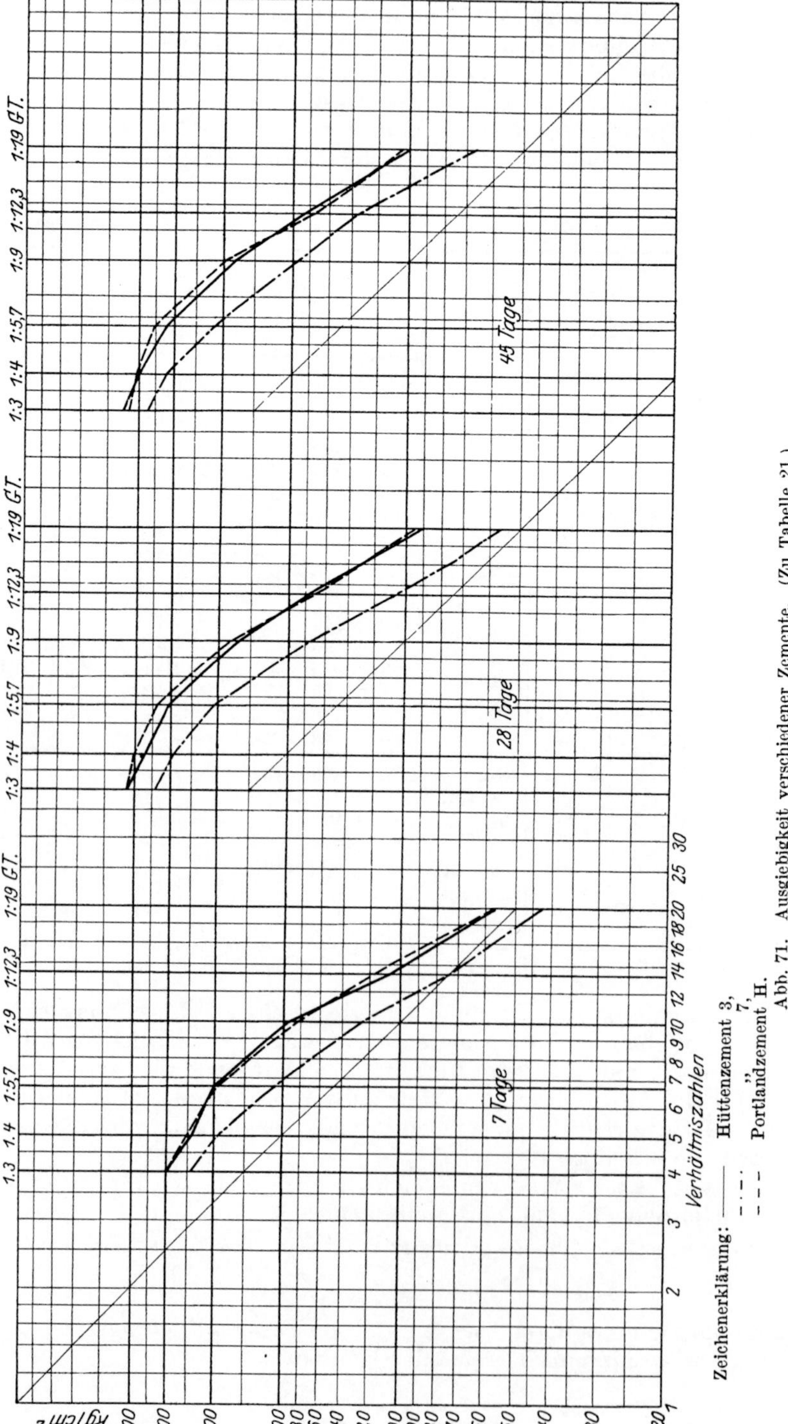

Abb. 71. Ausgiebigkeit verschiedener Zemente. (Zu Tabelle 21.)

Auch bei diesen Versuchen zeigte sich wieder, daß die Korngrößenzusammensetzung der Zuschlagstoffe ausschlaggebend auf die Ergiebigkeit des Bindemittels einwirkt.

H. Verhalten des verarbeiteten Betons.

Das Verhalten des verarbeiteten Betons hängt nicht nur von der Zement- und Zuschlagsart und -menge und von der Verarbeitungsweise ab, sondern es wird auch noch weitgehend beeinflußt von Einwirkungen, welche nach Verbringung des Betons an Ort und Stelle, also in die Schalung u. dgl., zufällig eintreten können, also von der Außentemperatur, der Austrocknungsmöglichkeit, Überflutung und schließlich von den Einflüssen chemischer Agentien auf den erhärteten Betonkörper.

Folgende Vorgänge und Einwirkungen kommen für den verarbeiteten Beton in Frage, die im nachfolgenden einzeln besprochen sind.

1. Abbinden,	6. Einwirkung von Austrocknung,
2. Erhärten,	7. Einwirkung von Hitze,
3. Nacherhärtung,	8. Überflutung,
4. Einwirkung kühler Temperaturen,	9. Schwindung und Dehnung,
5. Einwirkung von Frost,	10. Einwirkung chemischer Körper.

1. Abbinden.

Der verarbeitete Beton ist sofort nach dem Stampfen oder Gießen zunächst plastisch, zumal das Stampfen und die damit verbundene Erschütterung die Plastizität des Betons stark erhöht. Nach kurzer Zeit aber setzt das Abbinden ein, und der fortschreitende Abbindevorgang führt den Beton bald in eine unplastische Masse über, die zwar erstarrt, aber noch nicht erhärtet ist. In diesem Zustande ist der Beton sowohl gegen mechanische als auch gegen physikalische Einflüsse (Frost) sehr empfindlich und muß unbedingt gegen Beanspruchung jeder Art geschützt werden. Es darf also weder eine stärkere Erschütterung der Schalung, noch eine mechanische Belastung, noch ein Gefrieren des Betons eintreten. Die Zeit, nach welcher das Abbinden beginnt, wird bestimmt von der Zementart, dem Zementgehalt des Betons, dem Wasserzusatz und der Außentemperatur. Nach den „Normen" wird der Beginn der Abbindezeit bestimmt an reinem Zement, der mit wenig Wasser zu einem Brei angerührt und in einen Hartgummiring von 65 mm oberem und 75 mm unterem Durchmesser und 80 mm Höhe eingefüllt wird. Dabei soll der Beginn der Abbindezeit dann sein, wenn die Vicatsche Nadel[1]), die 1 qmm Querschnitt besitzt und 300 gr schwer ist, 2 mm über der Glasplatte, auf der sich der Kuchen befindet, stehenbleibt, also diese nicht mehr völlig zu durchdringen vermag. Bei der Prüfung ist von größter Wichtigkeit die Art des Anmachens des Zementes und der Wasserzusatz.

Der mit Wasser versetzte Zement muß 3 Minuten durchgerührt und

---

[1]) Vicatnadel mit Zubehör kann bezogen werden von der Apparatbauabteilung der Tonindustrie-Ztg. Berlin, Dreysestr. 4 oder anderen Handlungen für Laboratoriumsbedarf.

der Wasserzusatz so bemessen werden, daß der Konsistenzmesser, ein zylindrischer Metallstab von 10 mm Durchmesser und 300 g Gewicht, 5—7 mm über der Glasplatte stehenbleibt, also 33—35 mm tief in den Zementbrei eindringt[1]).

Der in der beschriebnen Weise festgestellte Abbindebeginn stimmt aber nicht überein mit dem Abbindebeginn im Bauwerk. Nicht nur der Wassergehalt des Betons beeinflußt diesen Abbindebeginn in dem Sinne, daß hoher Wasserzusatz das Abbinden verzögert, sondern auch erhöhter Sandzusatz zieht die Abbindezeit hinaus. So wurden im Forschungsinstitut für erdfeucht angemachte, verschieden gemagerte Mörtel folgende Zahlen gefunden, die natürlich nur ungefähr sind, da die Abbindezeit gemagerter Zemente schwer genau zu erfassen ist, welche aber doch einen Anhalt geben:

reiner Zement	Anfang 2 Std. 40	Ende 5 Std. 50
1 Rtl. Zement 1,5 Rtl. Sand	„ 4 „ 00	„ 6 „ 15
1 „ „ 2 „ „	„ 4 „ 40	„ 7 „ 35
1 „ „ 3 „ „	„ 5 „ 10	„ 8 „ 40

Hat das Abbinden begonnen, so muß der Beton verarbeitet sein, denn alle Energiemengen, welche der Zement nach dem Beginn des Abbindens verausgabt, sind, falls er bis dahin noch nicht verarbeitet ist, für die spätere Erhärtung verloren. Ein bereits weit in der Abbindung vorgeschrittener oder gar abgebundener Beton darf überhaupt nicht mehr verarbeitet werden, da er nicht mehr, oder nur unvollkommen zu erhärten vermag. Erkennbar ist auf der Baustelle der einsetzende Abbindevorgang durch Trocken- und Bröckeligwerden der vorher feuchten und plastischen Betonmischung. Ein nachträgliches erneutes Annässen des trockengewordenen Betongemisches, wie es häufig versucht wird, ist zwecklos und vermag den Beton nicht mehr zu retten. Für Bauwerke, bei welchen erhebliche Zeit vergeht, bis der Beton nach dem Anfeuchten an Ort und Stelle verarbeitet wird, ist langsam bindender Zement zu verarbeiten. Auch ein in Bewegungbleiben des Betons, z. B. in Autos oder Wagen (Transportbeton), zögert den Beginn des Abbindens hinaus, ohne die Festigkeiten zu schädigen[2]).

2. Erhärten.

Die Erhärtung des Betons setzt zwar sofort mit und nach dem Abbinden ein, wird aber erst nach längerer Zeit, beispielsweise nach 20 Stunden, in der Art sichtbar, daß die Erhärtung zu nennenswerten Festigkeiten führt. Einen Einblick in diese Verhältnisse gibt nebenstehende Tabelle 22, ausgeführt vom Verfasser.

Die Zemente hatten ungefähr gleiche Abbindezeiten.

Stark wasserhaltiger Beton (Gußbeton) erhärtet noch etwas langsamer. Ebenso wird durch tiefe Temperaturen natürlich ebenso wie die

---

[1]) Siehe S. 65. und Schoch: Die Aufbereitung der Mörtelmaterialien 1913, S. 752.

[2]) Grün, R.: Der Beton, S. 20, 42. Berlin: Julius Springer 1926.

Abbindezeit die Erhärtung verlangsamt. Über die bei der Erhärtung erreichten Festigkeiten geben die Prüfungen nach den Normen (S. 74f.) und an Betonkörpern genügenden Aufschluß (S. 115, 119, 127).

Die Erhärtung eines Betons ist nicht etwa mit dem Endtermin der Normenprüfung nach 28 Tagen abgeschlossen, sondern sie setzt sich dauernd weiter fort, allerdings in stark verlangsamtem Maße. Dabei ist der prozentuale Festigkeitsanstieg bei Zementen mit hohen Anfangsfestigkeiten (hochwertige Zemente) verhältnismäßig geringer als bei Zementen mit geringeren Anfangsfestigkeiten, so daß bei höherem Alter des Betons ein gewisser Ausgleich festzustellen ist. Besonders bei Tonerdezementen wurde ein fast völliges Stehenbleiben der allerdings hohen Anfangsfestigkeiten nach kurzer Zeit beobachtet, ein Umstand, der aber, ebensowenig wie ein geringes Zurückgehen in den Festigkeiten, bei diesen Zementen und manchen Portlandzementen für die Praxis von Bedeutung ist und zu Bedenken Anlaß gibt.

Langfristige Versuche mit Mörtel und Beton wurden an verschiedenen Stellen zu verschiedenen Zeiten durchgeführt, von denen einige im nachfolgenden wiedergegeben seien.

Bei Versuchen mit Hochofenstückschlacke als Zuschlag, welche mit Portlandzement 1:2:3 und 1:5:8 zu erdfeuchtem und weichem Beton verarbeitet wurde (Betonwürfel 30 cm Kantenlänge), fand das Materialprüfungsamt

Tabelle 22. Festigkeiten verschiedener Zementbetone während der ersten 3 Tage.
(Mittel aus je 3 Körpern 1:3 Normalsand.)

Nr.		Marke	Abbindezeit		Druckfestigkeit von Normenkörpern nach														Normenfestigkeiten			
			Anfang	Ende	7 Std.	8 Std.	9 Std.	10 Std.	11 Std.	12 Std.	14 Std.	16 Std.	18 Std.	20 Std.	24 Std.	36 Std.	48 Std.	72 Std.	3 Tage	7 Tage	28 Tage	komb.
I	390	Aa, Tonerdezement .	5^{10}	6^{35}	39	51	65	79	94	109	130	168	188	202	231	332	398	481	517	535	600	656
II	397	Wg, hochfester Portlandzement . . .	3^{45}	6^{00}	5	7	10	13	16	19	27	38	43	53	67	123	171	298	304	417	520	613
III	467	Br, hochfester Hochofenzement . . .	3^{20}	5^{50}	10	14	20	23	30	35	45	52	75	86	96	145	172	274	281	380	513	581
IV	399	Wg, Portlandzement	4^{35}	7^{00}	0	1	2	3	5	7	10	14	20	29	44	66	117	155	165	240	396	423
V	462	FW, Eisenportlandzement	3^{20}	6^{10}	1	3	8	11	19	27	32	44	49	53	61	93	143	187	190	265	400	450
VI	461	Mm, Hochofenzement	4^{05}	6^{00}	2	2	4	5	6	8	12	21	25	35	45	92	136	166	177	267	412	448
1		2	3	4	5	6	7	8	9	10	11	12	13	14	15	16	17	18	19	20	21	22

die Zahlen[1]) der Ta-bellen 23 und 24. Die Zahlen zeigen einen gleichmäßigen Festig-keitsanstieg des Port-landzementbetons, ganz gleichgültig, wel-che Zuschlagstoffe ver-arbeitet worden waren. Auch bei Meerwasser-lagerung ist der An-stieg noch gleichmäßig, der Eisenportlandze-ment überholt aber hierbei den Portland-zement (Tab. 24).

Bei Vergleichsver-suchen mit Portland-zement, Eisenport-landzement und Hoch-ofenzement, welche auf den Antrag zur Zu-lassung des Hochofen-zementes zu Staats-bauten durchgeführt wurden, und deren Er-gebnisse zu der bean-tragten Zulassung des Hochofenzementes führten, wurden Mör-telbetone bis zu 10 Jahren Lagerdauer ge-prüft[2]), die ein völlig gleichmäßiges Anstei-gen in den Festigkeiten für Mörtel und Beton bei allen Betonen erga-ben (Tab. 25, Abb. 75; Tab. 27).

Auch die gleich-zeitig geprüfte Abnutz-barkeit der Mörtel er-

[1]) Burchartz: Mit-teilungen des kgl. Mate-rialprüfungsamtes 1916, S. 193, Tabelle 19.
[2]) Burchartz: Zen-tralbl. d. Bauverwaltung 1926, S. 241.

Tabelle 23. Festigkeiten von Stückschlackenbeton bei Erhärtung bis zu 3 Jahren. (Süßwasser- und Luftlagerung.) (Versuche des Staatl. Materialprüfungsamtes Berlin-Dahlem.)

Mittlere Druckfestigkeit $O - B$ in kg/cm² nach

Mischung Rtl. Bezeichnung der Zuschlagstoffe	1:2:3 (weich angemacht)								1:5:8 (erdfeucht angemacht)							
(Art der Lagerung)	Wasser				Luft				Wasser				Luft			
	28 Tagen	6 Monat.	1 Jahr	3 Jahren	28 Tagen	6 Monat.	1 Jahr	3 Jahren	28 Tagen	6 Monat.	1 Jahr	3 Jahren	28 Tagen	6 Monat.	1 Jahr	3 Jahren
I Schlacke R ..	247	353	390	456	249	311	364	392	148	183	199	196	147	189	208	217
II ,, Pz ..	217	315	371	438	237	272	335	374	136	206	253	355	155	227	238	284
III ,, Bz ..	272	393	440	504	277	353	418	521	157	214	246	299	165	221	263	332
IV ,, B ..	307	437	534	592	340	432	528	577	191	207	244	307	196	236	285	335
V ,, G ..	288	418	514	578	294	386	469	545	148	241	269	362	170	255	264	353
VI ,, R ..	300	379	459	566	284	370	459	529	128	191	193	216	135	198	227	274
VII ,, J ..	331	438	484	546	337	415	516	567	138	193	197	240	167	222	242	281
VIII ,, F ..	296	407	456	553	317	426	469	557	161	208	215	247	179	205	238	299
Mittel	282	393	456	529	292	371	445	508	151	205	227	278	164	219	246	297
Rheinkies-mischung ..	266	395	411	503	270	343	367	417	109	192	159	179 (2½ Jahre alt)	124	161	175	197 (2½ Jahre alt)
1	*2*	*3*	*4*	*5*	*6*	*7*	*8*	*9*	*10*	*11*	*12*	*13*	*14*	*15*	*16*	*17*

gab ein langsames und gleichmäßiges Ansteigen des Widerstandes gegen Abnutzung bei ungefähr gleichem Verhalten der verschiedenen Zementarten (Tab. 26).

Von einem guten Beton kann also dauernde Steigerung der Festigkeiten, wenn auch nach längerer Zeit in stets geringerem Maß, erwartet werden.

Eingelegte Eisen müssen natürlich durch entsprechende Überlagerung (3 cm) von dichtem Beton, dessen Korngröße nach der Porenvolumenkurve bestimmt ist, geschützt, allenfalls aufgetretene Risse müssen zeitig geschlossen werden, um ein Rosten der Eiseneinlagen zu verhüten. Auch Betonbauwerke müssen genau wie Eisenbauwerke

Tabelle 24. Festigkeiten von Stückschlackenbeton bei Erhärtung bis zu 3 Jahren. (Meerwasserlagerung.) (Versuche des Staatl. Materialprüfungsamtes Berlin-Dahlem.)

Art des Zementes	Mittelwerte aus je 3 Einzelversuchen							
	Eisenportlandzement X				Portlandzement Q			
	Mittlere Druckfestigkeit in kg/cm² nach							
Bezeichnung der Schlacke	7 Wochen	27 Wochen	1 Jahr	3 Jahren	7 Wochen	27 Wochen	1 Jahr	3 Jahren
I A	210	262	281	293	269	309	274	322
II Pz	238	258	330	350	240	313	351	412
III Bz	185	276	356	373	222	274	310	336
IV B	200	280	331	390	184	270	263	345
V G	198	304	350	406	177	263	300	324
VI R	201	273	283	373	219	257	299	381
VII J	255	294	353	353	242	274	365	380
VIII F	247	277	367	373	199	243	317	287
Mittel	217	278	331	364	219	275	310	348
1	*2*	*3*	*4*	*5*	*6*	*7*	*8*	*9*

überwacht und unterhalten werden, wenn auch natürlich bei Eisenbeton der Aufwand für die Überwachung und Erhaltung nur einen geringen Bruchteil des für ein Eisen- oder Holzbauwerk Notwendigen beträgt.

3. Einwirkung kühler Temperaturen.

Die Einwirkung kühler Temperaturen, als welche Wärmegrade über $0°$, aber unter $+5°$ bezeichnet werden sollen, ist für einen bereits gut erhärteten Beton ohne Belang. Zwar vermögen diese Temperaturen die Nacherhärtung aufzuhalten und zu verzögern, sie sind aber ohne Bedeutung, wenn eben diese Erhärtung schon so weit fortgeschritten ist, daß sie den statischen Anforderungen genügt. Dieser Punkt ist bei den modernen Normenzementen schon nach etwa 7—14 Tagen, bei hochfesten Zementen schon nach 2—3 Tagen erreicht, Bauwerke aus solchen Zementen können also nach diesen Zeitpunkten kühle Temperaturen und nicht allzu grimmigen Frost vertragen. Treten die kühlen Temperaturen besonders in der Nähe des Gefrierpunktes, aber vor der genügenden Erhärtung ein, so verzögern sie die Weitererhärtung, und es muß mit einer Belastung des Bauwerkes gewartet werden, bis höhere Temperaturen dem Beton die Möglichkeit zur Weitererhärtung gegeben haben. Bei großen Betonmassen ist eine kürzere Wartefrist nötig, da der abbindende Zement stets einige Wärme erzeugt, die bei geringer Oberfläche des Betons bei gleichzeitig großer Masse zur Herbeiführung der Erhärtung genügt. Soll auch bei kleineren Betonmassen schnell gearbeitet werden, so vermag, solange nicht Frost eintritt, eine Erhöhung des Zementgehaltes die Erhärtung etwas zu beschleunigen. Zweckmäßig ist es, für je 2 Tage, deren mittlere Tagestemperatur unter $+5°$ C liegt einen ganzen Tag den üblichen Ausschalungsfristen zuzusetzen[1]), bei vollen Frosttagen Temperaturen unter $+5°$ für jeden einzelnen Tag den Ausschalungsfristen einen Tag zuzuzählen[2]) (Versuche s. auch Abschnitt 5, S. 129). Versuche von Schnetter im Laboratorium der Norddeutschen Hütte bei Lagerung von Mörtelkörpern einerseits im Prüfraum (17—20°), andererseits im Januar im Freien (0—10°) ergaben die in Tab. 28, S. 132 mitgeteilten Zahlen.

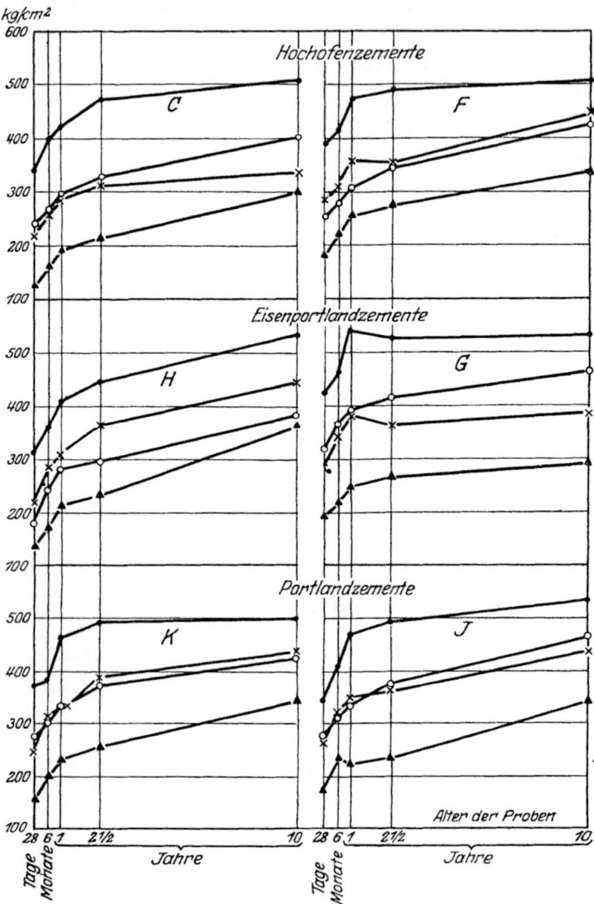

Abb. 75.   Festigkeitsanstieg verschiedener Betone im Verlauf von 10 Jahren (Versuche ausgeführt von Prof. Burchartz). Zahlen siehe Tabelle 25.

Einen weiteren Überblick über das Abfallen der Festigkeiten bei

---

[1]) Geßner, A.: Über die Erhärtung von Beton bei niedrigen Temperaturen über dem Nullpunkt. Beton u. Eisen 1925, S. 161.

[2]) Grün, R.: Der Beton. S. 40. Berlin: Julius Springer 1926.

Lagerung bei 0° im Gegensatz zur Lagerung bei 17° geben Versuche des Werkslaboratoriums der Zementfabrik Alba der Vereinigten Stahlwerke (Tab. 32, S. 136).

Weitere Versuchsergebnisse aus dem Materialprüfungsamt der J. G. Farbenindustrie Leverkusen s. S. 135 und 136.

Tabelle 25. Ergebnisse der Druckversuche mit Beton bei Erhärtung bis zu 10 Jahren. (Versuche des Staatl. Materialprüfungsamtes Berlin-Dahlem.) Mittelwerte aus je 3 Einzelversuchen. (Siehe Kurventafel Abb. 75.) Art der Erhärtung: An der Luft; vom 2. bis 7. Tage täglich einmal angefeuchtet.

	Zementmarke		Mischung Gewtl.	Wasser-zusatz %	Druckfestigkeit in kg/cm² nach				
					28 Tagen	6 Monaten	1 Jahr	2½ Jahren	10 Jahren
I	Hoch-ofen-zement	C	1 : 4 erdfeucht	6,7	344	402	425	477	510
II			1 : 4 weich	9,2	241[1]	268[1]	295[1]	330[1]	402[1]
III			1 : 8 erdfeucht	5,6	222	266	291	316	337
IV			1 : 12 erdfeucht	4,8	128	166	192	216	300
V		F	1 : 4 erdfeucht	6,6	391	419	477	491	508
VI			1 : 4 weich	9,2	256[2]	279[1]	309[1]	343[1]	428[4]
VII			1 : 8 erdfeucht	5,5	283	307	356	354	451
VIII			1 : 12 erdfeucht	4,7	182	218	252	271	335
IX	Eisen-portland-zement	H	1 : 4 erdfeucht	6,5	312	362	411	447	534
X			1 : 4 weich	9,1	182[1]	243[1]	281[1]	299[1]	386[5]
XI			1 : 8 erdfeucht	5,5	219	286	309	367	447
XII			1 : 12 erdfeucht	4,7	137	171	213	232	362
XIII		G	1 : 4 erdfeucht	6,6	428	466	545	525	532
XIV			1 : 4 weich	9,2	318[1]	363[1]	389[1]	415[1]	465[1]
XV			1 : 8 erdfeucht	5,5	286	340	376	366	388
XVI			1 : 12 erdfeucht	4,7	189	215	245	264	287
XVII	Portland-zement	K	1 : 4 erdfeucht	6,5	372	388	465	494	501
XVIII			1 : 4 weich	9,0	273[1]	304[1]	336[3]	375[1]	427[1]
XIX			1 : 8 erdfeucht	5,2	248	308	337	389	438
XX			1 : 12 erdfeucht	4,5	154	202	229	255	344
XXI		J	1 : 4 erdfeucht	6,6	347	408	471	496	536
XXII			1 : 4 weich	9,2	273[1]	310[1]	337[1]	373[1]	467[1]
XXIII			1 : 8 erdfeucht	5,3	271	316	344	363	439
XXIV			1 : 12 erdfeucht	4,7	170	230	221	232	340
1	2		3	4	4	6	7	8	9

Alle Zahlen zeigen ein ungefähr gleiches Verhalten aller Zemente und die Tatsache, daß bei 0° in der Anfangserhärtung nur etwa 30%,

[1]) Die Eisen waren rostfrei.

[2]) Die Eisen mit Walzhaut zeigten ganz geringe Rostspuren. Die Eisen ohne Walzhaut waren rostfrei.

[3]) Die Eisen mit Walzhaut zeigten ganz geringe Rostspuren. Von den Eisen ohne Walzhaut zeigten zwei je einen Rostfleck, die übrigen Eisen waren rostfrei.

[4]) Die Eisen mit und ohne Walzhaut waren zum größten Teil rostfrei; einige Eisen zeigten Rostspuren und größere Rostflecke.

[5]) Die Eisen ohne Walzhaut waren rostfrei. Die Eisen mit Walzhaut waren zum größten Teil rostfrei, einige Eisen zeigten geringe Rostspuren, andere größere Rostflecke.

Tabelle 26. Ergebnisse der Prüfung auf Abnutzbarkeit[1]) an bis zu 10 Jahren alten Betonen.
(Versuche des Staatl. Materialprüfungsamtes Berlin-Dahlem.) Mittelwerte aus je zwei Einzelversuchen.
Mischung: 1 Rtl. Zement + 2 Rtl. Freienwalder Rohsand (abgesiebt). Lagerung: 1 Tag an der Luft, 6 Tage unter Wasser, dann Luft.

	Zement		Mittleres Raumgewicht in g/cm³ nach							Mittlerer Materialverlust in g und $\frac{g}{cm^3}$ [2]) nach						
	Art	Marke	7 Tagen	28 Tagen	6 Monaten	1 Jahr	2 Jahren	5 Jahren	10 Jahren	7 Tagen	28 Tagen	6 Monaten	1 Jahr	2 Jahren	5 Jahren	10 Jahren
I	Hochofen-zement	C	2,310	2,292	2,276	2,258	2,221	—	2,292	68,9 29,8	43,7 19,1	32.2 14,2	26,5 11,7	26,8 12,1	—	21,0 9,2
II		F	2,315	2,300	2,302	2,275	2,290	—	2,305	58,3 25,2	36,1 15,7	27,5 12,0	22,7 10,0	22,0 9.7	—	20,1 8,7
III	Eisenportland-zement[3])	B	2,234	2,238	2,216	2,216	2,188	2,223	—	40,5 18,1	30,7 13,7	23,0 10,4	29,1 13,2	19,8 9,1	31,4 14,2	—
IV		D	2,307	2,265	2,238	2,224	2,215	2,254	—	39,0 16,9	30,4 13,4	23,7 10,6	26,9 12,1	20,2 9,0	30,1 13,4	—
V	Portland-zement[3])	G	2,288	2,270	2,274	2,236	2,247	2,262	—	44,1 19,3	30,8 13,6	20,0 8,8	24,5 11,0	17,8 8,0	26,2 11,5	—
VI		H	2,270	2,225	2,214	2,189	2,162	2,223	—	50,9 22.5	33,1 14,9	30,1 13,6	33,2 15,2	28,5 13,2	37,4 16,8	—
	1	2	3	4	5	6	7	8	9	10	11	12	13	14	15	16

[1]) Die Prüfung mit 5 Jahre alten Proben konnte wegen Mangel an Schmirgel nicht ausgeführt werden.

[2]) Die über dem Strich stehenden Werte sind die Materialverluste nach Gewicht (in Gramm), die unter dem Strich stehenden die Verluste nach Rauminhalt (in Kubikzentimetern), berechnet aus dem Quotienten $\frac{\text{Materialverlust in g}}{\text{Raumgewicht in g/cm}^3}$.

[3]) Um eine Beurteilung der für die Hochofenzemente gefundenen Abnutzungswerte zu ermöglichen, sind als Vergleichsmaßstab die bei den seinerzeit mit Portlandzementen und Eisenportlandzementen ausgeführten vergleichenden Abnutzungsversuchen entnommenen Zahlenwerte angefügt.

in der Enderhärtung nur 50—80% der Festigkeiten erreicht wurden, die bei Erhärtung bei normaler Temperatur zu erwarten sind. Bei Entschalung oder Belastung von im Winter errichteten Bauwerken ist dieser Tatsache durch längeres Erhärtenlassen bei Temperaturen zwischen 0 und 10° Rechnung zu tragen, bei Temperaturen unter 0° ist zweckmäßigerweise gar nicht zu entschalen, bevor durch Kontrollversuche ermittelt ist, welche Festigkeiten im Bauwerk zu erwarten sind, da die verschiedenen Zemente, auch diejenigen gleicher Art, sich ganz verschieden verhalten können, denn es gibt gegen Frost mehr und weniger widerstandsfähige Portlandzemente und Hüttenzemente. Als Kontrollversuch ist am einfachsten die Herstellung von Betonwürfeln an der Baustelle in gleicher Arbeitsweise und aus gleichem Material, wie es zum Bau verwendet wird, Lagerung der Körper, mit Säcken bedeckt neben dem Bauwerk (nicht in der Baubude!) und Zerdrückung der Körper in entsprechenden Zeiträumen.

4. Einwirkung von Frost[1]).

Frost hält die Erhärtung von Beton noch weiter auf als kühle Temperaturen und bringt sie, falls der Frost in den Beton tatsächlich eindringt, also die Betontemperatur unter 0° herabsetzt, völlig zum Stillstand. Meist ist allerdings das Bauwerk durch die Schalung, welche die beim Abbinden entwickelte Temperatur zusammenhält, vor Abkühlung unter 0° geschützt, so daß der an sich falsche Schluß häufig gezogen wird, daß auch bei Temperaturen des Betons unter 0° noch Erhärtung möglich ist.

Ein Beweis für die Tatsache des Schutzes, den die Schalung dem Beton sowie seine eigne Abbindewärme vor Zutritt des Frostes gewährt, bringt eine interessante Beobachtung von Dipl.-Ing. Beutel[2]) beim Bau der Staustufe Ladenburg der Neckarkanalisierung. Hier mußte bei starkem Frost, der unerwartet eintrat, betoniert werden, ohne daß irgendwelche Vorkehrungen getroffen waren zum Schutz des Betons vor Frostzutritt. Nicht einmal das Zuschlagsmaterial, welches gefroren war, konnte in genügender Weise erwärmt werden. Infolgedessen wurde teilweise mit gefrorenem Zuschlagsmaterial gearbeitet. Da auch hochwertiger Portlandzement zunächst nicht zu erreichen war, wurde die Betonierung mit gewöhnlichem Portlandzement und erst später mit hochwertigem Portlandzement durchgeführt.

Temperaturmessungen des hergestellten Betons, die dadurch vorgenommen werden konnten, daß Rundhölzer einbetoniert und später herausgezogen wurden, ergaben die in Tab. 29 zusammengestellten Zahlen.

---

[1]) Gary: Dtsch. Ausschuß f. Eisenbeton. Heft 13. — Graf: Zement 1925, S. 213. — Graf: Druckfestigkeiten von Zementmörtel. Beton u. Eisen 1925, S. 51. — Hermann: Techn. Gemeindeblatt 1925, S. 250.

[2]) Dipl.-Ing. Beutel: Über das Betonieren bei Frost. Zentralbl. d. Bauverwaltung Nr. 52, S. 594.

Tabelle 27. Ergebnisse der Festigkeitsversuche mit Mörtel
(Versuche des Staatl. Materialprüfungs-
Mittelwerte aus je

	Mischung	Wasser-zusatz %	Art der Erhärtung	Zugfestigkeit nach				
				7 Tagen	28 Tagen	6 Mcn.	1 Jahr	2 Jahren
Zement C								
I	1 Rtl. Zement	7,5	kombiniert	—	44,8	62,1	63,5	63,3
II	+ 2 „ Rohsand		Wasser	28,2	36,6	47,4	48,4	50,3
III			kombiniert	—	22,1	26,2	27,1	27,4
IV	1 Rtl. Zement	6,5	Wasser	11,4	16,7	22,0	26,0	24,9
V	+ 5 „ Rohsand		Luft[1])	12,6	20,6	24,2	24,7	24,9
VI			kombiniert	—	12,5	15,6	15,6	15,7
VII	1 Rtl. Zement	5,75	Wasser	7,8	12,3	16,0	17,7	19,6
VIII	+ 7 „ Rohsand		Luft[1])	10,5	16,5	16,5	16,3	18,0
IX	1 Gewtl. Zement	6,75	kombiniert	—	30,8	34,7	33,3	38,1
X	+ 5 „ Rohsand		Wasser	—	22,1	28,5	28,7	31,6
XI	1 Gewtl. Zement	6,0	kombiniert	—	19,5	24,1	22,9	23,3
XII	+ 7 „ Rohsand		Wasser	—	15,4	21,9	21,0	23,0
XIII	1 Rtl. Gemisch aus 70 Rtl. Zement	7,5	kombiniert	—	39,4	55,8	60,0	63,3
XIV	+ 30 Rtl. Traß + 2 Rtl. Rohsand		Wasser	26,3	39,7	46,5	46,1	49,5
Zement F								
XV	1 Rtl. Zement	7,0	kombiniert	—	51,6	54,6	64,6	67,2
XVI	+ 2 „ Rohsand		Wasser	38,8	48,3	53,0	56,8	55,8
XVII			kombiniert	—	22,6	31,6	30,0	33,2
XVIII	1 Rtl. Zement	6,0	Wasser	15,2	18,9	22,0	25,4	29,5
XIX	+ 5 „ Rohsand		Luft[1])	14,2	22,1	25,5	29,0	28,5
XX			kombiniert	—	13,5	18,3	17,3	18,7
XXI	1 Rtl. Zement	5,25	Wasser	9,5	11,4	17,5	17,0	17,1
XXII	+ 7 „ Rohsand		Luft[1])	9,7	14,3	17,3	18,6	18,0
XXIII	1 Gewtl. Zement	6,25	kombiniert	—	27,9	46,1	48,1	46,6
XXIV	+ 5 „ Rohsand		Wasser	—	24,8	31,4	32,9	36,9
XXV	1 Gewtl. Zement	5,5	kombiniert	—	20,9	29,3	33,4	30,7
XXVI	+ 7 „ Rohsand		Wasser	—	15,8	21,1	22,7	24,0
XXVII	1 Rtl. Gemisch aus 70 Rtl. Zement	7,5	kombiniert	—	41,5	53,2	59,1	61,0
XXVIII	+ 30 Rtl. Traß + 2 Rtl. Rohsand		Wasser	27,4	37,8	44,1	48,1	48,1
	1	2	3	4	5	6	7	8

[1]) Die Proben wurden vom 2.—8. Tage täglich einmal angefeuchtet.

aus Hochofenzement bei Erhärtung bis zu 10 Jahren
amtes in Berlin-Dahlem.)
10 Einzelversuchen.

in kg/cm²		Druckfestigkeit in kg/cm² nach							Verhältnis $\frac{Zug}{Druck}$		
5 Jahren	10 Jahren	7 Tagen	28 Tagen	6 Mon.	1 Jahr	2 Jahren	5 Jahren	10 Jahren	28 Tage	1 Jahr	5 Jahre
Zement C											
62,0	77,7	—	488	611	628	633	668	773	$\frac{1}{10,9}$	$\frac{1}{9,9}$	$\frac{1}{10,8}$
54,7	54,8	302	430	555	577	631	642	803	$\frac{1}{11,7}$	$\frac{1}{11,9}$	$\frac{1}{11,7}$
27,1	28,9	—	147	207	221	235	247	268	$\frac{1}{6,7}$	$\frac{1}{8,2}$	$\frac{1}{9,1}$
25,5	26,2	69	113	157	166	182	202	237	$\frac{1}{6,8}$	$\frac{1}{6,4}$	$\frac{1}{7,9}$
25,7	26,5	77	134	181	208	204	208	231	$\frac{1}{6,5}$	$\frac{1}{8,4}$	$\frac{1}{8,1}$
16,3	17,5	—	90	119	119	126	127	128	$\frac{1}{7,2}$	$\frac{1}{7,6}$	$\frac{1}{7,8}$
21,4	21,5	39	62	88	91	95	101	113	$\frac{1}{5,0}$	$\frac{1}{5,1}$	$\frac{1}{4,8}$
17,1	20,4	49	89	112	117	118	129	130	$\frac{1}{5,4}$	$\frac{1}{7,2}$	$\frac{1}{7,5}$
39,8	40,2	—	211	285	303	319	377	400	$\frac{1}{6,9}$	$\frac{1}{9,1}$	$\frac{1}{9,5}$
33,0	33,2	—	167	236	244	262	296	337	$\frac{1}{7,6}$	$\frac{1}{8,5}$	$\frac{1}{9,0}$
26,1	26,2	—	133	172	177	174	201	211	$\frac{1}{6\,8}$	$\frac{1}{7,7}$	$\frac{1}{7,7}$
23,3	23,5	—	92	127	129	130	158	175	$\frac{1}{6,0}$	$\frac{1}{6,1}$	$\frac{1}{6,8}$
78,1	—	—	381	471	509	492	554	—	$\frac{1}{9,7}$	$\frac{1}{8,5}$	$\frac{1}{7,1}$
54,2	—	222	332	377	391	410	446	—	$\frac{1}{8,4}$	$\frac{1}{8,5}$	$\frac{1}{8,2}$
Zement F											
64,9	80,5	—	580	662	667	654	709	783	$\frac{1}{11,2}$	$\frac{1}{10,3}$	$\frac{1}{11,6}$
04,1	61,2	100	530	627	649	691	714	779	$\frac{1}{11,0}$	$\frac{1}{11,4}$	$\frac{1}{10,9}$
31,4	33,8	—	170	241	250	263	276	292	$\frac{1}{7,5}$	$\frac{1}{8,3}$	$\frac{1}{8,8}$
28,6	28,6	94	144	186	200	207	227	275	$\frac{1}{7,6}$	$\frac{1}{7,9}$	$\frac{1}{7,9}$
29,6	32,9	92	160	210	214	230	239	261	$\frac{1}{7,2}$	$\frac{1}{7,4}$	$\frac{1}{8,1}$
17,3	19,3	—	99	132	131	132	138	145	$\frac{1}{7,3}$	$\frac{1}{7,6}$	$\frac{1}{8,0}$
17,9	19,7	50	78	95	106	115	120	123	$\frac{1}{6,8}$	$\frac{1}{6,2}$	$\frac{1}{6,7}$
17,3	20,4	57	97	126	129	126	134	143	$\frac{1}{6,8}$	$\frac{1}{6,9}$	$\frac{1}{7,7}$
47,1	51,7	—	261	364	373	399	452	509	$\frac{1}{9,4}$	$\frac{1}{7,8}$	$\frac{1}{9,6}$
39,7	40,8	—	211	262	299	324	355	428	$\frac{1}{8,5}$	$\frac{1}{9,1}$	$\frac{1}{8,9}$
34,3	35,2	—	162	228	236	250	261	270	$\frac{1}{7,8}$	$\frac{1}{7,1}$	$\frac{1}{7,6}$
27,7	26,5	—	118	150	161	164	192	227	$\frac{1}{7,5}$	$\frac{1}{7,1}$	$\frac{1}{6,9}$
85,0	—	—	476	559	582	574	675	—	$\frac{1}{11,5}$	$\frac{1}{9,8}$	$\frac{1}{7,9}$
51,0	—	297	434	481	505	512	581	—	$\frac{1}{11,5}$	$\frac{1}{10,8}$	$\frac{1}{11,4}$
9	*10*	*11*	*12*	*13*	*14*	*15*	*16*	*17*	*18*	*19*	*20*

Tabelle 28. Zementproben. Festigkeiten von Mörteln bei Erhärtung bei verschiedenen Temperaturen.

	Bezeichnung	Lagerort	Zugfestigkeit				Druckfestigkeit				Bemerkung
			3 Tage	7 Tage	28 Tage Wasser	komb.	3 Tage	7 Tage	28 Tage Wasser	komb.	
I	Hochofenzement Wr	im Proberaum erhärtet	18,5	23,5	33,7	37,8	158	215	303	378	Monat Januar Luft-temperatur von 0—10° C
II	Hochofenzement Wr	im Freien erhärtet	12,7	20,5	1)	30,7	115	159	1)	232	
III	Portlandzement G	im Proberaum erhärtet	20,0	24,6	25,0	43,5	169	224	277	330	Monat Januar Luft-temperatur von 0—10° C
IV	Portlandzement G	im Freien erhärtet	10,7	13,0	1)	27,1	109	125	1)	216	
	1	2	3	4	5	6	7	8	9	10	11

1) Nicht ausgeführt.

Die Zahlen zeigen, daß tatsächlich der Frost nicht in den Beton einzudringen vermochte, daß also zwar bei Frost betoniert wurde, der Frost den Beton aber gar nicht getroffen hat. Beutel zieht aus den Ergebnissen folgenden richtigen Schluß:

„Die Erfahrung, daß der Erhärtungsvorgang bei niedriger Außentemperatur sich in bedenklicher Weise verlangsamt, gilt nicht für große, geschlossene, wenig gegliederte Betonkörper; es ist unbedenklich, solche Körper mit hochwertigem Zement bei Frost bis zu etwa —7° zu betonieren; in besonders günstig gelagerten Fällen kann sogar die Verwendung unterkühlter Zuschlagstoffe unschädlich sein.

Die Erfahrungen an Probewürfeln und an Konstruktionen geringen Rauminhaltes haben für große geschlossene Körper wegen der vorherrschenden Wirkung der Eigenwärme keine Geltung. Temperaturen nahe über dem Gefrierpunkt sind auf große Betonmassen ohne schädlichen Einfluß."

Sofort nach der Verarbeitung tatsächlich gefrorene Betone erhärten allerdings nach dem Auftauen, erreichen aber niemals mehr die Festigkeiten von Betonen, welche nicht gefroren waren, und vor allen Dingen zeigen sie starke, oft ziemlich tiefgehende Abblätterungen, da das gefrierende Wasser bei der mit dem Gefrieren verbundenen Raumausdehnung (Eis nimmt einen größeren Raum ein als Wasser) das Gefüge des Betons lockert. Diese Dichtigkeitsverminderung gilt auch für Tonerdezemente, welche wenig empfindlich sind gegen Frostwirkung und bei tiefen Temperaturen in ihren Festigkeiten weniger geschädigt werden als Normenzemente.

Als Abhilfe gegen die schädlichen Wirkungen des Frostes dient Anwärmen der Zuschlagsstoffe, des Zementes und des Wassers, wobei die Erwärmung des Wassers von geringerer Wirksamkeit ist, da ja der Beton nur zum kleineren Teil aus Wasser besteht. Zweckmäßiger als die Wassererwärmung ist also das Liegenlassen der Zu-

Tabelle 29. **Beton aus gewöhnlichem Portlandzement.**

Tage nach der Her- stellung des Betons	Niedrigste Außentemperatur	Innen- temperatur	Temperatur- unterschied
0	-7	—	—
1	-2	0	$+2$
2	-1	0	$+1$
3	0	$+5$	$+5$
4	-2	$+10$	$+12$
5	$+2$	$+14$	$+12$

Beton aus hochwertigem Zement.

0	-1	—	—
1	-1	$+11$	$+12$
3	$+1$	$+16$	$+15$

schlagsstoffe und des Zementes in erwärmten Räumen bis kurz vor der Verarbeitung.

Auch der Zusatz von Salzen zu dem Anmachwasser ist zweckmäßig. Soda- und Kochsalz sind nicht angebracht, Chlorkalzium dagegen wirkt günstig bei den meisten Normenzementen, aber auch bei dessen Verwendung sind einige Vorversuche zweckmäßig, da die Zemente sich verschieden verhalten können. Meist werden Chlorkalziumlösungen von $10-15°$ Bé verwendet; die Wirksamkeit der meisten käuflichen Frostschutzmittel beruht allein auf einem solchen Chlorkalziumgehalt.

Bei Tonerdezement muß von jedem Salzwasserzusatz abgeraten werden, da dessen Verhalten gegen Salzgehalt des Anmachwassers noch völlig ungeklärt ist.

Selbstverständlich kann auch durch völlige Fernhaltung des Frostes vom Bauwerk durch Errichtung desselben in großen zeltartigen, geheizten Umhüllungen, welche mit dem Gebäude emporwachsen, die schädliche Wirkung tiefer Außentemperaturen ausgeglichen werden, ein Verfahren, das selbst bei großen Bauwerken in Amerika mit gutem Erfolg wiederholt durchgeführt worden ist.

5. Einwirkung von Austrocknung.

Die schädliche Einwirkung von Austrocknung auf erhärtenden oder auch schon erhärteten Beton wird meistens unterschätzt. Zement braucht zur Erhärtung auch **nach dem Abbinden** noch **Wasser über das Wasser** hinaus, welches im Beton enthalten ist; aus diesem Grunde erreichen auch Betonkörper, welche 24 Stunden nach dem Anmachen reichlich mit Wasser benetzt oder unter Wasser gebracht werden, höhere Festigkeiten als nur an der Luft erhärtete Körper.

Die in Tabelle 30 enthaltenen Zahlen zeigen diese Tatsache deutlich, der Unterschied zwischen den verschieden gelagerten Körpern ist erheblich, besonders bei längerer Lagerung, obgleich die luftgelagerten Körper in einem feuchten, zugfreien Raum gelagert waren:

Tabelle 30. Einwirkung von Trockenlagerung auf Betonfestigkeiten. Druckfestigkeiten 1:3.

	Marke	3 Tage		7 Tage		28 Tage		Kombinierte Lagerung	3 Monate		6 Monate		1 Jahr		2 Jahre	
		Wasser	Luft	Wasser	Luft	Wasser	Luft		Wasser	Luft	Wasser	Luft	Wasser	Luft	Wasser	Luft
I	1. Portlandzement Df	238	225	361	336	453	334	502	452	309	453	320	567	389	—	—
II	2. Portlandzement Wa . . .	142	167	208	228	268	248	348	380	340	457	364	456	330	—	—
III	3. Portlandzement E	132	183	213	196	303	257	360	395	245	337	299	341	262	425	300
IV	4. Portlandzement Zn	141	159	183	214	230	261	298	309	260	412	288	364	333	381	299
V	5. Eisenportlandzement St . .	154	161	198	181	237	282	275	280	269	333	278	350	278	358	280
VI	6. Hochofenzement Aa . . .	126	139	207	224	324	264	360	352	296	395	380	463	352	499	361
VII	7. Hochofenzement Aa . . .	211	196	231	212	359	250	390	425	322	409	370	427	355	426	326
	1	2	3	4	5	6	7	8	9	10	11	12	13	14	15	16

Versuche vor vier Jahren ausgeführt vom Laboratorium des Vulkan Duisburg, Dr. Schruff.

Wird nun einem Beton nicht nur kein Wasser zugeführt, sondern auch noch Wasser entzogen, so bleiben nicht nur die Festigkeiten stark zurück, sondern es können auch starke Schwindungen, Abblätterungen und Zermürbungen auftreten. Die Wasserentziehung tritt nicht etwa nur ein durch Sonnenbestrahlung, sondern auch Wind, Sturm und Zug in überbauten Räumen führen zu erheblichen Wasserentziehungen. Die schlechte Erhärtung mancher Estrichs in geschlossenen Räumen bei offenen Fenstern und das Reißen mancher Betonstraße ist der Nichtbeachtung der schädlichen Wirkung der Austrocknung zuzuschreiben.

Die in Tabelle 31 zusammengestellten Versuchsergebnisse des Verfassers zeigen deutlich die schädliche Wirkung der Austrocknung durch Zugwirkung und Wassermangel.

Die Körper wurden 24 Stunden gemeinsam gelagert und dann der Zugwirkung ausgesetzt.

Frisch hergestellter Beton muß deshalb durch geeignete Vorkehrungen, bei Estrich und Straßenbau durch Aufbringung von feuchtem Sand mindestens 14 Tage vor Austrocknung geschützt, am besten auch von Zeit zu Zeit bespritzt werden. Das Bespritzen bei aufsteigenden Betonbauwerken ist in Trocken- oder Sturmzeiten täglich reichlich zu wiederholen.

6. Hitze.

a) **Erhitzung unter 100°** ist, falls es sich um trockne Hitze handelt, bei frischem Beton ebenso schädlich wie Austrocknung, da dem Beton aus Wassermangel die Möglichkeit zur Weitererhärtung genommen wird. Feuchte Hitze der gleichen Wärmegrade schadet nur allzu frischem Beton. Die diesbezüglichen Verhältnisse erhellen aus den Versuchsergebnissen der Tabelle 33, welche auch gleichzeitig die Wirkung

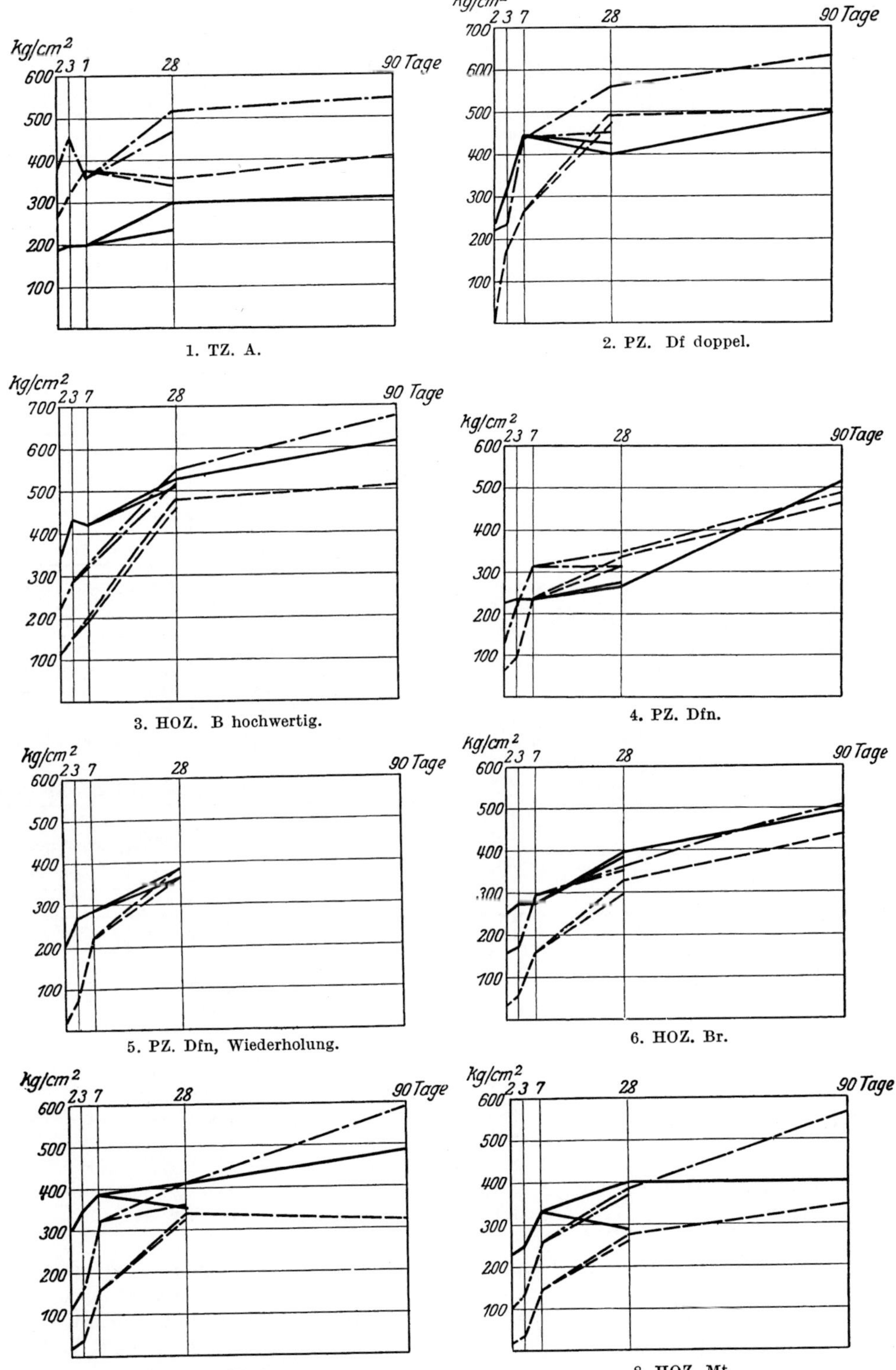

Abb. 73. Erhärtung von Beton bei verschiedenen Temperaturen (Tabelle 33).
Zeichenerklärung: – – – Erhärtung bei 0°. · – · – · Erhärtung bei 17°. ——— Erhärtung bei 50°.

Tabelle 31. Druckfestigkeit bei Erhärtung unter verschiedenen Versuchsbedingungen.

	Portlandzement			Hochofenzement		
	3 Tage	7 Tage	28 Tage	3 Tage	7 Tage	28 Tage
1. Wasserlagerung	242	303	525	242	331	487
2. Luftlagerung	262	333	451	260	323	424
3. Kombinierte Lagerung			538			493
4. Lagerung im Zug	226	281	375	244	291	379
5. „ „ feuchten Sand	232	299	469	242	309	447
6. „ „ Freien	205	260	350	209	265	367
7. „ in heißem Wasser	275	367	502	305	369	498

Tabelle 32. Festigkeiten von Mörteln bei Er-

	Zementmarke	Koch-probe	Darr-probe	Siebrückstände			Abbindezeit		Bei normaler Raum-			
									Zugfestigkeit 1 : 3			
				Maschen je qcm					Wasser			komb.
				900	5000	10 000	Be-ginn	Ende	3 Tage	7 Tage	28 Tage	28 Tage
I	Hochofenzement Aa	best.	best.	0,1	4.8	11,2	2^{50}	3^{40}	20,7	32,7	39,5	45,5
II	Hochofenzement Ln	„	„	Spur	3,2	10,2	4^{15}	5^{45}	24	32	34,2	41,7
III	Portlandzement Wa	„	„	2,0	17,4	28,8	4^{25}	5^{30}	19	22,5	21,2	37,5
IV	Portlandzement Bn	„	„	2,4	20,0	30,2	4^{35}	5^{40}	19,5	19	28	32
V	Portlandzement Df	„	„	1,0	16,8	28,4	5^{05}	6^{20}	20,5	28	28,7	31,5
	1	2	3	4	5	6	7	8	9	10	11	12

Die Körper lagerten 24 Stunden im Laboratorium, von da an 1. bei

Tabelle 33. Einwirkung verschiedener Temperaturen

	Zementart		Siebfeinheiten					Bindezeit bei 17° C		Temperatur
										Lagerung
			900	2500	4900	7500	10 000	An-fang	Ende	Tage 1 +
I	Tonerde-zement	}A	0,2	4,2	18,6	21,5	28,0	1^{40}	4^{40}	
II	Hoch-wertige	Df (PZ)	0,1	0,4	5,5	7,2	9,4	2^{00}	4^{05}	
III	Zemente	Br (HOZ)	0,1	0,3	1,9	3,0	5,0	1^{00}	3^{10}	
IV	Normale Portland-	Df	0,4	4,3	16,7	20,3	20,4	2^{10}	6^{05}	
V	zemente	Df								
VI	Normale	Br	0,1	0,4	5,0	7,5	8,6	1^{45}	5^{40}	
VII	Hochofen-	Aa	0,1	0,6	5,4	8,0	9,3	2^{05}	5^{50}	
VIII	zemente	Mt	Spuren	0,3	3,5	5,6	5,8	2^{55}	6^{45}	
	1		2	3	4	5	6	7	8	

von Temperaturen von 0° zeigt. Die Arbeiten werden im Materialprüfungsamt der I.-G. Farbenindustrie Leverkusen von Dr. Werner ausgeführt. (Abb. 73.)

Bemerkenswert ist, daß Tonerdezement schon gegen derartige verhältnismäßig niedrige Temperaturen von 50° empfindlich ist und geschädigt wird. Bei Versuchen, welche im Forschungsinstitut mit heißen Salzlösungen vorgenommen wurden, zeigte sich gleichfalls

Schädigung des gegen Sulfate so widerstandsfähigen Tonerdezementbetons bei Einwirkung heißer magnesiumchloridhaltiger Flüssigkeit.

b) Stärkere Hitze vermag, wenn sie nicht über 500° steigt, einem gut erhärteten Beton nichts mehr anzuhaben, wenn sie auch ein weiteres Steigen der Festigkeiten verhindert. Endell[1] fand, daß erhärteter Zement bei allmähliger Erhöhung bei 530° Wärme verbraucht, also sich verändert und führt diese Tatsache auf Anwesenheit von Kalkhydrat im abgebundenen Beton, welches bei 530° unter Wärmeverbrauch, Wasser abgibt, zurück. Tatsächlich wurde auch Kalkhydrat im Beton von Keisermann und Passow[2] dem Jüngeren festgestellt. Als Folgerung aus seinen Arbeiten empfiehlt Endell als Zuschlagstoffe statt

härtung bei verschiedenen Temperaturen (Dr. Schruff).

temperatur = 17° C					Bei Kältelagerung = 0°										
Druckfestigkeit 1 : 3					Zugfestigkeit 1 : 3				Druckfestigkeit 1 : 3					Abbindezeit	
Wasser				komb.	Wasser			komb.	Wasser				komb.		
2 Tage	3 Tage	7 Tage	28 Tage	28 Tage	3 Tage	7 Tage	28 Tage	28 Tage	2 Tage	3 Tage	7 Tage	28 Tage	28 Tage	Beginn	Ende
211	240	393	525	592	8	16,5	33,7	31	87	97	167	348	406	10^{05}	13^{45}
219	241	372	508	534	9	21	33	34	70	90	204	407	438	12^{25}	17^{45}
184	218	319	410	484	7,5	19	28,7	27	61	78	195	358	401	12^{35}	16^{00}
155	170	266	319	442	8,5	18,2	24	27	61	74	142	287	342	14^{05}	19^{50}
145	206	331	426	470	11,5	19,5	26,7	32	72	87	187	306	385	16^{00}	21^{40}
13	*14*	*15*	*16*	*17*	*18*	*19*	*20*	*21*	*22*	*23*	*24*	*25*	*26*	*27*	*28*

normaler Raumtemperatur, 2. im Kälteraum bei 0°.

auf die Druckfestigkeiten von Beton (Dr. Werner).

Druckfestigkeiten kg/cm²																	
0°	17°	50°	0°	17°	50°	0°	17°	50°	0°	17°	50°	0°	17°	50°	0°	17°	50°
W	W	W	W	W	W	W	W	W	W	W	W	komb.	komb.	komb.	komb.	komb.	komb.
1	1	1	2	2	2	6	6	6	27	27	27	27	27	27	90	90	90
278	380	190	314	446	196	376	355	198	342	469	239	357	511	297	403	547	301
50	222	240	172	234	314	269	433	445	478	456	424	492	560	407	502	631	491
111	224	337	147	288	434	197	316	423	462	523	513	467	558	521	510	673	611
68	139	229	90	211	231	236	317	234	316	319	279	339	349	268	463	484	511
27	—	215	70	—	265	218	—	286	369	—	377	381	—	389	—	—	—
32	161	256	52	171	277	156	292	278	298	351	389	322	364	391	434	509	489
26	119	307	46	169	353	159	321	383	332	366	358	335	417	416	321	599	486
21	105	238	34	134	253	144	251	334	270	378	289	273	384	401	348	562	404
9	*10*	*11*	*12*	*13*	*14*	*15*	*16*	*17*	*18*	*19*	*20*	*21*	*22*	*23*	*24*	*25*	*26*

Quarz und Granit für temperaturbeanspruchte Bauten Hochofenstückschlacke und Basalt. Seine Ergebnisse decken sich mit denjenigen umfangreicher amerikanischer Versuche[3].

---

[1] Endell: Über die Einwirkung hoher Temperaturen auf erhärteten Zement, Zuschlagstoffe und Beton. Zement 1926, Nr. 45, S. 823.

[2] Passow: Verfahren zur Bestimmung des freien Kalks im abgebundenen Portlandzement. Zement 1923, S. 87.   [3] Grün, R.: Der Beton 1926. S. 46.

7. Überflutung.

Durch Überflutung wird Beton immer etwas geschädigt, wenn diese sofort nach der Verarbeitung einsetzt. Überflutung des Betons nach dem Erhärten, also nach ca. 24 Stunden, ist ohne Belang, vorausgesetzt, daß die überflutende Flüssigkeit keine schädlichen Salze enthält, die den Beton allmählich zerstören können (s. Abschnitt 10). Besondere Vorsicht ist geboten bei Überflutung sofort nach der Herstellung; wenn irgend möglich, ist diese stets zu verhindern, da Salze, die einem abgebundenen Beton gar nichts mehr anzuhaben vermögen, einen frischen Beton bis zur völligen Zerstörung zu schädigen vermögen.

Durch organische schwefelhaltige Substanzen in ganz geringem Maß verunreinigtes Wasser hat die Füße frisch hergestellter und sofort teilweise überfluteter Betonsäulen so stark zerstört, daß das Gebäude sich senkte und nur mit Mühe zu erhalten war. R. Grün stellte die Schädlichkeit des Wassers in Laboratoriumsversuchen zahlenmäßig fest, wie nebenstehende Tabelle zeigt[1]). (Abb. 74—76).

Der Festigkeitsverlauf zeigt, daß durch Einbringen des Betons in Wasser noch 5 Stunden nach der Herstellung Schädigungen eintreten, welche besonders groß waren bei dem Wasser von der Baustelle, das Spuren eines organischen schwefelhaltigen Salzes enthielt.

Tabelle 34. Hochofenzement, Portlandzement und hochwertiger Portlandzement in gewöhnlichem Wasser und schädlichem Wasser von einer Baustelle. Druckfestigkeit nach 3 Tagen 1:5 G. T.

In das Wasser gelegt nach:	Gewöhnliches Wasser kg/cm²	Wasser der Baustelle kg/cm²
Hochofenzement		
1 Stunde . .	10	4
2 Stunden .	15	7
3 ,, . .	15	9
4 ,, . .	18	9
5 ,, . .	18	14
24 ,, Luft, dann Wasser	25	—
Portlandzement		
1 Stunde . .	8	0
2 Stunden . .	8	2
3 ,, . .	11	4
4 ,, . .	13	11
5 ,, . .	15	16
6 ,, . .	15	18
7 ,, . .	20	22
8 ,, . .	21	22
9 ,, . .	24	22
10 ,, . .	23	23
11 ,, . .	24	25
12 ,, . .	25	22
Hochwertiger Portlandzement		
1 Stunde . .	20	16
2 Stunden .	20	18
3 ,, . .	26	18
4 ,, . .	26	23
5 ,, . .	30	25
24 ,, Luft, dann Wasser	42	—

— nicht geprüft.

In neuerer Zeit sind erneut ähnliche Fälle bekannt geworden; ein Schutz des frischen Betons gegen Überflutung vor der Erhärtung ist also, auch um Ausspülungen von Zement zu vermeiden, stets zweckmäßig.

---

[1]) Grün, R.: Die Zerstörung frischen Betons durch salzhaltiges Wasser. Bauingenieur 1926, S. 191.

8. Schwindung und Dehnung.

Ebenso wie der erhärtete Beton in der Erhärtung nicht stehenbleibt, sondern langsam weiter erhärtet, auch, wenn auch unerheblich, in der Festigkeit absinkt und wieder ansteigt, verändert er auch sein Volumen, er schwindet und wächst. Das Wachsen und Quellen ist bei normalen Betonen von geringer Bedeutung, da es bald abgelöst wird durch die Raumverkleinerung: das Schwinden.

Selbstverständlich können stark treibende Zemente auch eine erhebliche Raumvergrößerung hervorrufen, welche zu einer völligen Zerstörung des Betons führen kann. Derartige Zemente, die zuviel Kalk oder Magnesia enthalten, sind aber unter den bekannten Marken heute nicht mehr auf dem Markt, und Schädigungen durch sie sind nicht zu befürchten.

Zemente, welche wohl die Normenprobe, nicht aber die Kochprobe nicht bestehen, wie sie heute bisweilen noch vorkommen, sind völlig harmlos. Auch bei verhältnismäßig starkem „Treiben" derartiger Zemente insofern als die Purproben zerkochen oder sich beim Darren krümmen, ist von solcher Handelsware keine schädliche Einwirkung auf den Beton zu erwarten, da die Magerung und die Erhärtung bei normalen Temperaturen jede Schädigung des Bauwerkes ausschließt. Nur beim Bau von Heißwasserbehältern und bei zu erwartender Einwirkung schädlicher Lösungen und Dämpfe sind in bezug auf Kochproben völlig raumbeständige Zemente unerläßlich. Gipsgehalt der Zuschlagstoffe oder der sehr schädliche, leider bisweilen noch geübte Gipszusatz zum Beton kann zu Treiberscheinungen führen, deshalb ist auf Fernhaltung von Gipszusätzen zum Beton in jeder Form zu sehen.

Abb. 74. Zerstörung von Betonsäulenfüßen durch frühzeitiges Überfluten mit schädlichem Wasser.

Weit wichtiger als das Treiben ist das Schwinden des Betons, da es zu unangenehmen, zwar den Bestand des Bauwerkes nicht direkt gefährdenden, immerhin aber schädlichen Schwindrissen führt, die ihrerseits Angriffspunkte für andere schädigende Wirkungen sein können. Bei großen Bauwerken sind deshalb Schwind- und Dehnungsfugen zweckmäßig; schnelle Austrocknung, die Schwindrisse im Gefolge hat und Putz in Purzement, der gleichfalls stark schwindet, ist zu vermeiden.

Beim Straßenbau ist die Schwindung von besonderer Bedeutung, da
Schwindrisse bei Straßen besonders unschön aussehen und zu Beschädi-
gungen des Betons Anlaß geben können. Es müssen deshalb beim Straßenbau folgende Punkte besonders beobachtet werden, welche natürlich auch für andere Bauwerke gelten, bei welchen Schwindrisse unbedingt vermieden werden sollen:

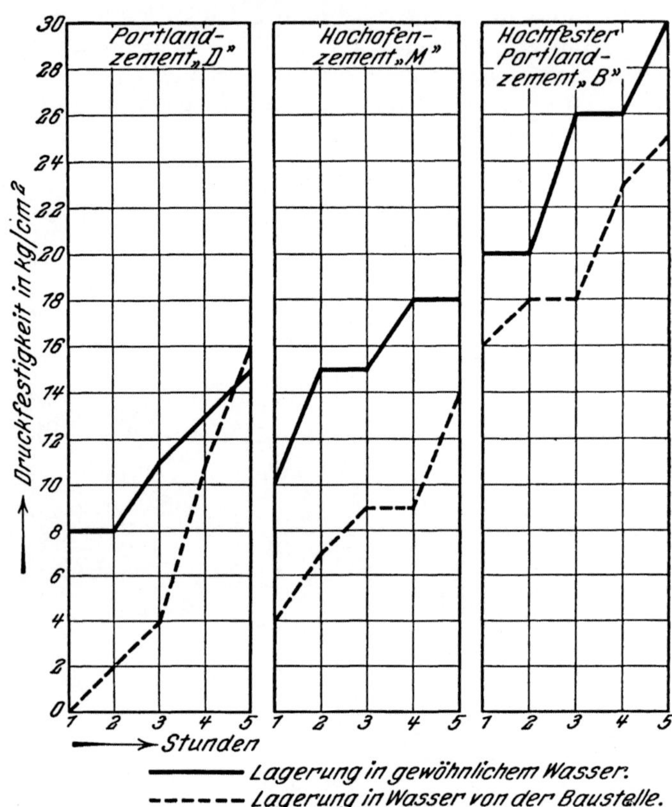

Abb. 75. Verhalten von Beton beim Einlagern in verschiedene Wässer 1—5 Stunden nach der
Anfertigung.

1. Verwendung eines hochgebrannten Normenzementes mit guten Festigkeiten.
2. Verwendung erstklassiger Zuschlagstoffe mit rauher Oberfläche und
großer Druckfestigkeit: Granitschotter und Granitsand.
3. Mischung der Zuschlagstoffe in bezug auf Korngröße nach der Porenvolumenkurve (siehe Grün, R.: Der Beton, S. 6) bei genügendem Anteil auch an
feinstem Korn (feinem Sand u. dgl.).
4. Genügender, aber nicht zu hoher Zementanteil (350—420 kg/m³).
5. Erstklassige Mischung und vorzügliche intensive Stampfung bei möglichst
trockner Verarbeitung. Nasse Verarbeitung erhöht die Schwindneigung.
6. Knirsch gestoßene Fugen alle 15—25 m, evtl. Herstellung der einzelnen
Felder umschichtig, also unter jeweiliger Auslassung je eines Feldes, das später
nachgeholt wird.
7. Überschichtung des fertigen Betons mit feuchtem Sand, der dauernd
feucht gehalten wird, oder Abdeckung mit Dächern.

Wird in der Weise gearbeitet, so ist die Verwendung eines Zementes mit besonderen Zuschlägen überflüssig, da das Schwindmaß nicht von solchen an sich harmlosen Zusätzen (in der Regel werden 8—10% für den Zement empfohlen, also in den Beton nur etwa 2% eingebracht), sondern in erster Linie von den Zuschlägen überhaupt und der Verarbeitungsweise abhängt.

9. Einwirkung chemischer Stoffe.

Ganz allgemein kann gesagt werden, daß Beton zwar einen ganz außerordentlich widerstandsfähigen Baustoff darstellt, daß aber seine Widerstandskraft gegen chemische Einwirkungen überschätzt wurde. Erst die letzten Jahre haben gezeigt, daß viele Grundwässer, welche zum Beispiel organisches Leben nicht schädlich beeinflussen, imstande sind, im Laufe der Zeit Beton zu zerstören. Es muß deshalb gefordert werden,

Abb. 76. Durch frühzeitige Überflutung mit schädlichem Wasser zerstörte Körper.

daß bei größeren Bauausführungen hauptsächlich in der Nähe von bestehenden oder früheren Mooren, Schlackenhalden, chemischen Fabriken, Kaliwerken, Meeresarmen u. dgl., das Grund- oder Flußwasser vor Errichtung der Bauwerke auf seine chemischen Bestandteile untersucht und gegebenenfalls durch entsprechende Schutzmaßnahmen der Beton vor nachhaltigen Beeinflussungen durch Wässer oder Dämpfe u. dgl. geschützt wird (ausführlich sind die hier vorliegenden Verhältnisse behandelt in dem Buch „Der Beton"[1]) und anderen, hierher gehörenden Veröffentlichungen).

a) Allgemeines über den Mechanismus der Zerstörungen. Der erhärtete Beton besteht aus den zu seiner Herstellung benutzten, unverändert bleibenden Kies- und Sandbestandteilen, welche durch den abgebundenen Zement miteinander verkittet sind. Bei dem Abbinden und der Erhärtung des Zementes bilden sich aus ihm Kalziumsilikate und Kalziumaluminate, und zwar herrschen im Portlandzement und Hochofenzement Kalziumsilikate vor, während der abgebundene Tonerdezement aus Kalziumaluminaten besteht. Diese unter gewöhnlichen Verhältnissen wasserunlöslichen Salze verleihen dem Beton die hohe Widerstandskraft gegen Zug-, Druck- und Abnutzungsbeanspruchungen,

---

[1] Grün, R.: Der Beton. Berlin: Julius Springer 1926.

welche ihn vor fast allen anderen Baustoffen auszeichnen. Sie sind aber nur so lange imstande, den Beton widerstandsfähig zu machen, als sie in ihrem Zusammenhang nicht gestört werden. Eine derartige Zusammenhangstörung kann aber eintreten, wenn die genannten Salze chemisch verändert, also in andersartige, z. B. wasserlösliche Salze übergeführt werden: dann zerfällt oder zertreibt der Beton.

Die besagte Veränderung der bindenden Silikate und Aluminate kann nur eintreten durch Einwirkung chemischer Stoffe, z. B. durch Säuren, Salze und Öle. Denn diese chemischen Körper vermögen die Silikate und Aluminate in andere chemische Salze zu überführen, welche nicht mehr imstande sind, den Kieszuschlag zu verkitten.

Die Hauptbestandteile des abgebundenen Portlandzementes, die Kalziumsilikate bestehen aus der starken Base Kalk und der schwachen Säure Kieselsäure.

Der Hauptbestandteil des Tonerdezementes ist Kalziumaluminat, also auch wieder ein Salz der starken Base Kalk, hier aber mit der schwachen Base Tonerde.

Die Gegenwart der starken Base Kalk in den beiden Salzen bedeutet stets dann eine Gefahrenquelle für den abgebundenen Beton, wenn Salze auf den Beton zur Einwirkung kommen, zu welchen diese Base Kalk eine größere chemische Verwandtschaft hat als zu der Kieselsäure bzw. Tonerde, an welche sie in dem Beton gebunden ist. Dann sucht sich nämlich der Kalk aus seiner Verbindung freizumachen und mit dem chemischen Körper, zu welchem er eine größere Verwandtschaft hat, zu verbinden. Als solche Agenzien, mit welchen sich der Kalk zu verbinden sucht, seien vor allen Dingen alle freien Säuren, dann die Salze schwacher Basen und stärkerer Säuren und schließlich die Sulfate genannt.

b) Die einzelnen Arten von chemischen Verbindungen und ihre Einwirkungsweise.

Säuren. Die freien Säuren haben ohne weiteres auch ihrerseits die starke Tendenz, sich mit dem Kalk aus dem Beton zu verbinden und sie bilden deshalb, sobald sie zur Einwirkung auf den Beton kommen, mit dem Kalk desselben die entsprechenden Kalksalze,

Tabelle 34. Einwirkung einer Endlauge[1]) kalt und heiß auf Mörtelwürfel aus verschiedenen Zementarten.

	Zementart	$1:5$ Rt. = Gt.	Nach 7 Tagen Luftlagerung	Kaltes Wasser		Heißes Wasser		Kalte Lauge		Heiße Lauge	
				halb	ganz	halb	ganz	halb	ganz	halb	ganz
				eingetaucht		eingetaucht		eingetaucht		eingetaucht	
I	TZ	1:7,8	184	196	198	73	62	167	186	121	125
III	HOZ . . .	1:7,4	93	106	112	120	122	93	102	130	165
II	PZ	1:7,1	105	140	126	131	138	104	96	145	186
	1	*2*	*3*	*4*	*5*	*6*	*7*	*8*	*9*	*10*	*11*

Körper in Lösung gesetzt nach 7 Tagen, geprüft nach weiteren 38 Tagen.

[1]) Zusammensetzung: 170 g NaCl im Liter
160 g KCl im Liter
100 g $MgSO_4$ im Liter
50 g $MgCl_2$ im Liter

z. B. bildet Salzsäure Kalziumchlorid, Schwefelsäure Kalziumsulfat, Milchsäure Kalziumlaktat, Ölsäure Kalziumoleat usw. All diese Kalksalze haben nicht mehr die Fähigkeit, den Zuschlag des Betons zu verkitten, sie sind im Gegenteil wasserlöslich und weich. Bei Einwirkung der betr. Säuren verwandelt sich also das harte, wasserunlösliche Kalksilikat bzw. Aluminat, welches den kittenden Bestandteil darstellt, in das wasserlösliche weiche Kalksalz der betreffenden einwirkenden Säure. Bei Normenzementen scheidet sich Kieselsäure, bei Tonerdezementen Tonerde in gelatinöser Form ab, und der Beton zerfällt. (Abb. 77).

Salze. Bei Einwirkung von Salzen, welche aus schwachen Basen und stärkeren Säuren bestehen, vertreibt der Kalk des Betons als starke Base — vor allen Dingen, wenn es sich um jungen Beton aus hochkalkigem Zement handelt, der noch viel freien Kalk enthält — die schwache Base des einwirkenden Salzes aus ihrer Verbindung mit der stärkeren Säure und verbindet sich mit dieser stärkeren Säure. So entsteht z. B. bei Einwirkung von Magnesiumsulfat auf Portlandzementbeton Kalziumaluminiumsulfat, und die Magnesia des ursprünglich einwirkenden Magnesiumsulfates, so wie die Kieselsäure des Kalziumsilikats, welches den

Abb. 77. Durch Ammoniumsalze zerstörter Beton.

Beton ursprünglich gebildet hat, scheiden sich aus. Das Kalziumaluminiumsulfat selbst kristallisiert mit 32 Molekülen Wasser und zertreibt den Beton, da es infolge seines hohen Wassergehaltes einen wesentlich größeren Raum einnimmt als das Kalziumsilikat, welches ursprünglich den kittenden Bestandteil des Betons gebildet hat. (Abb. 78 u. 79).

Da Magnesia eine schwächere Base ist als der Kalk, sind in dieser Weise alle Magnesiumsalze für den Beton gefährlich, ebenso die Salze der schwachen Basen Aluminiumoxyd, Eisenoxyd usw.

Eine besonders schwache Base stellt das Ammonium dar. Es wird deshalb besonders leicht von dem Kalk aus seinen Salzen verjagt, während sich der Kalk mit den Säureresten, die übrigbleiben, unter Zerstörung des Betons verbindet. Aus diesem Grund sind ausnahmslos alle Ammoniumsalze gefährliche Betonzerstörer. (Abb. 77).

Fette Öle. Als letzte Verbindung starker Säuren mit schwächeren Basen seien die fetten Öle genannt, welche aus der schwachen Base Glyzerin und der stärkeren Ölsäure bestehen. Auch hier verbindet sich der Kalk des Betons mit der Ölsäure zu Oleat. Das Öl selbst wird zersetzt, ebenso aber auch der Beton in ganz kurzer Zeit zerstört. Leinöl, tierisches Öl und alle anderen Fette, also alle für den menschlichen Genuß geeigneten d. h. verdaulichen Öle und Fette, sind deshalb unter die schlimmsten Betonfeinde zu rechnen, sie zerstören den Beton in ganz kurzer Zeit.

Mineralöle. Nicht zu verwechseln mit diesen fetten Ölen organischer Herkunft, sind die sogenannten Mineralöle. Diese Mineralöle vermögen den Beton auf chemischem Wege nicht zu schädigen, falls sie frei von Säuren sind. Sie erniedrigen nur die innere Reibung des Be-

Abb. 78.   Durch Sulfateinwirkung zerstörter Beton.

tons durch ihre „schmierende" Wirkung und erniedrigen dadurch seine Druckfestigkeiten. Außerdem verdrängen sie aus ihm das zur Nachhärtung notwendige Wasser oder halten es zum mindesten fern. Auch dadurch wird naturgemäß ein Zurückbleiben der Druckfestigkeiten veranlaßt. Schädlich werden Mineralöle natürlich dann, wenn sie fette Öle organischer Herkunft enthalten, z. B. Leinöl, da diese ja schädliche Salze von Fettsäure mit Glyzerin, darstellen. Die Mineralöle selbst sind chemisch reaktionsträge und verbinden sich infolgedessen nicht mit dem Kalk des Betons. Bekanntlich werden die Mineralöle gewonnen durch fraktionierte Destillation von Naphtha, welches aus der Erde kommt (Pennsylvanien, Kaukasus, Lüneburger Heide), oder von Rohteer. Bisweilen enthalten sie, besonders die letzteren (Teer), als Säuren Phenole, die sich mit dem Kalk des Betons zu Kalzium-Phenolat verbinden und dadurch den Zusammenhalt des Betons schädigen. Mineralöle sind also stets bevor sie zur Einwirkung auf den Beton kommen, auf Säuregehalt und Gehalt an fetten Ölen zu prüfen.

Die leichteren Kohlenwasserstoffe aus der Naphtha- oder Teer-
destillation, nämlich Benzin, Benzol, Petroleum u. dgl. schädigen zwar
Beton nicht, sie durchdringen ihn aber in ganz kurzer Zeit. Sollen also
Behälter für derartige leichtflüssige Kohlenwasserstoffe hergestellt
werden, so sind diese durch einen Überzug von Aluminiumblech, Zink-
blech oder durch einen Anstrich von Kunstharz (Margalit) gegen das
Durchdringen von derartigen Kohlenwasserstoffen zu schützen, da
diese sonst verlorengehen und gegebenenfalls die Nachbarschaft ver-
seuchen.

Basen. Da der Beton einen stark basischen Körper darstellt, ist er
naturgemäß gegen Basen, also Kalkwasser, Natronlauge, Kalilauge, sehr
widerstandsfähig. Es sind allerdings schon bei Einwirkung sehr starker
Basen, wie starke Natronlauge, angeblich Betonzerstörungen beobachtet

Abb. 79. Durch Sulfat zerstörter Beton nach Entfernung des zertriebenen Betons.

worden. Es konnte bis jetzt aber noch nicht nachgewiesen werden, ob
die beobachteten Zerstörungen tatsächlich auf die Baseneinwirkung
oder auf Kristallisationsdrucke oder ähnliche Erscheinungen zurückzuführen war.

c) Die Anzeichen von Betonzerstörungen. Betonzerstörungen
lassen sich häufig nach kurzer Zeit schon erkennen, wenn eine tiefgehende Schädigung des Betons noch nicht eingetreten ist. Bisweilen
treten sie allerdings auch krankheitsartig plötzlich auf. Bei einiger Vorsicht und Aufmerksamkeit können aber schon, ehe tiefgehende Schädigungen eingetreten sind, die untrüglichen Anzeichen der Betonzerstörung erkannt werden. Folgende verschiedene Erscheinungen können
beobachtet werden:

Absanden des Betons. Ein Absanden des Betons, d. h. ein Locker-
werden des Sandes in der obersten Schicht, ein Rauhwerden und eine
Bloßlegung der Kieselsteine läßt ohne weiteres darauf schließen, daß es
sich bei der Einwirkungsweise um diejenige von freier Säure handelt.

In solchen Fällen wird von der einwirkenden Flüssigkeit blaues Lackmuspapier, das in jeder Apotheke zu haben ist, rot gefärbt, und diese Rotfärbung zeigt die Anwesenheit freier Säure an (Abb. 80).

Ist das Absanden des Betons begleitet von weißen kristallinischen Ausscheidungen, oder treten nur diese kristallinischen Ausscheidungen häufig in dicken Klumpen auf, so handelt es sich bei der einwirkenden Säure um Kohlensäure, welche den aus dem Beton herausgelösten Kalk auf der Oberfläche als kohlensauren Kalk zurückläßt. Dieser kohlensaure Kalk braust bei Aufbringung einiger Tropfen Salzsäure lebhaft auf und ist in Wasser unlöslich. Häufig ist der Belag nicht weiß, sondern rostrot gefärbt durch Ausscheiden von Eisenoxyd (Rost). Dieses Eisenoxyd braucht keineswegs schon aus den Eiseneinlagen herausgelöst zu sein, es kommt auch bei gewöhnlichem Stampfbeton vor und läßt darauf schließen, daß das einwirkende kohlensaure Wasser Ferrohydrokarbonat enthält, welches sich nach der Einwirkung des Wassers auf dem Beton als Eisenoxyd abscheidet.

Abb. 80. Durch chemische Angriffe geschädigte Betonkörper.

Aufquellen des Betons. In einem Beton auftretende Risse deuten auf Sulfateinwirkung. Der aufgequollene und zertriebene Beton zerfällt meist nach kurzer Zeit unter Erweichung. Finden sich gleichzeitig schleimige Überzüge auf dem Beton, so handelt es sich um Magnesiumsulfat, da aus diesem die Magnesia in schleimiger Form als Magnesiumhydroxyd auf dem Beton sich abscheidet. Weiße Ausblühungen von Gips sind häufig bei derartigen Zerstörungen zu beobachten, hauptsächlich, wenn es sich um Einwirkung von Gipswasser oder Natriumsulfat u. dgl. handelt.

Weichwerden des Betons. Wird der Beton ohne besondere Treiberscheinungen in sich weich, so kann es sich um verschiedene Arten von Einwirkungen handeln, z. B. um Zuckereinwirkung, die allerdings nur langsam eintritt. Zucker ist weit gefährlicher für das Anmachwasser, da er besonders in diesem Fall die Erhärtung des Betons verhindert. Tritt das Weichwerden des Betons in Gegenwart von Öl auf, so ist es meist mit der Bildung von Treibrissen begleitet und läßt darauf schließen, daß das einwirkende Öl ein organisches Öl, z. B. Leinöl oder Butter u. dgl. ist.

In allen Fällen muß beim Eintritt von Zerstörungen sofort an Abhilfemaßnahmen gedacht und diese mit Energie ergriffen werden. Die

Abhilfemaßnahmen haben sich zu erstrecken auf die Entfernung des zerstörten Betons, Ummantelung des gesunden Betons mit neuem widerstandsfähigem Beton und Fernhalten der schädlichen Lösungen. Die Maßregeln, welche zu ergreifen sind zur Errichtung eines widerstandsfähigen Betons und zur Fernhaltung bzw. zum Unschädlichmachen der schädlichen Wässer richten sich ihrerseits wieder nach der Art der schädlichen Einflüsse. Genaue Aufklärung über diese Art der schädlichen Einflüsse kann nur eine sachgemäße, in einem chemischen Speziallabora-

Abb. 81. Fluatieren der Ruhrschleuse Duisburg mit Aeternumfluat der Gewerkschaft Claudius im Spritzverfahren.

torium auszuführende Analyse, gegebenenfalls eine Untersuchung der ganzen vorliegenden Verhältnisse, geben.

d) Die Verhinderung der Betonzerstörung. Um eine Zerstörung des Betons, welche dadurch hervorgerufen wird, daß der Kalk desselben spaltend auf die genannten zersetzbaren Salze einwirkt und dabei zur Zerstörung des Betons führt, zu vermeiden oder möglichst lange hintanzuhalten, ist es notwendig, den freien Kalk des Betons zu binden oder dafür zu sorgen, daß der Beton möglichst wenig freien Kalk enthält, da die Zerstörungen besonders bei der häufigen Einwirkung von Sulfaten stets von dem freien Kalk des Betons ausgehen. Dieses Ziel

10*

der Herstellung eines Betons mit wenig freiem Kalk wird erreicht dadurch, daß man

1. mit kalkarmen Zementen arbeitet,
2. daß man dem Beton Zuschläge gibt, welche dichtend wirken und den freien Kalk binden, z. B. Puzzolanerde oder Traß (S. 52),
3. daß man den freien Kalk nachträglich absättigt.

Diese Absättigung kann vorgenommen werden dadurch, daß man entweder den Beton längere Zeit an der Luft stehen läßt, wodurch sich der Kalk mit der Kohlensäure der Luft in nicht reaktionsfähigen kohlensauren Kalk umsetzt, oder dadurch, daß man den Beton mit Salzlösungen behandelt, die den Kalk in unlösliche Form überführen. Als solche Salzlösungen kommen in Betracht: Ammoniumkarbonat und vor allen Dingen die sog. Fluate, welche den Kalk im ersten Fall in Kalziumkarbonat, im zweiten Fall in unlösliches Kalziumfluorid überführen (Abb. 81).

Gegen freie Säuren vermag auch das letztgenannte Mittel den Beton nicht dauernd zu schützen, da auch die durch ihre Einwirkung gebildeten Kalkverbindungen und die im Beton außerdem noch vorhandenen Kalziumaluminiumsilikate durch die starken freien Säuren zerstört werden.

Bei Einwirkung freier Säuren ist es deshalb notwendig, den Beton durch eine Schutzhaut von den freien Säuren abzuschließen. Diese Schutzhaut kann gebildet werden durch entsprechende Bitumen- oder Harzanstriche, oder bei stärkeren Säuren durch Plattenbelag. Als Schutzanstriche sind zur Zeit im Handel:

Aeternum, Gewerkschaft Claudius, Großenbaum.
Awa-Asphalt, A. W. Andernach G. m. b. H., Beuel a. Rh.
Betonit, Betonit G. m. b. G. Essen.
Emaillit, C. F. Weber A.-G., Leipzig-Plagwitz.
Inertol, Paul Lechler, Stuttgart.
Nigrit, Rosenzweig & Baumann, Kassel.
Orkit, Hans Hauenschild, Hamburg 1.
Preolit, A. Prée, Dresden.
Siderosthen-Lubrose A.-G. Johannes Jeserich, Charlottenburg, Salzufer 17/19.
Triwaldol, Wirth, Waldthausen und Schulz, Langendreer.
Zimmerit, Chemische Werke Zimmer & Co., Berlin-Plötzensee.

Plattenbeläge werden hergestellt von:

Stella-Werk A.-G., vorm. Willisch & Co., Berg.-Gladbach.
Berg & Co., G. m. b. H., Andernach a. Rh.
Rößler, Bensheim.
Borsarie & Co., Zürich.
Steinzeugwarenfabrik Friedrichsfeld bei Mannheim.

Erste Voraussetzung bei allen Arbeiten für Betonbauwerke, welche der Einwirkung schädlicher Flüssigkeiten ausgesetzt werden sollen, ist möglichst dichte Arbeitsweise. Es müssen ausgezeichnete Zuschlagsmaterialien, deren Korngröße nach der Porenvolumenkurve zusammengesetzt sind, verwendet werden, unter reichlichem Zementzusatz. Traß als Dichtungsmittel und zur Bindung des freien Kalkes ist von Vorteil. Wichtig ist gute Stampfung und nicht zu trockene Verarbeitung, um einen möglichst dichten Beton zu erhalten. Diese dichte

Verarbeitung ist besonders notwendig dann, wenn es sich um Bauwerke handelt, die der betreffenden Flüssigkeit unter Druck ausgesetzt werden. Bei Durchpressung von salzhaltigen Wässern können Flüssigkeiten, die unter gewöhnlichen Verhältnissen durchaus unschädlich sind, also z. B. schwach sulfathaltige Flußwässer, im Laufe der Zeit den Beton zerstören, da von dem freien Kalk des Betons die schädlichen Salze aus den Wässern bei der Durchströmung derselben durch den Beton zurückgehalten und angereichert werden, bis schließlich die Anreicherung so stark geworden ist, daß der Beton zugrunde geht.

III. Traßnormen.

1. Begriffserklärung.

Traß im Sinne der Bautechnik ist feingemahlener, vulkanischen Auswurfsmassen entstammender Tuffstein, der nach Mischung mit Kalkhydrat ein an der Luft und unter Wasser erhärtendes Bindemittel ergibt und die unter 3—6 angegebenen Eigenschaften aufweist. Das Raumeinheitsgewicht dieser Trasse liegt im allgemeinen zwischen 2,3 und 2,5.

Zu 1: Nach den jetzt herrschenden Anschauungen hat sich der Traß gebildet aus ungeheuren Mengen vulkanischer Asche, welche teils in Form von Aschenregen bei den Ausbrüchen der Vulkane am Laacher See niedergingen, teilweise handelt es sich offenbar auch um Schlammströme, die durch Eindringen von Wasser in die Krater unter Explosionen entstanden sind. Die Vorgänge waren offenbar ähnlich wie beim Untergang von Pompeji und Herkulanum; während Pompeji von Aschenregen bedeckt wurde, fiel Herkulanum einem der erwähnten Schlammströme zum Opfer. Die Asche bildete zunächst mit Wasser zusammen ein plastisches Produkt, welches im Laufe der Jahrtausende unter der Einwirkung des Wassers zu einem tuffartigen Gestein, den sog. Trachyt-Bimssteintuff erhärtete. Bei dieser Erhärtung wurden in dem Gestein erhebliche Mengen Wasser chemisch gebunden, welche sich analytisch nachweisen lassen, und die offenbar für die Erhärtung des Trasses von Bedeutung sind[1].

Zur Gewinnung wird der Tuffstein mit Schwarzpulver oder Dynamit aus seinem Lager abgesprengt und in ungefähr gleichmäßig großen Brocken an der Luft in sog. „Arken" der Trocknung überlassen. Diese Trocknung dehnt sich häufig auf Jahre aus (s. Abb. 44 u. 45, S. 52 u. 53).

Das getrocknete Produkt wird dann in Kugelmühlen auf die in den Normen vorgeschriebene Feinheit vermahlen und kommt in Säcken in den Handel.

Irgendwelche hydraulische Eigenschaften vermag der Traß ohne Anreger nicht zu entwickeln. Er verhält sich in dieser Beziehung ähnlich wie gewisse Arten von Hochofenschlacken, obgleich die Erhärtungsvorgänge von Traß und Hochofenschlacke sehr verschieden sind; denn während in Hochofenschlacke Kalziumsilikate und Kalziumaluminate enthalten sind, ist die Fähigkeit des Trasses, hydraulisch erhärtenden

---

[1] Hambloch, Anton: Der Traß, seine Entstehung, Gewinnung und Bedeutung im Dienste der Technik. Berlin: Julius Springer 1909.

Mörtel zu bilden, lediglich zurückzuführen auf seinen Gehalt an verbindungsfähiger, d. h. wasserhaltiger Kieselsäure. Aus diesem Grunde ist auch der Hydratwassergehalt des Trasses in den Normen niedergelegt.

2. Verpackung und Gewicht.

Traß wird in Säcken oder lose verladen geliefert. Die Säcke müssen außer der Firma oder der Werkmarke und dem Ursprungsort als Aufschrift das Wort „Traß“ tragen. Das Rohgewicht muß auf den Säcken angegeben sein. Bei lose geliefertem Traß müssen diese Angaben aus der Versandurkunde ersichtlich sein.

3. Gehalt an mechanisch festgehaltenem Wasser und an Hydratwasser. Glühverlust.

Traß soll in der Regel nicht unter 7% Hydratwasser (chemisch gebundenes Wasser) enthalten. Ein geringerer Gehalt (bis zu 6%) wird nicht beanstandet, wenn die in den Normen vorgeschriebenen Festigkeiten erreicht werden.

a) Vorbereitung der Proben für die Glühverlustbestimmung.

Zur Untersuchung wird dem Traß eine Durchschnittsprobe von etwa 20 g entnommen und in einer Reibschale so weit zerkleinert, daß das Pulver durch ein Sieb von 900 Maschen auf 1 cm² völlig hindurchgeht.

Soll der Traß aus angelieferten ungemahlenen Tuffsteinen in der Versuchsanstalt erst hergestellt werden, so muß man eine möglichst richtige Durchschnittsprobe von ungefähr 10 kg aus der Lieferung entnehmen und auch die entnommenen Steine genügend durcheinandermischen.

Die 10 kg faustgroßer Stücke sind im Mörser zu zerstoßen, bis auf dem Sieb mit einer Masche auf 1 cm² kein Rückstand bleibt. Von dem Siebgut ist nach gründlichem Durchmischen 1 kg zu entnehmen und so weit zu zerkleinern, daß es auf dem 60-Maschen-Sieb keinen Rückstand läßt. Von diesem Siebgut sind 100 g feinzureiben, bis auf dem 900-Maschen-Sieb kein Rückstand verbleibt.

b) Ermittlung des Trockenverlustes.

Um die Menge des mechanisch festgehaltenen Wassers zu bestimmen, füllt man von der nach a) vorbereiteten Traßmenge 10 g in ein Wiegeglas mit eingeschliffenem Stopfen und einer Bodenfläche von mindestens 4 cm Durchmesser. Das Glas wird offen mit geneigt auf die Öffnung gelegtem Stopfen in einen Trockenschrank mit Wasserumspülung und Lufterneuerung gebracht und 3 Stunden lang gleichmäßig auf annähernd 98° erhitzt. Die Flamme darf nicht unter dem Boden des Schrankes hervorschlagen und die Tür erhitzen, um nicht den Trockenraum stärker zu erwärmen, als es das kochende Wasser bedingt. Ferner ist darauf zu achten, daß sich keine Wasserdämpfe im Innern des Schrankes niederschlagen.

Dann wird das Gefäß mit dem warmen Stopfen verschlossen, herausgenommen und zum Abkühlen in einen Trockner (Exsikkator) gebracht. Die dann festgestellte Gewichtsabnahme wird als der Gehalt des Trasses an mechanisch festgehaltenem Wasser angesehen.

Um genau den Wassergehalt zu ermitteln, ist die Trocknung bei ungefähr 98° fortzusetzen, bis das Gewicht unverändert bleibt. Für den gewöhnlichen Gebrauch werden meist 3 Stunden Trockenzeit genügen, da nachher Gewichtsabnahme und Glühverlust nur noch um Tausendstel zu wachsen pflegen.

c) Ermittlung des Glühverlustes.

Vor Feststellung des Hydratwassers ist zu untersuchen, ob der Traß Kohlensäure enthält. Dies kann durch Behandlung einer kleinen Menge gepulverten Trasses mit Salzsäure ermittelt werden. Ist keine Kohlensäure im Traß gefunden, so werden zur Bestimmung des Glühverlustes von der nach a) vorbereiteten Traßprobe 10 g (die zweite Hälfte der vorbereiteten Menge) in einem Platin- oder Porzellantiegel entweder 30 Minuten lang über dem Gasgebläse oder mindestens 40 Minuten lang im Hempelschen Glühofen bis zur Rotglut erhitzt. Hierbei darf die Anfangserwärmung des Trasses, der außer Wasser auch Luft enthält, nur langsam gesteigert werden, so daß die Rotglut erst in 5—10 Minuten eintritt. Sonst reißen das heftig austretende Wasser und die eingeschlossene Luft feine Teile des Trasses mit sich, und dieser Stoffverlust würde fälschlich als Glühverlust gelten.

Nach Ablauf der Glühzeit ist der Tiegel mit einer angewärmten Zange sofort zum Erkalten in einen Trockner (Exsikkator) zu bringen. Nach dem Erkalten wird die Gewichtsabnahme festgestellt.

Bei Berechnung des Glühverlustes (Hydratwasser) zieht man von dem Gewichtsverlust des geglühten Trasses den des gleichzeitig getrockneten Trasses (das mechanisch festgehaltene Wasser) ab. Der dann noch bleibende Gewichtsverlust des geglühten Trasses ist in Hundertsteln, bezogen auf die Gewichtsmenge des vorgetrockneten Trasses, also des Trasses ohne mechanisch festgehaltenes Wasser, zu berechnen.

Enthält der Traß Kohlensäure, so kann zu ihrer Bestimmung und zu der des Hydratwassers nachstehende Einrichtung verwendet werden.

Im elektrischen Ofen werden in einem Porzellanschiffchen 5 g nach 3 b) getrockneten Trasses bei rund 1100° bis zur Gewichtsgleichheit geglüht. Dazu wird ein Luftstrom durch die Einrichtung gesaugt. Indem die Luft vor dem Ofen den mit Natronkalk gefüllten Turm T_2 und den mit Kalziumchlorid gefüllten Turm T_1 durchstreicht, wird sie von Kohlensäure und Feuchtigkeit befreit.

Hinter dem Ofen wird das Hydratwasser in dem Röhrchen U_1 vom Kalziumchlorid[1]), die Kohlensäure in dem Röhrchen U_2 vom Natronkalk aufgesaugt. Die Mengen werden durch Wägen festgestellt.

Zu 3. Auf die Wichtigkeit des Hydratwassergehaltes für die schnelle Erhärtungsfähigkeit von Traß ist schon unter 1. hingewiesen. Eine chemische Normalanalyse von Traß sowie die Analyse eines Nettetaler Trasses ist im nachfolgenden wiedergegeben:

Normalanalyse[2])			Nettetaler Traß[3])	
SiO_2	etwa 58 %		SiO_2	54,96%
Al_2O_3	„ 15 %		Al_2O_3	15,90%
Fe_2O_3	„ 3 %		Fe_2O_3	3,19%
FeO	„ 1 %		FeO	0,95%
TiO_2	„ 0,5 %		TiO_2	0,46%
CaO	„ 2 %		CaO	2,17%
MgO	„ 1,4 %		MgO	1,47%
K_2O	„ 4,5 %		K_2O	4,60%
Na_2O	„ 4,8 %		Na_2O	4,87%
	90,2 %		H_3PO_4	0,09%
			H_2SO_4	0,10%

Spuren von H_3PO_4 und H_2SO_4, Rest: Wasser (mechanisch und chemisch gebunden).

Hygroskopisches Wasser durch Trocknung bei 100° C ermittelt 3,83%

Chemisch gebundenes Wasser durch Glühen bei Rotglut im Hempelschen Ofen bestimmt 7,41%

100,00%

---

[1]) Da das Kalziumchlorid eine basische Verbindung enthält, die an sich etwas Kohlensäure aufnimmt, so muß man vor dem Versuch etwa 2 Stunden lang trockene Kohlensäure und dann etwa 2 Stunden lang trockene Luft durch das Röhrchen U_1 gehen lassen.

[2]) Hambloch, a. a. O.

[3]) Hambloch, A.: Der Traß. Ein Beitrag zur Lösung der Frage über das Wesen der Puzzolane und ihren Erhärtungsvorgang mit Kalk. Aachen 1908: La Ruelle'sche Akzidenzdruckerei.

Von Bedeutung ist das chemisch gebundene, durch Glühen bei Rotglut, im Hempelschen Ofen entfernte Wasser mit 7,41%. Nach den Normen darf der Hydratwassergehalt nicht unter diese 7%, ausnahmsweise bei genügender Festigkeit bis zu 6% sinken, da diesem Hydratwassergehalt eine erhebliche Rolle bei der Erhärtung insofern zugeschrieben wird, als man annimmt, daß nur diejenige Kieselsäure, welche als Hydrat vorliegt, bei der Erhärtung schnell in den Erhärtungsvorgang einzugreifen vermag.

4. Mahlfeinheit.

Traß soll auf einem Sieb von 900 Maschen auf 1 cm² nicht mehr als 20% Rückstand lassen. Die Maschenweite des Siebes soll 0,222 mm betragen. Maßabweichungen von 0,200—0,240 sind zulässig.

Für das Sieben sind je 100 g bei 98—100° getrockneten Pulvers zu verwenden.

Aus der Feinheit der Mahlung allein läßt sich nicht auf die Güte des Trasses schließen.

Zu 4. Obwohl sich aus der Feinheit der Mahlung auf die Güte eines Trasses nicht schließen läßt, ist recht feine Mahlung von Vorteil, da durch

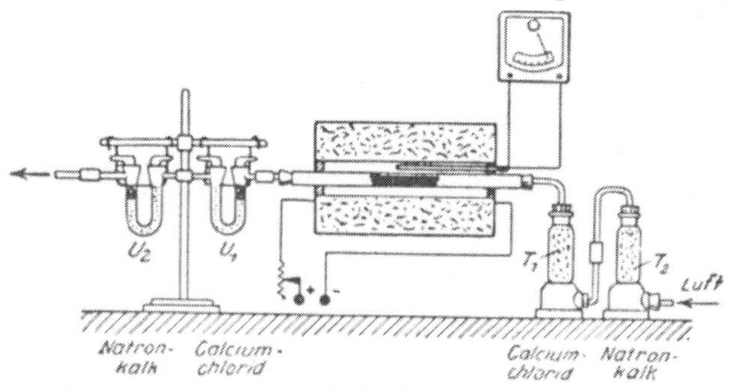

Abb. 82.

diese feine Mahlung die Oberfläche des Trasses vergrößert und damit sein Eingreifen in die Erhärtung begünstigt wird.

5. Festigkeitsproben.

Traß ist in Mischung mit Kalk und Sand nach einheitlichen Verfahren auf Festigkeit zu prüfen, und zwar in Form von Zugprobekörpern mit 5 cm² Zerreißquerschnitt und von Würfeln mit 50 cm² Fläche.

Um die erforderliche Einheitlichkeit bei den Prüfungen zu wahren, sind gleichartige Geräte zu benutzen.

6. Zug- und Druckfestigkeit.

Mörtelkörper aus 1 Gewichtsteil Traß, 0,8 Gewichtsteilen Normenkalkpulver und 1,5 Gewichtsteilen Normensand sollen nach 28 Tagen — nämlich 3 Tage in feuchter Luft von 15—25°, 25 Tage in Wasser von gleicher Wärme gelagert — mindestens 16 kg/cm² Zugfestigkeit und 120 kg/cm² Druckfestigkeit aufweisen. Als entscheidend soll die Druckprobe gelten[1]).

---

[1]) Eine 7-Tage-Trobe, 3 Tage in feuchter Luft und 4 Tage in Wasser gelagert, ist in Aussicht genommen.

Erläuterungen.

Um zuverlässige Ergebnisse zu erlangen, muß an allen Versuchsstellen Kalkpulver von gleicher Beschaffenheit und Zusammensetzung (Normenkalkpulver) sowie Sand von gleicher Korngröße und Beschaffenheit (Normensand) benutzt werden.

Das deutsche Normenkalkpulver wird aus Normenkalk gewonnen. Dieser stammt aus den reinsten Kalksteinen des Bruches Christinenklippe zu Rübeland, der Vereinigten Harzer Kalkindustrie zu Elbingerode. Die Herstellung und Verpackung steht unter Aufsicht des Staatlichen Materialprüfungsamtes Berlin-Dahlem.

Große, möglichst reine Stücke dieses Kalksteines werden im Ringofen gebrannt. Von den gebrannten Stücken werden die reinsten ausgesucht, von allen anhaftenden Verunreinigungen, Krebsen, Schlacken usw., befreit und abgelöscht. Beim Löschen bleibt das Löschwasser über dem Kalk einige Zeit stehen, und nur die obersten Dreiviertel der Kalkmilch werden in die Grube abgelassen, so daß die schwer löschenden Teile in der Pfanne zurückbleiben.

Die Kalkmilch wird in eine zweiteilig gemauerte Grube abgelassen, von der die eine Hälfte stets gefüllt und verschlossen gehalten wird, während aus der anderen Hälfte der Normenkalk in luftdicht verschlossenen Gefäßen unter dem Bleiverschluß des Materialprüfungsamtes in den Handel gebracht wird[1]).

Aus diesem Normenkalk ist das Normenkalkpulver wie folgt herzustellen: Der Kalkteig wird in einer etwa 2 cm dicken Schicht auf Blechen ausgebreitet und in einem Dampftrocknungsschrank gebräuchlicher Ausführung bei 90—95° bis zu gleichbleibendem Gewicht getrocknet. Dies wird in 5—6 Stunden erreicht. Der trockene Kalk ist im Traßkollergang zu mahlen und auf dem 900-Maschen-Sieb abzusieben. Das so erhaltene Normenkalkpulver ist sogleich zu verwenden und nur für die jeweilige Traßprüfung in der nötigen Menge frisch herzustellen, da es bei längerer Lagerung aus der Luft Kohlensäure aufnimmt und dadurch unwirksam wird.

Der deutsche Normensand wird aus einem tertiären Quarzlager der Braunkohlenformation in der Nähe von Freienwalde a. d. Oder gewonnen. Der fast weiße Rohsand wird in einer Waschmaschine gewaschen und künstlich getrocknet. Auf zwei Schwingsieben verschiedener Maschenweite, die pendelnd aufgehängt sind, wird der trockene Sand abgesiebt. Von jeder Tagesfertigung wird eine Probe auf Korngröße und Reinheit im Staatlichen Materialprüfungsamt Berlin-Dahlem untersucht.

Zur Prüfung der Korngröße dienen Siebe aus 0,25 mm dickem Messingblech mit kreisrunden Löchern von 1,350 und 0,775 mm Durchmesser[2]).

Der nach wiederholten Proben für gut befundene Normensand wird gesackt und jeder Sack mit einem Bleiverschluß durch das Staatliche Materialprüfungsamt versehen[3]).

Zu 6. Von Wichtigkeit bei der Herstellung der Zug- und Druckkörper ist die Verwendung des richtigen Kalkpulvers und des vorgeschriebenen Normensandes, obgleich dieser Normensand sich von einem normalen Bausand wesentlich unterscheidet insofern, als er einem guten Bausand gegenüber einen erheblichen Mangel an Feinstem aufweist. Es handelt sich hier um denselben Normensand, wie er bei der Zementprüfung verwendet wird.

Der Kalk entspricht dem Kalk, wie er auch in der Praxis häufig verwendet wird. Am besten bezieht man ihn aber in fertigen plombierten Kannen.

---

[1]) Den Vertrieb des Normenkalkes hat das Chemische Laboratorium für Tonindustrie, Berlin NW 21, Dreysestr. 4, übernommen.

[2]) Die Prüfsiebe fertigt das Staatliche Materialprüfungsamt Berlin-Dahlem.

[3]) Den Verkauf dieses „Deutschen Normensandes" hat das Laboratorium des Vereins deutscher Portlandzement-Fabrikanten, Berlin-Karlshorst, übernommen.

7. Herstellung der Probekörper zur Ermittlung der Zug- und Druckfestigkeit.

a) Mischen des Mörtels.

Der Traßnormenmörtel aus

1 Gewichtsteil Traß,
0,8 Gewichtsteilen Normenkalkpulver,
1,5 Gewichtsteilen Normensand

ist in dem Traßnormenkollergang wie folgt zu mischen:

1 kg des Trasses im Anlieferungszustand und 0,8 kg Normenkalkpulver sind 1 Minute lang trocken und nach Zusatz des gesamten erforderlichen Wassers nochmals 1 Minute lang in einer Schüssel mit einem Löffel zu mischen. Die Mischung ist im Traßnormenkollergang[1]) (Abb. 83) gleichmäßig zu verteilen und durch 25 Tellerumdrehungen zu bearbeiten. Diesem Gemisch ist der Normensand in dem vorgeschriebenen Anteil unter gleichmäßiger Verteilung im Kollergang zuzusetzen und die Masse nochmals im Kollergang mit 50 Tellerumdrehungen durchzuarbeiten. Der Mörtel soll erdfeucht sein, d. h. sich in der Hand eben noch ballen lassen.

Der Durchmesser des Kollers beträgt 300 mm, die Breite 170 mm. Abweichungen bis zu ± 1% sind zulässig. Sein Gewicht beträgt 84 kg ± 2 kg, das Gewicht der Kollerachse einschließlich Führungssteine und Abstreicher 5,5 kg ± 0,2 kg. Die minutliche Umdrehungszahl der Schüssel beträgt 8.

Abb. 83. Traßkollergang zu normengemäßer Prüfung von Traß.

b) Formarbeit.

Aus dem formgerecht bereiteten Mörtel sind Zug- und Druckproben in den für die Zementprüfungen üblichen Formen und Größen zu fertigen.

210 g des Mörtels werden in die Normenzugformen und 860 g in die Normendruckformen eingefüllt und mit 150 Schlägen des Normenhammerwerks (Bauart Böhme mit Festhaltung Martens) gleichmäßig eingerammt.

Die Oberfläche der so hergestellten Probekörper wird mit einem Messer abgestrichen, geglättet und gezeichnet. Die Körper werden mit der Form auf nicht saugende Unterlagen (Glasplatten) in feuchtgehaltene bedeckte Kasten gebracht und die Zugproben nach ungefähr $^1/_2$ Stunde, die Druckproben nach ungefähr 2 Stunden entformt.

3 Tage nach Herstellung werden die Körper unter Wasser von 15—20° gelagert. Das Wasser wird während der Lagerzeit nicht erneuert. Soweit es verdunstet, wird es durch Wasser gleicher Wärme ersetzt.

c) Prüfung.

Die Körper sind unmittelbar vor der Prüfung aus dem Wasser zu nehmen.

Der Druck ist stets auf zwei Seitenflächen des Würfels, nicht aber auf die Bodenfläche und die bearbeitete obere Fläche des Würfels auszuüben.

Um zuverlässige Durchschnittswerte zu erhalten, sind mindestens 10 Zugproben und 5 Druckproben derselben Mischung zu prüfen.

---

[1]) Hergestellt und verkauft wird der Traßnormenkollergang durch das Chemische Laboratorium für Tonindustrie, Berlin NW 21, Dreysestr. 4.

Erläuterungen.

Zu a). Der vorgeschlagene Kollergang ist durch viele Versuche erprobt und für den beabsichtigten Zweck für geeignet befunden worden. Ein bestimmter Mischer ist notwendig, um die unvermeidlichen Unregelmäßigkeiten der Versuchsergebnisse möglichst einzuschränken.

Auch die Zahl der Tellerumdrehungen ist durch Versuche erprobt. In der angegebenen Weise entsteht ein gleichmäßiger, aber nicht übermäßig gekneteter Mörtel.

Die Verwendung plastischer Mörtel ist erwogen, aber fallen gelassen worden, weil die Erfahrung gelehrt hat, daß daraus nur sehr schwer gleichmäßige Körper mit übereinstimmenden Werten erzeugt werden können.

Zu b). Die Behandlung der Probekörper ist der Eigenart des Mörtelstoffes angepaßt. Besonders muß die vorgeschriebene Wasserwärme innegehalten werden, weil die Traßkalkmörtel im Anfange der Erhärtung gegen Kälteeinflüsse empfindlicher sind als andere und weil auf vergleichbare Werte nur zu rechnen ist, wenn die Körper unter möglichst gleichbleibenden Bedingungen erhärten.

Zu c). Die Prüfung schließt sich dem Verfahren bei der Prüfung der Zementnormenkörper eng an. An der vorgeschriebenen Zahl der Einzelversuche mußte mit Rücksicht auf die den Prüfungsverfahren allgemein anhaftenden Unsicherheiten festgehalten werden.

Zu 7. Die Mischvorrichtung für den Traßkalk und den Normensand ist für diesen Zweck besonders ersonnen und kann zweckmäßigerweise nicht durch eine andere Mischvorrichtung ersetzt werden, wenn nicht abweichende Ergebnisse bei der Prüfung gefunden werden sollen.

Die Formen sowohl wie die Hammerapparate, welche zur Herstellung der Körper benutzt werden, sind dagegen die gleichen Geräte, wie sie bei der Zementnormenprüfung verwendet werden.

Die gefundenen Festigkeiten von Traßkörpern übersteigen meist die Normen nicht allzu erheblich. Es hat beim Traß noch nicht der Wettlauf nach höheren Festigkeiten eingesetzt, wie es in den letzten Jahren für Zemente üblich geworden ist. Tatsächlich sind ja auch die hohen Festigkeiten nicht der alleinige Maßstab für einen guten Mörtel oder Beton, sondern ausschlaggebend sind mindestens ebensogut die nicht in den Normen niedergelegten Eigenarten des erhärteten Mörtels, nämlich seine Dichtigkeit, Salzwasserbeständigkeit usw. Deshalb genügt es vollkommen für einen guten Traß, wenn er den Normenfestigkeiten entspricht. Ein Übersteigen dieser Normenfestigkeiten, wie es heutzutage in der Praxis von Zementen verlangt wird, ist keineswegs notwendig.

Schlußwort.

Die Erfindung des Zementes und besonders des Eisenbetons hat
den modernen Baumeister vor ganz neue Probleme gestellt, ihm aber
auch die Ausführung von Bauten gestattet, welche mit den alten Mitteln
der Baukunst nicht zu errichten waren.

Eisenbewehrte Kuppeln aus nur zolldicken Steinschalen in
einem Stück, gleichsam ins Große übersetzte Eierschalen (Abb. 84),
Kohlentürme mit riesigen Ausmaßen, widerstandsfähig gegen

Abb. 84. Planetarium der Stadt Düsseldorf, errichtet von der Allgemeinen Hochbau Akt.-Ges.
Düsseldorf in Portland-Zement, Fundament in Hochofenzement.
(Kuppelbau nach Zeißschem Verfahren von Dyckerhoff u. Widmann Akt.-Ges., Düsseldorf.)

Bergschäden und Abnutzung (Abb. 85), Fachwerkhäuser mit großen
Spannweiten der dünnen Balken und Decken (Abb. 86) und schwere
Schleusen- und Tunnelbauten (Abb. 87), die dem Erd- und Wasserdruck
in gleicher Weise widerstehen, werden aus Eisenbeton ausgeführt in
einer Schnelligkeit und Billigkeit, die von keinem anderen Baustoff
übertroffen wird. Dabei sind die Unterhaltungskosten für das fertige
Bauwerk, mag es sich um Haus, Schleuse oder Straße handeln, gering,
geringer als bei Verwendung jedes anderen Baumaterials. Kein Putz
fällt ab, kein Anstrich ist zu erneuern, kein Rost droht mit Vernichtung, und Naturereignisse wie das Erdbeben in Japan, Industrie-
katastrophen wie die Explosion in Oppau vermochten dem Eisenbeton
weniger anzuhaben als jedem anderen Baumaterial. Sowohl die in
Oppau als auch die in Japan und beim Brand der Sarotti-Fabrik be-
schädigten Betongebäude konnten wiederhergestellt werden, obgleich

sie Einwirkungen ausgesetzt waren, denen jedes andere Material, auch Eisen und Stahl, bis zur völligen Vernichtung erlegen wäre.

Abb. 85. Kohlenturm auf Zeche Nothberg des Eschweiler Bergwerks- und Hüttenvereins, errichtet aus Eisenportlandzement. (Wayss & Freytag, Düsseldorf.)

Abb. 86. Hans Sachs-Haus, städtisches Bürohaus Gelsenkirchen. Eisenbeton in Hochofenzement (Obermüller Co., Gelsenkirchen.)

Der erst 40 Jahre alte Eisenbetonbau hat sich in den letzten Jahrzehnten in einer Weise entwickelt wie kein zweiter Baustoff und gibt schon heute unseren modernen Städten ein eigenes Gepräge, das Gepräge einer modernen Steinzeit. Die stählernen Wolkenkratzer Amerikas, die im Schadenfeuer erweichend zusammensinken, werden durch die feuerbeständigen Betonbauten ersetzt, das gefällige Gitterwerk eiserner Brücken verwandelt sich in nicht minder leichtes Steingebälk aus Beton.

Trotz dieser seiner großen Verbreitung hat der Beton die Höhe seiner Entwicklung noch lange nicht erreicht. Immer weitere Gebiete wird er sich erobern, den Untertageausbau im Bergwerk und den Kirchturm, das Wohnhaus, die Talsperre und den Wasserweg. Schon hat

Abb. 87. Stauschleuse bei Ladenburg. Neckarbauamt. Portland- und Hochofenzement.

sich der Beton einen eigenen Baustil geschaffen, der unsere Industriebauten und Städte zu beherrschen beginnt; in immer steigendem Maß wird er Holz und Eisen ersetzen, vom Gebrauchsgerät — dem Kassenschrank, Eisenbahnwagen, Zaunpfahl und der Eisenbetonschwelle, dem Faß und Flüssigkeitsbehälter —, zum Bauwerk — dem Futterturm, der Riesenhalle, dem Stadion und dem Hochhaus. Schließlich werden sich, nach mancherlei aussichtslosen, aber kostspieligen Versuchen mit weniger beständigen und widerstandsfähigen Stoffen, Betonstraßen aus Zement und Granit von Stadt zu Stadt schlingen, und Autobahnen werden in unabsehbarer Gerade die Länder verbinden. Dann erst wird der Beton die Verbreitung gewonnen haben, die er verdient gemäß seinen großen Vorzügen in bezug auf Festigkeit, Wetterbeständigkeit und Anwendungsfähigkeit als bildsamster Baustoff, als Baustoff für alles.

Anhang.

Ministerieller Erlaß über die Beschaffung von Eisenportlandzement vom 14. Juli 1926.

Nach den zur Zeit geltenden Deutschen Normen für einheitliche Lieferung und Prüfung von Eisenportlandzement Dezember 1909 steht der Eisenportlandzement unter der regelmäßigen Kontrolle des Vereins Deutscher Eisenportlandzementwerke, dessen Mitglieder sich gegenseitig verpflichtet haben, den Eisenportlandzement genau nach der normenmäßigen Begriffserklärung herzustellen. Die dem Verein Deutscher Eisenportlandzementwerke angehörenden oder von ihm kontrollierten Werke sind folgende:

Buderussche Eisenwerke, Wetzlar,
Hochofenwerk Lübeck A.-G., Herrenwyk i. Lübeckschen,
Hochofenwerk Lübeck A.-G., Zweigniederlassung Hütte Kraft, Stolzenhagen-Kratzwieck,
Gelsenkirchener Bergwerks-Aktiengesellschaft, Abt. Schalke, Gelsenkirchen,
Deutsch-Luxemburgische Bergwerks- und Hütten-A.-G., Abt. Friedrich-Wilhelms-Hütte, Mülheim (Ruhr),
Gutehoffnungshütte A.-G., Oberhausen (Rhld.),
Wickingsche Portland-Cement- und Wasserkalk-Werke, Lengerich.

Der Reichsverkehrsminister. I. A. Meyer.

Ministerielle Erlasse bezüglich Zulassung von Hochofenzement vom 22. November 1917.

Nachdem durch die Runderlasse vom 6. März 1909 $-\dfrac{\text{III. 189. A.}}{\text{I. D. 4686}}-$
16. März 1910 $-\dfrac{\text{II. 295. A. B.}}{\text{I. D. 4208}}-$ der Eisenportlandzement dem Portlandzement gleichgestellt worden ist, stellte im Jahre 1914 der Verein Deutscher Hochofenzementwerke e. V. bei mir den Antrag, auch den Hochofenzement in ähnlicher Weise als gleichwertig anzuerkennen. Auf meine Veranlassung hat der Verein danach umfangreiche Versuche mit Hochofenzement im Materialprüfungsamt in Berlin-Lichterfelde anstellen lassen, deren im allgemeinen günstige Ergebnisse jetzt vorliegen.

Die weitere Erörterung der Frage, zu der ich Vertreter folgender Behörden eingeladen hatte,

1. des Kriegsministeriums,
2. des Ministeriums für Landwirtschaft, Domänen und Forsten,
3. des Ministeriums der geistlichen und Unterrichtsangelegenheiten, Mat.-Prüfungsamt Lichterfelde,
4. des Reichsmarineamtes,
5. des Reichsamtes für die Verwaltung der Reichseisenbahn,
6. des Ingenieurkomitees,
7. des Vereins Deutscher Hochofenzementwerke,
8. des Deutschen Betonvereins,
9. des Vereins Deutscher Portlandzementfabriken und
10. des Vereins Deutscher Eisenportlandzementwerke,

führte in der Sitzung vom 13. August d. J. zu folgendem Beschluß:

„Auf Grund der bisher vorliegenden Versuchsergebnisse und nach der Besichtigung von Eisenbetonbauten kann wenig abgelagerter Hochofenzement im allgemeinen als gleichwertig mit Portlandzement und Eisenportlandzement bezeichnet werden. — Dabei wird vorausgesetzt, daß der Hochofenzement den heute festgesetzten ‚Deutschen Normen für einheitliche Lieferung und Prüfung von Hochofenzement' entspricht und das Werk, dem er entstammt, dem Verein Deutscher Hochofenzementwerke angehört oder sich in gleicher Weise wie die dem Vereine angehörigen Werke dessen regelmäßiger Kontrolle unterwirft. Nach Ablauf von 5 Jahren ist die Frage erneut zu erörtern."

Diesem Beschluß trete ich bei und übersende hierneben einen Abdruck der unter meiner Mitwirkung aufgestellten „Deutschen Normen für einheitliche Lieferung und Prüfung von Hochofenzement[1])".

Hochofenzement, der den darin festgestellten Bedingungen entspricht, kann somit im allgemeinen als dem Portland- und Eisenportlandzement gleichwertig erachtet und auch zur Herstellung von Eisenbetonbauten verwendet werden.

Die neuen Hochofenzementnormen stimmen mit den Deutschen Normen für einheitliche Lieferung und Prüfung von Portlandzement und von Eisenportlandzement (Dezember 1909), abgesehen von den Abschnitten I, II, III und V, wörtlich überein. Im einzelnen ist folgendes hervorzuheben.

Zu Abschnitt I: Begriffserklärung von Hochofenzement.

Der Hochofenzement muß mindestens 15 % Gewichtsteile Portlandzement enthalten. Die Art der Zusammensetzung der zu verwendenden basischen Hochofenschlacke ist vorgeschrieben.

Zu Abschnitt III: Abbinden.

Der Schlußsatz: „Hochofenzement muß trocken und zugfrei gelagert und möglichst frisch verarbeitet werden", ist in den Portland- und Eisenportlandzementnormen nicht enthalten. Dafür ist der in den letzteren stehende letzte Absatz des Abschnittes III „Begründung und Erläuterung" in den Hochofenzementnormen fortgelassen. Die Versuche haben nämlich gezeigt, daß es zweckmäßig ist, Hochofenzement vor dem Gebrauch nicht lange lagern zu lassen. Der vorerwähnte Beschluß vom 13. August d. J. empfiehlt deshalb die Verwendung von „wenig abgelagertem Hochofenzement". Will man in dieser Hinsicht sichergehen, so kann man den Tag der Einfüllung auf der Verpackung vermerken lassen, oder man kann — da durch den Aufdruck des Datums eine wiederholte Benutzung der Fässer und und Säcke erschwert wird — bei der Einfüllung kleine Täfelchen mit dem Datum des Fülltages einlegen lassen.

Zu Abschnitt V: Feinheit der Mahlung.

Die für Hochofenzement vorgeschriebene Feinheit ist größer als bei Portland- und Eisenportlandzement.

In der Sitzung vom 13. August d. J. ist ferner beschlossen worden, die Frage, wie sich der Hochofenzement bewährt, nach Ablauf von 5 Jahren erneut zu erörtern; ich werde zur gegebenen Zeit darauf zurückkommen, inzwischen ist im Falle seiner Verwendung auf seine Lagerbeständigkeit und auf die Rostsicherheit von Eiseneinlagen zu achten.

Ich ersuche hiernach, alle nachgeordneten Behörden und Beamte mit Anweisungen zu versehen.

In der allgemeinen Verfügung Nr. 3 Seite 5 (Fußnote) ist auf diesen Erlaß hinzuweisen.

Der Minister für öffentliche Arbeiten. gez. von Breitenbach.

---

[1]) Diese Bestimmungen (Deutsche Normen für einheitliche Lieferung und Prüfung von Hochofenzement) sind u. a. bei Wilhelm Ernst u. Sohn in Berlin, Wilhelmstraße 90, und im Zementverlag in Berlin-Charlottenburg erschienen. (Wiedergegeben und besprochen S. 6.)

Ministerieller Erlaß über die Verwendung von Hochofenzement vom 20. Mai 1924.

Die vorliegenden behördlichen Äußerungen über die seitherigen Erfahrungen mit Hochofenzement haben ergeben:

A. Hochofenzement aus Werken, die dem Verein Deutscher Hochofenzementwerke angehören.

1. **Abbinden.** Hochofenzement hat sich in fast allen Fällen gut bewährt. Mehrfach ist festgestellt, daß er langsamer abbindet als Portlandzement.

2. **Lagerbeständigkeit.** Sachgemäße und trockene Lagerung hat keinen oder doch nur einen geringen, unwesentlichen Einfluß auf das Abbinden und die Erhärtung. Von einer Behörde angestellte umfangreiche vergleichende Versuche über die Lagerbeständigkeit von Hochofen- und Portlandzement haben keine deutlichen Unterschiede ergeben. Nichtsdestoweniger muß nach dem Ergebnis einer großen Anzahl von Berichten, in denen angegeben wird, daß Hochofenzement gegen langes Lagern empfindlicher ist, an der Forderung, ihn tunlichst frisch zu verarbeiten, festgehalten werden.

3. **Verwendung bei Eisenbetonbauten.** (Rostsicherheit der Eiseneinlagen.) Für Eisenbetonbauten wird Hochofenzement vor allem im Ruhrbezirk für Industriebauten von Privatfirmen verwendet. Wenn vereinzelt ein Rosten der Eiseneinlagen festgestellt wurde, so war es auf säurehaltige Dämpfe oder Flüssigkeiten und zu geringe Überdeckung bei undichtem Beton zurückzuführen. Der Zement selbst verursachte keine Schäden.

4. **Verhalten gegen chemische Einflüsse.** Gegen chemische Einflüsse erwies sich der Hochofenzement widerstandsfähiger als der Portlandzement. Er wird deshalb für gewisse Industriebauten gern verwendet. Auch bei Bauten im Moor und an der See hat er sich bewährt; jedoch sind im letzteren Falle die Ausspülungen der Oberfläche frischen Betons wegen des längeren Erhärtungsvorganges unter Umständen stärker als bei Portlandzementbeton.

5. **Frostwirkung.** Frost unterbricht die Erhärtung des Hochofenzements ebenso wie diejenige anderer Zemente, von mehreren Berichterstattern wird indes die Frostempfindlichkeit des Hochofenzements hervorgehoben. Nach Aufhören der Frosteinwirkung nimmt die Erhärtung ihren Fortgang.

6. **Wasserzusatz.** Mehrere Stellen, vor allem solche, die Zement in größerem Umfange verwenden, heben hervor, daß Hochofenzement reichlichen Wasserzusatz bei der Herstellung von Beton erfordert. Das Feuchthalten während des Erhärtens ist ebenso wie bei anderen Zementen von besonderer Wichtigkeit.

B. Hochofenzement ohne Bezeichnung der Herkunft.

Die Urteile, aus denen nicht hervorgeht, daß es sich um Zemente des Vereins handelt, lauten sehr verschieden. Schlecht bewährt hat sich in wiederholten Fällen der Hercyniazement.

C. Schlußfolgerung.

Demnach sind die Erfahrungen der letzten Jahre seit dem Erlaß des vormaligen preußischen Ministers der öffentlichen Arbeiten vom 22. November 1917 — $\frac{\text{III. 2597. A. B.}}{\text{I. 6. D. 14554}}$ — die gleichen, wie sie schon jenem Erlaß zugrunde lagen.

Die Bestimmung, daß Hochofenzement möglichst frisch verarbeitet werden soll, muß ihre Gültigkeit beibehalten.

Mit Rücksicht darauf, daß die gestörten Verhältnisse der Nachkriegszeit die Beschaffung und Verwendung von Zement und eine sichere Beurteilung seiner Eigenschaften erheblich erschwert haben, erscheint es zweckmäßig, über das Verhalten von Hochofenzement, dessen Verwendung an sich keinerlei Bedenken entgegenstehen, noch weitere Erfahrungen zu sammeln.

Zur besonderen Beachtung weise ich darauf hin, daß als Hochofenzement nur diejenigen Erzeugnisse in Betracht kommen, die den zur Zeit geltenden „Deutschen Normen für einheitliche Lieferung und Prüfung von Hochofenzement" entsprechen und die aus Werken stammen, die dem Verein Deutscher Hochofenzementwerke angehören oder seiner regelmäßigen Kontrolle unterstehen. Das sind zur Zeit:

1. Zementwerk Alba der Gelsenkirchener Bergwerks-A.-G. Vulkan in Duisburg,
2. Zementwerk Rheinhausen, G. m. b. H., in Rheinhausen-Niederrhein,
3. Rombacher Hüttenwerke, Abteilung Concordiahütte, in Engers-Rhein,
4. Klöcknerwerke, Abteilung Mannstaedtwerke, in Troisdorf bei Köln,
5. Zementwerk Haiger des Portlandzementwerks Rombach A.-G., Abteilung Hadamar in Hadamar, Kreis Limburg a. d. Lahn,
6. Dortmunder Zementwerk A.-G. in Dortmund,
7. Norddeutsche Hütte A.-G. in Oslebshausen bei Bremen,
8. Luitpoldhütte, Berg- und Hüttenamt in Amberg in Bayern,
9. Gesellschaft für Zementfabrikation in Westerode bei Bad Harzburg.
(Stand März 1924.)

Ich ersuche, die nachgeordneten Dienststellen anzuweisen, die Beobachtungen über das Verhalten des Hochofenzements hinsichtlich der oben angeführten Punkte fortzusetzen und sehe einem Bericht über die weiteren Erfahrungen nach Ablauf von 5 Jahren entgegen.   Der Reichsverkehrsminister.   Oeser.

Die vorstehende Liste hat sich infolge von Firmenänderungen und Stilllegungen geändert. Zur Zeit gehören als in Betrieb befindliche Werke dem Verein deutscher Hochofenzementwerke e. V. an:

Vereinigte Stahlwerke Aktien-Gesellschaft, Düsseldorf und zwar folgende 4 Werke:
         Schalker Verein, Gelsenkirchen,
         Friedrich Wilhelms-Hütte, Mülheim-Ruhr,
         Hütte Vulkan, Duisburg,
         Concordiahütte, Bendorf am Rhein.

Zementwerk Rheinhausen, G. m. b. H., Rheinhausen-Niederrhein,
Norddeutsche Hütte A.-G., Oslebshausen bei Bremen,
Bayr. Berg- und Hüttenamt Luitpoldhütte, Amberg (Oberpfalz),
Klöcknerwerke A.-G. Abt. Mannstaedtwerke, Troisdorf bei Köln,
Gesellschaft für Zementfabrikation m. b. H., Westerode bei Bad Harzburg,
I. G. Farbenindustrie A.-G., Leverkusen bei Köln.

Der Kontrolle des Vereins deutscher Hochofenzementwerke unterstehen:
Buderus'sche Eisenwerke, Wetzlar.

Bestimmungen für Druckversuche an Würfeln bei Ausführung von Bauwerken aus Beton und Eisenbeton. Din 1048[1]).

§ 1. Betonmasse.

Der Wasserzusatz für die zur Feststellung von $We\ 28$[2]) bestimmten Probekörper ist sowohl bei Beton- wie bei Eisenbetonbauten so zu bemessen, daß eine erdfeuchte Betonmasse entsteht.

Die zur Feststellung von $W\,b\ 28$[3]) bestimmten Probekörper sind aus Betonmassen gleicher Art, gleicher Aufbereitung und gleichen Feuchtigkeitsgehalts anzufertigen, wie sie für den Beton des Bauwerks oder Bauteils verwendet werden.

§ 2. Arbeitsstelle.

Die Probekörper sind an einem Orte herzustellen, der vor Regen, Zugluft, Kälte und strahlender Wärme geschützt und von der Lagerstelle bereits fertiger

---

   [1]) Wiedergabe erfolgt mit Genehmigung des NDJ. Verbindlich für die vorstehenden Angaben bleiben die Dinormen. Normalblätter sind durch den Beuthverlag G. m. b. H., Berlin SW 19, Beuthstr. 8, zu beziehen.

   [2]) $We\ 28$ = Würfelfestigkeit erdfeuchten Betons nach 28 Tagen.

   [3]) $Wb\ 28$ = Würfelfestigkeit von Beton in der gleichen Beschaffenheit, wie er im Bauwerk verarbeitet wird, nach 28 Tagen.

Körper getrennt ist, damit keine Erschütterung auf die frisch hergestellten Körper einwirken kann; die Form ist auf eine etwa 5 cm hohe Sandunterlage zu stellen.

§ 3. Anzahl der Probekörper.

Für jede Versuchsreihe sind in der Regel drei Körper in unmittelbarer Arbeitsfolge herzustellen.

§ 4. Formen, Stampfer und anderes Arbeitsgerät.

1. Zur Herstellung der Probekörper sind eiserne Würfelformen von 20 oder 30 cm Seitenlänge mit ebenen Seitenflächen zu verwenden[1]) (Abb. 1).

2. Zum Stampfen erdfeuchter und weicher Betonmasse sind quadratische Normalstampfer von 12 cm Seitenlänge und 12 kg Gewicht zu benutzen (Abb. 2). Zum Durcharbeiten flüssiger Betonmasse in der Form sind Arbeitsgeräte zu benutzen, wie sie auch zum Durcharbeiten des Betons am Bau gebraucht werden.

3. Zur Führung der Stampfer und Arbeitsgeräte an den Wandungen der Form und zum Halten der überstehenden Betonmasse dient ein eiserner, 20 bzw. 30 cm hoher Rahmen, der auf die Form bündig mit ihren Innenflächen aufgesetzt wird.

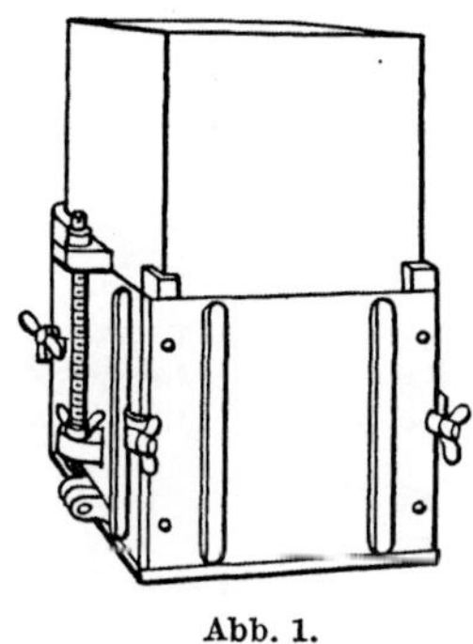

Abb. 1.

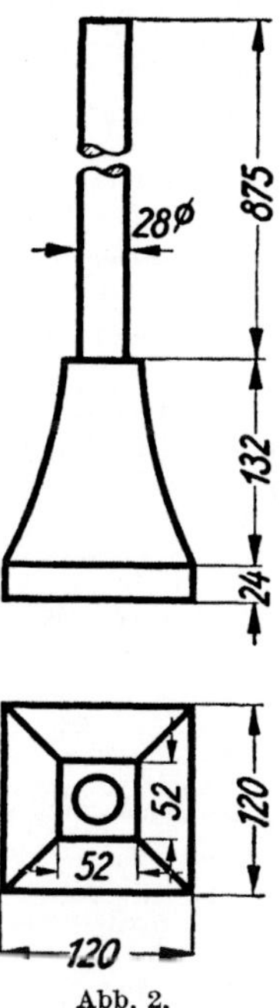

Abb. 2.

§ 5. Einlegen, Stampfen und Durcharbeiten der Betonmasse.

Erdfeuchte und weiche Betonmasse ist in zwei Schichten einzubringen, deren Höhe bei Würfeln von 20 cm Kantenlänge etwa je 12 cm, bei Würfeln von 30 cm Kantenlänge etwa je 18 cm beträgt.

Um eine gute Verbindung der Schichten zu erzielen, muß die Oberfläche der ersten aufgerauht werden, ehe die zweite eingebracht wird.

Flüssige Betonmasse ist hintereinander einzufüllen.

Bei grober und steinreicher Betonmasse empfiehlt es sich, um am Würfelkörper dichte Kanten und Ecken zu erzielen, ihr vor dem Einfüllen etwas Mörtel zu entnehmen und ihn an den Kanten der Form vorzulegen.

Jede Schicht ist zunächst zu ebnen. An den Wandungen der Form muß mit einem passenden Gerät (Kelle) hinuntergestoßen werden, um etwa anliegende Steine hinabzudrücken und die Bildung von Nestern oder Hohlräumen zu verhindern.

---

[1]) Bei Beton mit gröberen Zuschlagstoffen können Formen von 30 cm Seitenlänge verwendet werden, bei feinerem Beton, wie er bei Eisenbetonbauten Verwendung findet, sind Formen von 20 cm Seitenlänge zu benutzen.

Wie beim Bauwerk die einzelnen Schichten am besten reihenweise gestampft werden, so wird auch bei Herstellung der Probekörper zweckmäßig nach Abb. 3a bzw. 3b verfahren.

Die Hubhöhe des frei herabfallenden Stampfers soll betragen:

bei Würfeln von 30 cm Kantenlänge 25 cm,

„ „ „ 20 „ „ 15 „

Beim Würfel von 30 cm Kantenlänge (Abb. 3a) sollen auf jede der neun Stampfstellen jeweils drei Schläge, beim Würfel von 20 cm Kantenlänge (Abb. 3b) auf jede der vier Stampfstellen ebenfalls jeweils drei Schläge kommen. Die einzelnen Stampfstellen sind in der in Abb. 3a und 3b angegebenen Reihenfolge viermal zu stampfen, so daß jede Stampfstelle im ganzen zwölf Schläge erhält.

Wenn das Stampfen beendigt und der Aufsatzrahmen entfernt ist, muß der überstehende Beton, der für Anfertigung weiterer Probekörper nicht mehr verwendet werden darf, beseitigt und die Oberfläche der eingestampften Masse mit den Formrändern bündig mit stählernem Lineal so abgezogen werden, daß sie eben und möglichst glatt wird. Hohlräume sind dabei mit Mörtel aus der übrigen Betonmasse auszufüllen.

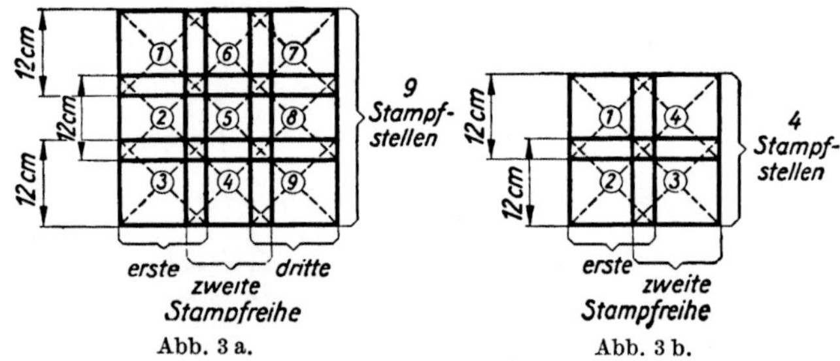

Handelt es sich um weichen Beton, so müssen die Körper nach Abnahme des Rahmens solange unberührt bleiben, bis der Beton etwas angezogen hat. Dann erst darf die überstehende Betonmasse abgestrichen, und es muß weiter verfahren werden, wie vorstehend beschrieben.

Bei flüssigem Beton ist ohne Aufsatzrahmen zu arbeiten und solange Betonmasse nachzufüllen, bis kein Absacken mehr eintritt und das an der Oberfläche auftretende Wasser abgelaufen ist. Die Probekörper müssen hiernach noch unberührt bleiben, bis der Beton etwas angezogen hat. Dann ist weiter zu verfahren wie bei den Proben aus weichem Beton.

§ 6. Behandlung und Aufbewahrung der Probekörper.

1. An jedem Probekörper sind deutlich und dauerhaft der Anfertigungstag und das Mischungsverhältnis zu bezeichnen und eine Erkennungsmarke anzubringen.

2. Die Probekörper sollen mindestens 24 Stunden in der Form bleiben. Sind dann die vier Formwände entfernt, so sollen die Körper weitere 24 Stunden auf der Formplatte ruhen. Danach sind sie bis zum Tage der Prüfung oder des Versandes in einem geschlossenen frostfreien Raum auf einem Lattenrost so zu lagern, daß die Luft allseitig Zutritt hat. Die Probekörper müssen vom zweiten Tage an bis zum Tage der Prüfung oder des Versandes mit Tüchern bedeckt sein. Die Tücher sind vom zweiten bis zum siebenten Tag feucht zu halten.

Bei Platzmangel können auf derart abgelagerte Reihen von Betonkörpern bis zu vier weitere Schichten aufgesetzt werden.

3. Beim Versand müssen die Probekörper in trockenes Sägemehl oder dgl. verpackt werden.

4. In die Niederschrift über die Anfertigung und Prüfung der Probekörper sind Angaben über Luftwärme[1]), Witterung und Art der Lagerung einzutragen.

§ 7. Druckversuche.

1. Die maßgebende Prüfung der Probekörper erfolgt 28 Tage nach ihrer Herstellung. Es soll jedoch zulässig sein, wenn die Erhärtung der Körper durch kalte Witterung verlangsamt ist (vgl. Fußnote 1 auf S. 165), die maßgebende Prüfung dieser Körper erst nach 45 Tagen vorzunehmen.

2. Um vorschriftsmäßig hergestellte Probekörper durch Druckversuche zu prüfen, bedarf es in der Regel mindestens 5 Wochen. Wenn diese Zeit nicht zur Verfügung steht, wird unter Umständen schon ein Druckversuch mit 7 Tage alten Probekörpern auf die nach 28 Tagen zu erwartende Festigkeit schließen lassen; außerdem muß aber der Nachweis mit 28 Tage alten Probekörpern erbracht werden.

3. Vor der Prüfung ist festzustellen, ob die Druckflächen eben und gleichlaufend sind. Unebene oder nicht gleichlaufende Flächen müssen abgeglichen werden. Die aufgebrachte Abgleichschicht soll bei der Prüfung annähernd die Festigkeit des Betonkörpers haben. Auch das Gewicht und die Abmessungen der Körper sind vor der Prüfung festzustellen.

4. Die Würfelfestigkeiten sind auf Maschinen zu ermitteln, deren Zuverlässigkeit von einer staatlichen Versuchsanstalt bescheinigt sein muß. Die Zuverlässigkeit ist vor jeder Benutzung vom Prüfenden neu festzustellen. Bei dieser Feststellung ist zu beachten, daß der Kolben im Zylinder leicht gleiten muß, ohne daß Flüssigkeit an den Manschetten austritt. Wenn beim Anpumpen der Presse in der bei der Prüfung angewendeten Belastungsgeschwindigkeit vor Einbringen des Probekörpers das Manometer über eine bestimmte Marke ausschlägt, die bei der Eichung der Maschine festzulegen ist, so ist Reibung vorhanden, die beseitigt werden muß (Herausheben des Zylinders, Nachsehen der Manschetten, Prüfung der Druckflüssigkeit).

Wird der Druck durch Federdruckmesser gemessen, so sind deren zwei anzubringen. Von ihnen ist nur der eine (der Gebrauchsdruckmesser) dauernd zu benutzen. Der zweite muß abstellbar sein; er dient zur Prüfung des Gebrauchsdruckmessers und ist nur zu diesem Zweck anzustellen und dann gleichzeitig mit abzulesen. Ergeben sich hierbei andere Unterschiede als bei der ursprünglichen Prüfung der Maschine, so ist der Gebrauchsdruckmesser nachzuprüfen und nötigenfalls eine neue Krafttafel (Tafel für die Beziehungen zwischen Druckmesseranzeigen und Druckkraft) aufzustellen.

5. Vor Einbringen des Probekörpers ist zu prüfen, ob die Kugelschale leicht beweglich ist.

Beim Einbauen des Probekörpers ist Zwischenlegen von Blei, Pappe, Filz oder dgl. unzulässig.

Der Probekörper muß ganz besonders langsam an die obere Druckplatte angedrückt werden und sich mit seiner ganzen Fläche möglichst gleichzeitig an sei anlegen. Erst wenn dies erreicht ist, darf langsam mit dem Aufbringen der Last begonnen werden.

6. Der Druck ist — wenn nicht ausdrücklich anders bestimmt — senkrecht zur Stampfrichtung, d. h. auf zwei Seitenflächen des Würfels, auszuüben. Er ist langsam und stetig zu steigern, ungefähr derart, daß die Spannung im Probekörper in der Sekunde um 2—3 kg/cm² zunimmt.

7. Für die Würfelfestigkeit maßgebend ist nicht etwa die Belastung beim Auftreten von Rissen, sondern die Höchstbelastung. Diese ist erreicht, wenn das Manometer trotz Nachpumpens von Druckwasser bei der vorgeschriebenen Belastungsgeschwindigkeit nicht mehr steigt.

8. Maßgebend ist der Mittelwert aus den Festigkeitszahlen einer Versuchsreihe (in der Regel von drei Probekörpern).

---

[1]) Die Luftwärme ist von Einfluß auf die Erhärtung des Betons; warme Witterung beschleunigt, kalte verlangsamt die Erhärtung.

Zeitschriften.

Bauingenieur.
Baumarkt.
Bautechnik.
Beton und Eisen.
Chemiker-Zeitung.
Chem. Zentralblatt.
Diskussionsberichte der E.M.P.A. Zürich.
Engineering News-Record.
Gewapend Beton-Voorschriften 1918.
Journ. f. phys. Chem.
Kali.
Mitt. des M.P.A. Dahlem.
Proceedings of the Am. Concrete Institute.
Reichsverkehrsblatt
Schweizer Bauzeitung.
Stahl und Eisen
Techn. Gemeindeblatt
Tonindustrie-Zeitung
Zeitschrift für angew. Chemie.
Zement.
Zentralblatt der Bauverwaltung

Namenverzeichnis.

Sachverzeichnis.

	Land	Zementart	Begriffserklärung		Chem. Anforderungen				Klinkergehalt	% Zusätze	Siebfeinheit		Abbin[den]
			Hydraul. Modul	Mahlen vor dem Brennen	Glühverlust	Unlösliches	SO₃ %	MgO %			900 MS. % Rückstand	4900 MS.	Prüfung
I	Deutschland	PZ.	>1,7	verlangt	—	—	<2,5	<5	>97	<3	<5	—	Vicatnadel
II		EPZ.	—	für Klinker wie PZ.	—	—	—	—	>70	<3	<5	—	Vicatnadel
III		HOZ.	—	„	—	—	—	—	>15	<	—	<12	Vicatnadel
IV	Österreich	PZ.	>1,7	nicht verlangt	—	—	<2,5	<5	>97	>3	<3	<25	Vicatnadel
V		HOZ.	—	für Klinker wie PZ.	—	—	—	—	>15	3	<1	<12	Vicatnadel
VI	Schweiz	PZ.	—	verlangt	2—4	—	—	—	>96	<4	<2	<25	Vicat- nadel
VII	Holland	PZ.	>1,7	verlangt	—	<3	<2,5	<5	—	—	<2	<20	Vicat- nadel
VIII		EPZ.	—	für Klinker wie PZ.	—	<3	<2,5	<6	>70	—	<2	<20	Vicat- nadel
IX		HOZ.	—		—	<3	<2,5	<6	>15	—	<2	<12	Vicat- nadel
X	Tschechoslowakei	PZ.	>1,7	nicht verlangt	—	<2	<2,5	<5	—	—	<4	<25	Vicat- nadel
XI		EPZ.	—	für Klinker wie PZ.	—	—	—	—	>70	—	<3	<20	Vicat- nadel
XII		HOZ	—		—	—	—	—	>20	<3	<1	<12	Vicat- nadel
XIII	Frankreich	PZ.	—	verlangt	—	—	<3	<5	—	—	<10	<30	Vic.-Nad.
XIV	Rußland	PZ.	>1,7—2,4	verlangt	<4	—	<2,5	<3	>97	<3	<5	<30	Vicat- nadel
XV		Hüttenzement	—	für Klinker wie PZ.	—	—	<3	<4	70—30	<3	<5	<30	Vicat- nadel
XVI	England	PZ.	2.0—2,9 (anders gerechnet)	innige Mischung verlangt	<3	<1,5	<2,75	<4	nur Gips erlaubt		<1	<10	Vicat- nadel
XVII		Hüttenzement		f. Klinker wie PZ.	<3	<1,5	<2	<5	—	—	<1	<10	Vicat- nadel
XVIII	Amerika	PZ.	—	verlangt	<4	<0,85	<2	<5	nur Gips erlaubt		—	<22[1]	Vic. Nad.
XIX	Dtschl.	Hochfeste Zemente											
XX	Österr.												
XXI	Schweiz												
XXII	Holland												
	1	2	3	4	5	6	7	8	9	10	11	12	13

[1]) 6200 Maschensieb.   [2]) 4 Tage.

Grün, Zement.

…en der Normen der einzelnen Länder für die verschiedenen Zemente.

Spaltengruppen: **Raumbeständigkeit** (Spalten 16–18) — **Festigkeitsproben** (Spalten 19–29) mit **Herstellungsweise** (Spalten 19–23) und **pur / Zug** (Spalten 24–29).

kalt	heiß	Le Chatelier	Anfertigung	Art	Mischungsverhältnis	Zahl	Lagerung	Zug 2	Zug 3	Zug 7	Zug 28	2	3
Normenkuchen 28 Tage	Kochprobe nur in Lieferungsbedingungen als vorläufige Prüfg.	—	Böhme-Hammer-Apparat	einschlagen	1:3	5	Wasser u. komb.	—	—	—	—	—	—
„		—	„	„	1:3	5	„ „ „	—	—	—	—	—	—
„		—	„	„	1:3	5	„ „ „	—	—	—	—	—	—
Normenkuchen 10 Tagen	Kochprobe verbindlich	—	Klebe-Ramme	einrammen	1:3	6 (4 besten)	Wasser	—	—	—	—	12	—
Normenkuchen 28 Tage	Darrprobe verbindlich	—	„	„	1:3	6 (4 besten)	Wasser u. komb.	—	—	—	—	—	—
Normenkuchen 10 Tage	Kochprobe f. Luftbaut. verbindlich	—	Klebe-Ramme	einrammen	1:3	6 (4 besten)	Wasser	—	—	—	—	—	—
Normenkuchen 28 Tage	Kochprobe als vorläufige Prüfung	als vorläufige Prüfung	Klebe-Ramme	einrammen	1:3	5	Wasser u. komb.	—	—	—	—	—	—
„	„	„	„	„	1:3	5	„ „ „	—	—	—	—	—	—
„	„	„	„	„	1:3	5	„ „ „	—	—	—	—	—	—
Normenkuchen 28 Tage	—	—	Böhme-Hammer-Apparat	einschlagen	1:3	5	Wasser u. komb.	—	—	—	—	—	—
„	—	—	„	„	1:3	5	„ „ „	—	—	—	—	—	—
„	—	—	„	„	1:3	5	„ „ „	—	—	—	—	—	—
Kuchen o. Zeitangabe	—	verpflichtend	Hand	einstreichen	pur u. 1:3	6 (4 besten)	Wasser	—	—	25	35	—	—
Kuchen 28 Tage	Darrprobe	—	Hand	einstreichen	pur u. 1:3	6	Wasser	—	20[2]	25	35	—	9[2]
„	„	—	„	„	pur u. 1:3	6		—	—	—	—	—	9
—	—	verpflichtend	Hand / „	einstreichen / einklopfen	pur 1:3	6	Wasser	—	—	42,18	—	—	—
—	—	„	„ / „	einstreichen / einklopfen	pur 1:3	6		—	—	42,18	—	—	—
—	Dampfprobe	—	Hand	eindrücken	1:3	3	Wasser	—	—	—	—	—	—
			Hammer Ramme	einschlagen	1:3	5	Wasser u. komb.	—	—	—	—	—	25
			Ramme	einrammen	1:3	6 (4 besten)	„ „ „	—	—	—	—	18	—
			„	„	1:3	6 (4 besten)	„ „ „	—	—	—	—	—	28
			„	„	1:3	5	„ „ „	—	—	—	—	—	20
16	*17*	*18*	*19*	*20*	*21*	*22*	*23*	*24*	*25*	*26*	*27*	*28*	*29*

rderungen

1 : 3

			Druck			
28	komb.	2	3	7	28	komb.
—	—	—	—	180	260	330
—	—	—	—	180	260	330
—	—	—	—	180	260	330
—	—	130	—	220	—	—
20	25	—	—	150	250	300
28	—	—	—	230	325	—
—	25	—	—	200	—	350
—	25	—	—	200	—	350
—	25	—	—	200	—	350
20	25	—	—	130	220	250
20	25	—	—	130	220	250
20	25	—	—	130	220	250
15	—	—	—	—	—	—
14	—	—	—	—	140	—
14	—	—	—	—	140	—
33,54	—	—	—	—	—	—
33,54	—	—	—	—	—	—
23	—	—	—	—	—	—
—	35	—	250	—	—	450
—	—	220	—	400	—	—
40	—	—	325	500	650	—
—	35	—	250	350	—	450
31	*32*	*33*	*34*	*35*	*36*	*37*

von Julius Springer in Berlin.

Wasserdurchlässigkeit von Beton in Abhängigkeit von seinem Aufbau und vom Druckgefälle. Von Dr.-Ing. **Gustav Merkle.** Mit 33 Textabbildungen. (Mitteilungen des Instituts für Beton und Eisenbeton an der Technischen Hochschule in Karlsruhe i. B. Leitung: E. Probst, Karlsruhe i. B.) IV, 66 Seiten. 1927.　　　　　　　RM 5.10

Untersuchungen über den Einfluß häufig wiederholter Druckbeanspruchungen auf Druckelastizität und Druckfestigkeit von Beton. Von Dr.-Ing. **Alfred Mehmel.** Mit 30 Textabbildungen. IV, 74 Seiten. 1926
RM 6.60

Neue Tabellen für exzentrisch gedrückte Eisenbetonquerschnitte. Von Prof. Dr.-Ing. **W. Kunze,** Dresden. 16 Seiten. 1925.　　　RM 1.—

Durchlaufende Eisenbetonkonstruktionen in elastischer Verbindung mit den Zwischenstützen (Plattenbalkendecken und Pilzdecken). Einflußlinientafeln und Zahlentafeln für die maximalen Biegungsmomente und Auflagerdrücke infolge ständiger und veränderlicher Belastung unter Berücksichtigung der Stützeneinspannung (Winklersche Zahlen) nebst Anwendungsbeispielen von Baurat Dr.-Ing. **F. Kann,** Wismar. Mit 47 Textabbildungen. V, 72 Seiten. 1926.　　　　　　RM 7.20

Die Methode der Festpunkte zur Berechnung der statisch unbestimmten Konstruktionen mit zahlreichen Beispielen aus der Praxis, insbesondere ausgeführten Eisenbetontragwerken. Von Dr.-Ing. **Ernst Suter.** Mit 591 Figuren im Text und auf 15 Tafeln. XI, 734 Seiten. 1923.
RM 19.—; gebunden RM 21.—

Die Arbeitsfestigkeit der Eisenbetonbalken. Von Ingenieur **Wilhelm Thiel.** Mit 4 Abbildungen im Text. IV, 53 Seiten. 1924.　　　RM 2.25

Ausgeführte Eisenbetonkonstruktionen. Neunundzwanzig Beispiele aus der Praxis. Von Dipl.-Ing. **Otto Hausen.** Mit 125 Textfiguren. VI, 121 Seiten. 1919.　　　　　　RM 3.20; gebunden RM 5.—

Die Staumauern. Theorie und wirtschaftlichste Bemessung mit besonderer Berücksichtigung der Eisenbetontalsperren und Beschreibung ausgeführter Bauwerke von Dr.-Ing. **N. Kelen.** Mit 307 Textabbildungen und Bemessungstafeln. VIII, 294 Seiten. 1926.　　　　　Gebunden RM 39.—

Festigkeitseigenschaften und Gefügebilder der Konstruktionsmaterialien. Von Dr.-Ing. **C. Bach** und **R. Baumann,** Professoren an der Technischen Hochschule Stuttgart. Zweite, stark vermehrte Auflage. Mit 936 Figuren. IV, 190 Seiten. 1921. Gebunden RM 15.—

Elastizität und Festigkeit. Die für die Technik wichtigsten Sätze und deren erfahrungsmäßige Grundlage. Von **C. Bach** und **R. Baumann.** Neunte, vermehrte Auflage. Mit in den Text gedruckten Abbildungen, 2 Buchdrucktafeln und 25 Tafeln in Lichtdruck. XXVIII, 687 Seiten. 1924.
Gebunden RM 24.—

Die Statik des ebenen Tragwerkes. Von Prof. **Martin Grüning,** Hannover. Mit 434 Textabbildungen. VIII, 706 Seiten. 1925. Gebunden RM 45.—

Statik für den Eisen- und Maschinenbau. Von Prof. Dr.-Ing. **Georg Unold,** Chemnitz. Mit 606 Textabbildungen. VIII, 342 Seiten. 1925.
Gebunden RM 22.50

Handbuch des Materialprüfungswesens für Maschinen- und Bauingenieure. Von Prof. Dipl.-Ing. **Otto Wawrziniok,** Dresden. Zweite, vermehrte und vollständig umgearbeitete Auflage. Mit 641 Textabbildungen. XX, 700 Seiten. 1923. Gebunden RM 24.—

Ⓦ**Material- und Zeitaufwand bei Bauarbeiten.** Einhundertneun Tabellen zur Ermittlung der Kosten von Erd-, Maurer-, Zimmerer-, Dachdecker-, Spengler- (Klempner), Tischler-, Glaser-, Hafner- (Ofensetzer), Maler- und Anstreicher-Arbeiten. Von **Arnold Ilkow,** Zivilingenieur für das Bauwesen. Zweite, vermehrte und verbesserte Auflage. Zweifach mit Notizblättern durchschossen. IV, 64 Seiten. 1926. RM 4.40

Ⓦ**Taschenbuch für Ingenieure und Architekten.** Unter Mitwirkung von Prof. Dr. **H. Baudisch,** Wien, Ing. Dr. **Fr. Bleich,** Wien, Prof. Dr. **Alfred Haerpfer,** Prag, Dozent Dr. **L. Huber,** Wien, Prof. Dr. **P. Kresnik,** Brünn, Prof. Dr. e. h. **J. Melan,** Prag, Prof. Dr. **F. Steiner,** Wien, herausgegeben von Ing. Dr. **Fr. Bleich** und Prof. Dr. e. h. **J. Melan.** Mit 634 Abbildungen im Text und auf einer Tafel. X, 706 Seiten. 1926. Gebunden RM 22.50

Taschenbuch für Bauingenieure. Unter Mitwirkung von Fachleuten herausgegeben von Geh. Hofrat Prof. Dr.-Ing. e. h. **M. Foerster,** Dresden. Vierte, verbesserte und erweiterte Auflage. Mit 3193 Textfiguren. In zwei Teilen. XVI, 2399 Seiten. 1921. Gebunden RM 16.—
Ergänzungen zur vierten Auflage des Taschenbuchs für Bauingenieure, betreffend neue deutsche Bestimmungen für den Eisenbetonbau und den Eisenbau vom Jahre 1925. Von Geh. Hofrat Prof. Dr.-Ing. e. h. **Max Foerster,** Dresden. Mit 16 Textfiguren. 30 Seiten. 1925. RM 0.60

Der Bauingenieur. Zeitschrift für das gesamte Bauwesen. Organ des Deutschen Eisenbau-Verbandes, des Deutschen Beton-Vereins, der Deutschen Gesellschaft für Bauingenieurwesen, des Beton- und Tiefbau-Wirtschaftsverbandes und des Beton- und Tiefbau-Arbeitgeberverbandes für Deutschland mit Beiblatt: Die Baunormung. Mitteilungen des Deutschen Normenausschusses. Herausgegeben von Prof. Dr.-Ing. e. h. **M. Foerster,** Dresden, Prof. Dr.-Ing. **W. Gehler,** Dresden, Prof. Dr.-Ing. **E. Probst,** Karlsruhe, Dr.-Ing. **W. Petry,** Oberkassel, Dipl.-Ing. **W. Rein,** Berlin.
Vierteljährlich RM 7.50; Einzelheft RM 0.80

Nachtrag zu Seite 61.

Gemäß Beschluß der 1. Sitzung des Ausschusses für Neubearbeitung der Zementnormen am 10. Juni 1927 in Berlin wurde folgende neue Fassung der „Begriffserklärung" und „Begründung und Erläuterung" für Hochofenzement festgelegt:

c) Begriffserklärung für Hochofenzement: Hochofenzement ist ein hydraulisches Bindemittel, das bei einem Gehalt vor 15—70% Gewichtsteilen Portlandzement aus basischer Hochofenschlacke besteht, die durch schnelle Abkühlung der feuerflüssigen Masse gekörnt ist. Hochofenschlacke und Portlandzement werden miteinander fein gemahlen und innig gemischt.

Zur Herstellung von Hochofenzement dürfen nur beim Eisenhochofenbetrieb gewonnene Schlacken von folgender Zusammensetzung verwendet werden:

$$\frac{CaO + MgO + \frac{1}{3} Al_2O_3}{SiO_2 + \frac{2}{3} Al_2O_3} > 1.$$

Die Hochofenschlacke darf nicht mehr als 5% MnO enthalten. Der beigemischte Portlandzement wird gemäß der Begriffserklärung der Normen des Vereins Deutscher Portlandzementfabrikanten hergestellt.

Zusätze zu besonderen Zwecken, namentlich zur Regelung der Abbindezeit, sind in Höhe von 3% des Gesamtgewichtes begrenzt, um die Möglichkeit von Zusätzen lediglich zur Gewichtsvermehrung auszuschließen.

Begründung und Erläuterung.

Der Hochofenzement der Vereinswerke steht unter der regelmäßigen Kontrolle des Vereins Deutscher Hochofenzementwerke, dessen Mitglieder sich gegenseitig verpflichtet haben, den Hochofenzement genau nach der vorstehenden Begriffserklärung und den folgenden Bedingungen herzustellen.

Grün, Zement.

Nachtrag zu Seite 162

hinter: I. G. Farbenindustrie Akt. - Ges. Leverkusen bei Köln
und vor: Der Kontrolle des Vereins Deutscher Hochofenzementwerke unterstehen usw.:

In der Hauptversammlung des Vereins Deutscher Hochofenzementwerke am 20. Juni 1927 wurden folgende Werke als Vereinswerke neu aufgenommen:
Halbergerhütte G. m. b. H. Brebach (Saar),
Röchling'sche Eisen- und Stahlwerke Akt.-Ges. Völklingen (Saar).

Grün, Zement.

DEUTSCHER NORMENAUSSCHUSS

DIN 1164

Portlandzement
Eisenportlandzement
Hochofenzement

Aufgestellt vom Ausschuß
für die Neubearbeitung der Zementnormen

**A. Kennzeichnung, Begriffsbestimmungen,
Eigenschaften und Überwachung**

B. Normensand und Prüfgeräte

C. Prüfverfahren

✕ *Zusatz Oktober 1943:*

Für die jetzige Zeit kann, sofern farbiges Papier nicht zu beschaffen ist,
naturfarbenes Papier verwendet werden, jedoch müssen dann die Säcke
für Zement 325 Aufdrucke in grüner Farbe, die für Zement 425 Aufdrucke
in roter Farbe erhalten. Um die Zementgüteklassen auch bei gestapelten
Säcken leicht unterscheiden zu können, müssen die beiden Seitenfalten
der Säcke in ganzer Länge einen Faltendruck in gleicher Farbe erhalten,
der in fetten, engstehenden, mindestens 50 mm hohen Buchstaben die
Bezeichnung „Portlandzement", „Eisenportlandzement" oder „Hochofenzement" nebst dem Kennzeichen 325 oder 425 enthält.

BEUTH-VERTRIEB GMBH   BERLIN W 15 UND KREFELD-UERDINGEN

Inhaltsverzeichnis

A. Kennzeichnung, Begriffsbestimmung, Eigenschaften und Überwachung

§ 1. Benennung, Überwachung und Kennzeichnung von Portland-, Eisenportland- und Hochofenzement[1])

Portland-, Eisenportland- und Hochofenzement kommen in drei Güteklassen in den Handel[2]):

Zement 225
Zement 325
Zement 425

Die Güteklassen unterscheiden sich hauptsächlich durch die Anfangsfestigkeiten (vgl. § 6).

Bei Portlandzement, Eisenportlandzement oder Hochofenzement von Werken, die sich der dauernden Überwachung ihrer Erzeugung durch die zuständigen Vereinslaboratorien oder durch ein hierfür vorgesehenes Materialprüfungsamt[3]) unterworfen haben, trägt die Verpackung das nachstehende in die Zeichenrolle des Patentamtes eingetragene Warenzeichen.

Die Verpackung muß in deutlicher Schrift die Bezeichnungen „Portlandzement", „Eisenportlandzement" oder „Hochofenzement", die Güte-

---

[1]) Abgekürzt: PZ, EPZ, HOZ.

[2]) Die Zahlen 225, 325 und 425 entsprechen den gewährleisteten Druckfestigkeiten nach 28 Tagen Wasserlagerung (vgl. § 6).

[3]) Forschungsinstitut der Hüttenzementindustrie Düsseldorf.
Laboratorium der Westfälischen Zementindustrie, Beckum.
Materialprüfungsamt Berlin-Dahlem.
Versuchs- und Materialprüfungsamt an der Techn. Hochschule Dresden.
Amtliche Materialprüfstelle (Bautechnisches Laboratorium und Abt. Bauten- u. Steinschutz) der Technischen Hochschule München.
Materialprüfungsamt der Bayr. Landesgewerbeanstalt, Nürnberg.
Institut für Bauforschung und Materialprüfungen des Bauwesens an der Techn. Hochschule Stuttgart.
Institut für Baustoffkunde u. Materialprüfung an der Technischen Hochschule Braunschweig.
Staatliches Baustoff-Prüfamt Weimar.
Über die Richtlinien für die dauernde Überwachung von Zementwerken siehe § 7.

klasse, das Bruttogewicht[4]), die Firma, die Marke und die Bezeichnung des erzeugenden Werks tragen[5]).

Für Zement 325 sind bei Verpackung in Papiersäcken grüne Säcke, für Zement 425 rote Säcke zu verwenden. Für die Verpackung anderer pulverförmiger Baustoffe sind einfarbig grüne und rote Säcke nur dann zulässig, wenn sie eine anerkannte Kennzeichnung tragen.

Erläuterung

Die Bezeichnung „Portlandzement", „Eisenportlandzement" oder „Hochofenzement" soll dem Käufer die Gewähr dafür geben, daß die Ware der (in Betracht kommenden) nachstehenden Begriffsbestimmung entspricht.

§ 2. Begriffsbestimmung

Die drei durch diese Normen gekennzeichneten Zemente haben wie alle hydraulischen Bindemittel die Fähigkeit, unter Wasser und an der Luft zu erhärten.

Die Bezeichnung Normenzement oder ein Hinweis auf DIN 1164 in der Bezeichnung eines Bindemittels, sowie die Bezeichnungen Zement 225, Zement 325 und Zement 425 sind nur für solche Zemente zulässig, die diesen Normen in allen Teilen entsprechen.

a) Portlandzement

Portlandzement wird durch Feinmahlen von Portlandzementklinker erhalten.

Portlandzementklinker besteht aus hochbasischen Verbindungen von Kalk mit Kieselsäure (Trikalziumsilikat, Dikalziumsilikat) und hochbasischen Verbindungen von Kalk mit Tonerde, Eisenoxyd, Manganoxyd sowie geringen Mengen Magnesia. Er wird hergestellt durch Brennen bis mindestens zur Sinterung der feingemahlenen und innig gemischten Rohstoffe.

---

[4]) Abweichungen vom Sollgewicht bis zu 2% sind nicht zu beanstanden.

[5]) Zement von Werken, die den oben genannten Vereinen angehören, trägt außerdem auf der Verpackung das in die Zeichenrolle des Patentamts eingetragene Warenzeichen des Vereins (s. unten). Die Mitglieder dieser Vereine haben sich gegenseitig verpflichtet, ihren Zement genau nach den nachstehenden Begriffsbestimmungen herzustellen.

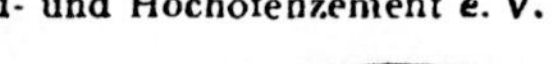

Warenzeichen

Verein Deutscher Portland-Cement-Fabrikanten e. V.

Eisenportland- und Hochofenzement e. V.

für Eisenportland-zement

für Hochofenzement

Der Gehalt an Magnesia (MgO) darf 5 %, der an Schwefelsäureanhydrid (SO_3) 3 % — alles auf den geglühten Portlandzement bezogen — nicht überschreiten[6]).

Die Portlandzement-Rohmasse muß die Aufbaustoffe innig gemischt und gleichmäßig verteilt in ganz bestimmtem Verhältnis enthalten und muß hierzu besonders aufbereitet werden. Die aufbereitete Rohmasse darf nach dem Schlämmen durch das Sieb 0,09 DIN 1171 (4900 Maschen auf 1 cm²) nicht mehr als 30 % Rückstand, bezogen auf das bei 105° getrocknete und dann abgeschlämmte Gut, hinterlassen.

b) Eisenportlandzement und Hochofenzement

Eisenportlandzement erhält man durch gemeinsames Feinmahlen von mindestens 70 Gewichtsteilen Portlandzementklinker und höchstens 30 Gewichtsteilen schnell gekühlter Hochofenschlacke. Hochofenzement erhält man durch gemeinsames Feinmahlen von 15 bis 69 Gewichtsteilen Portlandzementklinker und entsprechend 85 bis 31 Gewichtsteilen schnell gekühlter Hochofenschlacke.

Der Portlandzementklinker wird nach der Begriffsbestimmung für Portlandzement hergestellt.

Die als Zusatz dienenden Hochofenschlacken sind kalktonerdesilikatische Schmelzen, die beim Eisenhochofenbetrieb gewonnen werden. Sie dürfen auf einen Gewichtsteil der Summe von Kalk (CaO) + Magnesia (MgO) + Tonerde (Al_2O_3) höchstens einen Gewichtsteil löslicher Kieselsäure (SiO_2) enthalten, d. h. sie müssen in Gewichtsteilen folgender Formel entsprechen:

$$\frac{CaO + MgO + Al_2O_3}{SiO_2} \geqq 1$$

Bei Eisenportlandzement darf der Gehalt an Schwefelsäureanhydrid (SO_3) 3 % — bezogen auf den geglühten Zement — nicht überschreiten.

Bei Hochofenzement darf der Gehalt an Schwefelsäureanhydrid (SO_3) 4 % — bezogen auf den geglühten Zement — nicht überschreiten. Hochofenzement soll weniger als 55 % Kalk (CaO) enthalten.

c) Zusätzliche Bestimmungen zu a) und b)

Der Glühverlust des Zements darf zur Zeit der Anlieferung durch das Werk höchstens 5 % betragen[7]).

Neben den Bestandteilen Gips und Wasser, die zur Regelung der Abbindezeit notwendig sind und deren Menge durch den zulässigen Gehalt an Schwefelsäureanhydrid und durch den zulässigen Glühverlust begrenzt wird, dürfen Zusätze zu anderen Zwecken insgesamt 1 % nicht überschreiten.

Zemente, die nicht den vorstehenden Bestimmungen entsprechend aufbereitet sind, sowie Zemente, denen außer Gips und Wasser mehr als 1 % fremde Stoffe zugesetzt sind, haben demnach keinen Anspruch auf die Bezeichnungen Portlandzement, Eisenportlandzement oder Hochofenzement, auch nicht auf Wortbildungen unter Verwendung dieser Bezeichnungen, es sei denn, daß diese durch amtlich anerkannte Normen festgelegt werden.

---

[6]) Unter % sind stets Gewichtsteile zu verstehen.
[7]) Norm für den Analysengang ist in Bearbeitung.

§ 3. Mahlfeinheit

Der Zement muß so fein gemahlen sein, daß er auf dem Siebe 0,09 DIN 1171 (4900 Maschen auf 1 cm²) höchstens 20 % Rückstand hinterläßt.

§ 4. Raumbeständigkeit

Der Zement muß raumbeständig sein; er ist raumbeständig, wenn aus ihm hergestellte Kuchen den Kochversuch (§ 23b) und den Kaltwasserversuch (§ 23c) bestehen.

§ 5. Erstarren

Das Erstarren darf bei der Prüfung mit dem Nadelgerät (§ 10) frühestens eine Stunde nach dem Anmachen des Zementbreies beginnen und soll spätestens 12 Stunden nach dem Anmachen beendet sein.

Der Erstarrungsbeginn kann auch durch den Eindrückversuch (§ 24a) bestimmt werden. In Zweifelsfällen ist der Versuch mit dem Nadelgerät maßgebend.

§ 6. Festigkeiten

Die Zemente müssen in der Mörtelmischung 1 Gewichtsteil Zement + 1 Gewichtsteil Normensand Körnung I (fein) + 2 Gewichtsteile Normensand Körnung II (grob) + 0,6 Gewichtsteile Wasser folgende Festigkeiten in kg/cm² erreichen:

Mörtelfestigkeit in kg/cm² nach	1 Tag	3 Tagen	7 Tagen	28 Tagen
		Wasserlagerung		
Zement 225				
Biegezug	—	—	25	**50**
Druck	—	—	110	**225**
Zement 325				
Biegezug	—	30	**40**	**60**
Druck	—	150	**225**	**325**
Zement 425				
Biegezug	25	**50**	60	**70**
Druck	100	**300**	360	**425**

Bei abgekürzten Prüfungen genügt es, die fettgedruckten Werte nachzuprüfen.

§ 7. Dauernde Überwachung von Zementwerken

Die Prüfstellen (siehe § 1) müssen mindestens folgende Prüfungen durchführen:

1. Zunächst ist zu prüfen, ob in dem Werk eine einwandfreie und gleichmäßige Herstellung möglich ist, besonders ob die für eine sorgfältige Aufbereitung der Rohstoffe erforderlichen Einrichtungen vorhanden sind.
2. Jährlich mindestens einmal sind die Rohstoffe oder die Rohmasse auf Normen-Beschaffenheit zu untersuchen (§§ 2a, 2b, 2c).
3. Monatlich mindestens einmal ist eine vollständige Untersuchung des Zements nach den Normen durchzuführen. Hierzu sind die Proben aus dem Handel zu beziehen oder, wenn dies auf Schwierigkeiten stößt, durch einen sachverständigen Beauftragten der Prüfstelle unvermutet auf dem Werke zu entnehmen.

Bei ungenügendem Befund verwarnt die Prüfstelle das Werk, im Wiederholungsfalle erstattet sie der obersten Bauaufsichtsbehörde des Landes, in dem das Werk liegt, Anzeige und stellt die Überwachung ein. Das fragliche Werk darf dann das im § 1 angeführte Warenzeichen nicht mehr führen und seinen Zement nicht mehr als Normenzement bezeichnen. Gegen die Entscheidung der Prüfstelle ist Beschwerde zulässig.

B. Normensand und Geräte zum Prüfen von Portland-, Eisenportland- und Hochofenzement

§ 8. Normensand

Der Normensand wird aus zwei Körnungen zusammengesetzt, die als Körnung I (fein) und Körnung II (grob) bezeichnet werden.

Normensand Körnung I (fein) wird aus einem Quarzsandlager bei Hohenbocka gewonnen. Der Rohsand wird gewaschen, getrocknet und gemahlen. Normensand Körnung I (fein) muß folgenden Bedingungen entsprechen:

1. Gehalt an Kieselsäure (SiO_2) wenigstens 99 %
2. Rückstand auf dem Sieb 0,2 DIN 1171 rd. 8 %
3. Rückstand auf dem Sieb 0,09 DIN 1171 rd. 70 %

Normensand Körnung II (grob) wird aus einem Quarzsandlager in der Nähe von Bad Freienwalde (Oder) gewonnen. Der Rohsand wird gewaschen, getrocknet und auf zwei Planrüttelsieben, die mit Drahtgeweben von geeigneter Maschenweite bespannt sind, abgesiebt.

Normensand Körnung II (grob) muß folgenden Bedingungen entsprechen:

1. Gehalt an Kieselsäure (SiO_2) wenigstens 99 %
2. Gehalt an abschlämmbaren Bestandteilen höchstens 0,05 %
3. Rückstand auf dem Sieb von 1,39 mm Lochweite höchstens 2 %
4. Durchgang durch das Sieb von 0,74 mm Lochweite höchstens 5 %

Für die Nachprüfung der Körnung II (grob) des Normensandes sind Siebe aus gelochten Messingblechen zu verwenden, die folgenden Bedingungen entsprechen:

1. Die Bleche sollen 0,25 mm dick sein. Das zulässige Abmaß ist $\pm$ 8 % (siehe DIN 1751 Messingbleche, kalt gewalzt handelsüblich). Die Bleche dürfen nach dem Stanzen nicht mehr gewalzt werden.
2. Die Lochdurchmesser sollen 0,74 und 1,39 mm betragen. Bei der Nachprüfung der Lochdurchmesser sind an 3 oder 4 verschiedenen Stellen des Siebes je 8 bis 10 Löcher in zwei benachbarten Lochreihen zu messen. Der Mittelwert darf nicht mehr als 2% vom Sollwert abweichen, der Durchmesser keines Loches mehr als 5%. Die Lochdurchmesser sind auf $^{1}/_{100}$ mm genau zu bestimmen.
3. Die glatte Seite der Bleche ist im Rahmen nach oben, die rauhe Seite nach unten einzuspannen.
4. Die nutzbare Siebfläche muß 10 cm $\times$ 10 cm groß sein.

Von jeder wöchentlichen Fertigung werden Durchschnittsproben auf Korngröße und Reinheit in den zuständigen Vereinslaboratorien untersucht.

Der Sand wird von den Materialprüfungsämtern abgenommen, der für einwandfrei befundene Normensand gesackt und jeder Sack mit der Plombe des Materialprüfungsamtes verschlossen.

§ 9. Siebe und Siebgewebe

Beim Sieben von Hand sind quadratische Siebe mit Holzrahmen von etwa 22 cm lichter Weite und etwa 9 cm Höhe zu verwenden.

Die Drahtgewebe für Prüfsiebe müssen DIN 1171 entsprechen.

Für Prüfsiebe ist nur Drahtgewebe glatter Webart zu verwenden.

Auszug aus DIN 1171

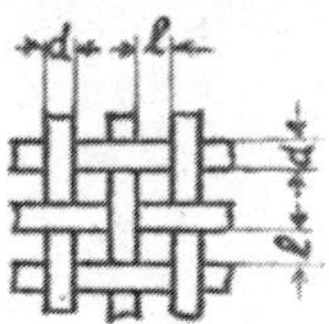

Lichte Maschenweite l in mm	Drahtdurchmesser d in mm	Anzahl der Maschen je cm²
1,2	0,80	25
0,20	0,13	900
0,090	0,055	4900

Über die zulässigen Abweichungen vgl. DIN 1171.

§ 10. Nadelgerät*)

a) Gerät

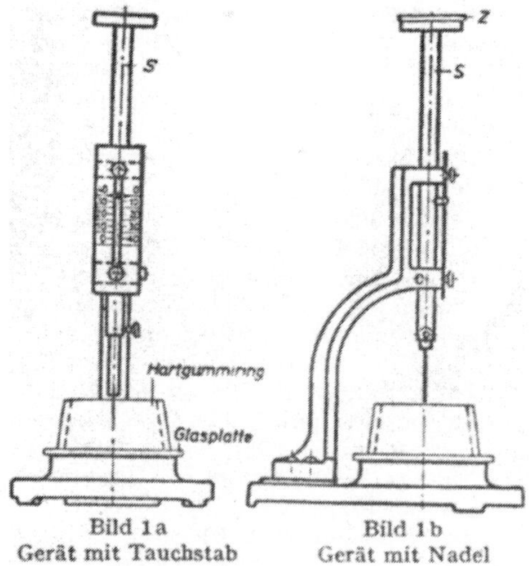

Bild 1a
Gerät mit Tauchstab

Bild 1b
Gerät mit Nadel

---

*) Die in den §§ 10 und 12 bis 19 angegebenen Maße, die ohne Grenzmaße genannt sind, gelten als Sollmaße, die annähernd einzuhalten sind.

Gewicht in g

Bezeichnung	Nenn-wert	Grenzwerte für die Herstellung	
		oberer	unterer
Stange S nebst Kopf und Zubehör .	265	267	263
Tauchstab (Bild 2, § 10b)	35	36	34
Nadel (Bild 3, § 10c)	7,5	8	7
Zusatzgewicht Z (Bild 1b) . . .	27,5	28	27
Gesamtes wirksames Gewicht . . .	300	302*)	298*)

*) Die Einzelteile sind so zu wählen, daß ihr Gesamtgewicht innerhalb dieser Grenzwerte liegt.

b) Tauchstab[9])

Bild 2. Tauchstab

Maße in mm

Bezeichnung	Zeichen	Nenn-wert	Grenzwerte für die Herstellung	
			oberer	unterer
Durchmesser des Tauchstabes . .	d	10	10,02	9,98
Länge des Tauchstabes	l	50*)	—	—
Durchmesser des Einsteckstiftes .	a	5	4,97	4,92
Länge des Einsteckstiftes	b	14*)	---	---

*) Nur Richtmaße.

c) Nadel[9])

Bild 3. Nadel

[9]) Tauchstab und Nadel müssen poliert und dürfen nicht vernickelt sein.

Maße in mm

Bezeichnung	Zeichen	Nenn-wert	Grenzwerte für die Herstellung	
			oberer	unterer
Durchmesser der Nadel	c	1,13	1,14	1,11
Länge der Nadel	l	50*)	—	—
Durchmesser des Einsteckstiftes .	a	5	4,97	4,92
Länge des Einsteckstiftes	b	14*)	—	—

*) Nur Richtmaße.

d) **Kegeliger Hartgummiring**

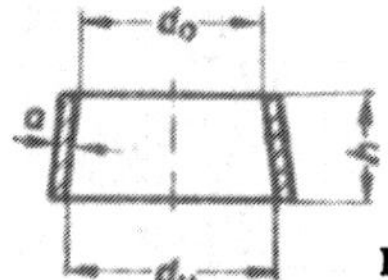

Bild 4. Hartgummiring

Maße in mm

Bezeichnung	Zeichen	Nennwert
Lichter Durchmesser oben	d_o	65*)
Lichter Durchmesser unten	d_u	75*)
Höhe	h	40*)
Wanddicke	a	7*)

*) Nur Richtmaße.

§ 11. Mörtelmischer

a) **Gerät[10]), Nennwerte, Grenzwerte für Herstellung und Abnutzung**

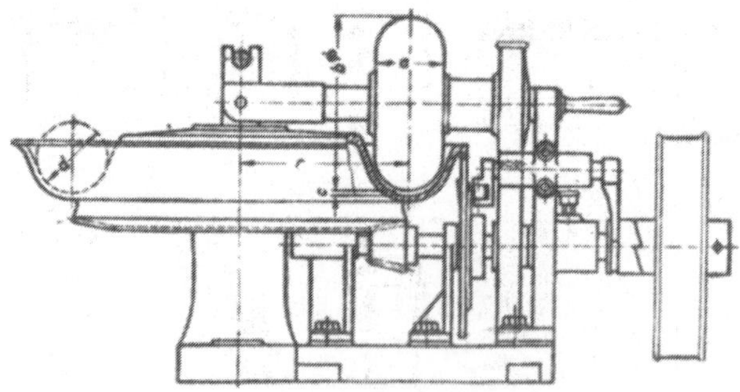

Bild 5. Mörtelmischer

---

[10]) Nicht dargestellt sind die am Zahnrad auf der Antriebsachse und am folgenden Zahnrad erforderlichen Schutzvorrichtungen.

Maße in mm

Einzelteile	Zeichen	Nenn-wert	Grenzwerte für die Herstellung		Grenz-wert für die Ab-nutzung
			oberer	unterer	
Dicke der Mischwalze	a	80,8	80,8	80,2	—
Durchmesser der Mischwalze .	b	203,5	203,5	202,5	—
Abstand der Walze von der Schale	c	5,0	6,0	5,0	7,0
Durchmesser des einbeschriebenen Kreises (im Schalenprofil)	d	80,8	81,2	80,8	- -
Abstand vom Drehpunkt der Schale bis Mitte Mischwalze	r	197,5	198,0	197,0	—

b) Gewichte der Mischwalze mit und ohne Achse

Bezeichnung	Nenn-wert	Grenzwerte für die Herstellung		Grenz-wert für die Ab-nutzung
		oberer	unterer	
Gewicht der Mischwalze ohne Achse . . . . in kg	19,1	19,4	19,1	18,5
Gewicht der Mischwalze mit Achse . . . . in kg	21,5	22,0	21,5	20,9

c) **Anzahl** der Schalenumdrehungen je Minute: 8
Anzahl der Umdrehungen der Mischwalze je Minute: 72
Gesamtzahl der Schalenumdrehungen je Mischung: 20
Maschinenantrieb ist zweckmäßig.

d) **Außen-** und Innenschaufel sollen mit einer schneidenartigen Kante an der Schale streifen. Eine Vorrichtung ist vorzusehen, die nach je 20 Schalenumdrehungen ein Läutewerk ertönen läßt oder den Mörtelmischer selbsttätig stillsetzt.

e) Die Schalenabnutzung soll mit einer den Sollwerten entsprechenden Walze nachgeprüft werden.

§ 12. Formen
Werkstoff: Stahl, Gußeisen oder anderer geeigneter Werkstoff

Die **Formteile** (2) und (5) sollen auf der ebengehobelten Unterlagsplatte (1) satt aufliegen und oben und unten ebengeschliffen sein. Die Stirnteile (2) der Form in Verbindung mit den Längsteilen (5) sollen durch eine Spannschraube (3) so gegen die Widerlager (4) gedrückt werden, daß die Form zwangsläufig auf die Unterlagsplatte (1) niedergezogen und ihre Längsteile fest an die Stirnteile gedrückt werden. Die Stirnteile sind für die Herstellung von Körpern zur Ermittlung des Schwindmaßes (Schwindkörper) mit Bohrungen (6) zur Aufnahme der Meßzapfen ver-

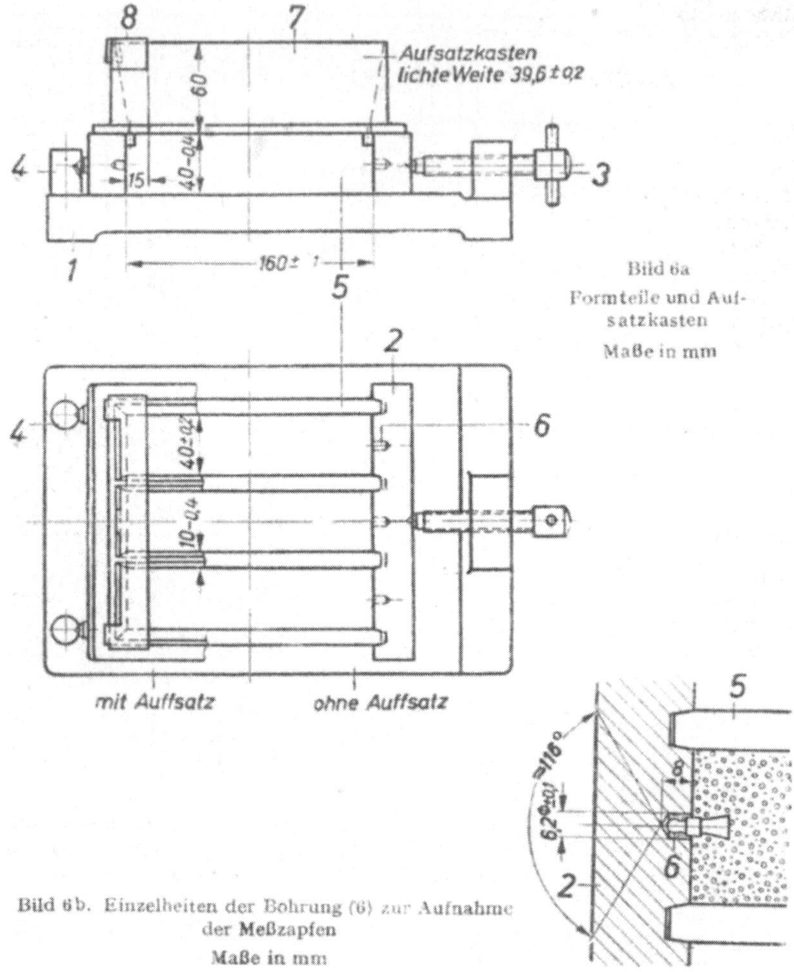

Bild 6b. Einzelheiten der Bohrung (6) zur Aufnahme
der Meßzapfen
Maße in mm

sehen. Die Unterlagsplatte soll so beschaffen sein, daß man sie zum Tragen bequem anfassen kann.

Der Aufsatzkasten (7) soll mit den Auflageflächen satt auf der Form aufsitzen. Er wird durch Anschläge ausgerichtet und darf über die Innenkanten der Form um höchstens 0,4 mm vorstehen.

Zur Herstellung der Schwindkörper müssen an den Stirnseiten des Aufsatzkastens Abdeckstreifen beispielsweise nach Bild 6a angebracht werden können, die 15 mm über die Stirnteile reichen[11]).

---

[11]) Über eine Vorrichtung zum Entformen der Mörtelprismen vgl. Baumann. Abdrückvorrichtung für Mörtelprismen, Zement 1942, Heft 23/24, Seite 251.

§ 13. Stampfer

Die Stampfer zum Herstellen der Biegekörper (Bild 7) und der Schwind-
körper (Bild 8) sollen aus Holz hergestellt sein und am unteren Ende einen
Schuh aus Blech tragen. (Statt der Holzstampfer mit Blechschuh können
Stampfer aus Leichtmetall verwendet werden.)

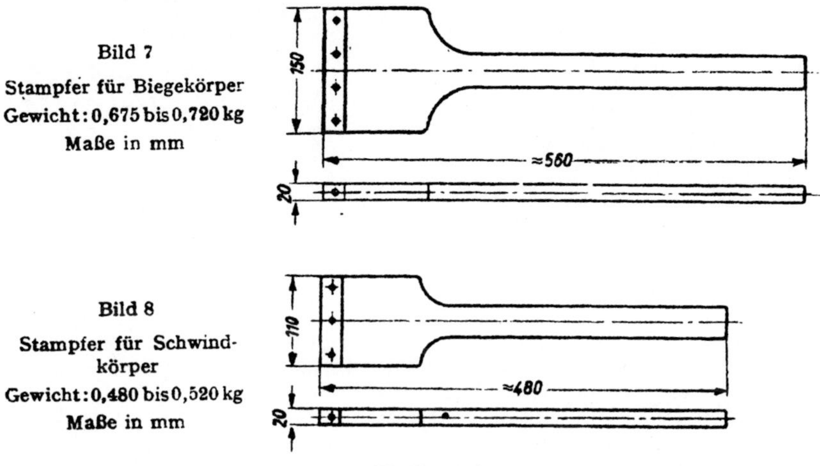

Bild 7

Stampfer für Biegekörper
Gewicht: 0,675 bis 0,720 kg
Maße in mm

Bild 8

Stampfer für Schwind-
körper
Gewicht: 0,480 bis 0,520 kg
Maße in mm

§ 14. Meßzapfen

Die Meßzapfen sollen aus nichtrostendem Stahl oder aus einem anderen
geeigneten Werkstoff angefertigt sein. Der Kopf (1) des Meßzapfens soll
kugelig und poliert sein und darf keine Riefen zeigen.

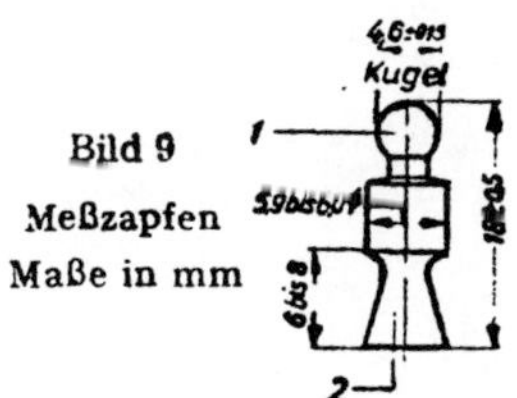

Bild 9

Meßzapfen

Maße in mm

§ 15. Rütteltisch

Das Gestell (1) für den Rütteltisch (Bild 10) soll aus Gußeisen angefertigt
und kräftig gebaut sein. Der Rütteltisch ist unmittelbar auf eine waage-
rechte, nicht federnde Unterlage (Betonklotz) aufzustellen.

Auf der Welle (2) des Rütteltisches befindet sich die Hubkurve (3), die
die Hubachse (4) mitsamt der Tischplatte (5) um 10 mm hebt. Die Welle
muß mit einer Zählvorrichtung (6) verbunden sein.

Die Hubachse trägt unten eine drehbare Rolle (7) und oben eine Tischplatte aus Stahl oder Gußeisen. Im tiefsten Punkt muß die Hubkurve
von der Rolle der Hubachse freigehen, so daß die Tischplatte mit ihrer
Nabe fest auf die Gegennabe (8) des Tischgestelles aufschlägt. Die Tischplatte muß gegen Drehung gesichert sein.

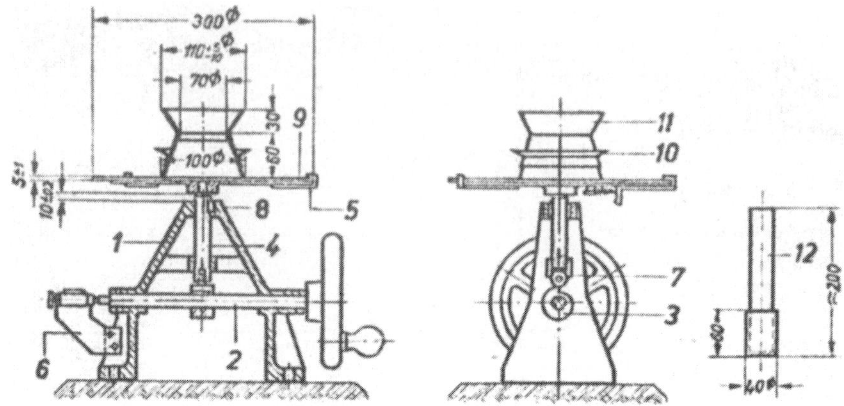

Bild 10. Rütteltisch und zugehöriger Stampfer   Maße in mm

Die Tischplatte ist auf der oberen Fläche in der Mitte mit einem Kreis
von 100 mm Durchmesser und 1 mm Tiefe versehen; sie trägt eine Spiegel-
glasscheibe (9) von 300 mm Durchmesser, die mittig festgehalten wird.
(Gewicht der Tischplatte einschl. Glasplatte und Hubachse: 3,2 kg bis 3,35 kg.
Hubgeschwindigkeit: 1 Hub je Sek.)

Der Setztrichter (10) mit dem Aufsatz (11) wird beim Einfüllen des
Mörtels derart mit der Hand auf der Glasplatte gehalten, daß sein Rand mit
dem zentrischen Kreis in der Tischplatte übereinstimmt.

Der Stampfer (12) besteht aus einem runden Holzstab mit Blechschutz
und wiegt 0,250 kg $\pm$ 0,015 kg.

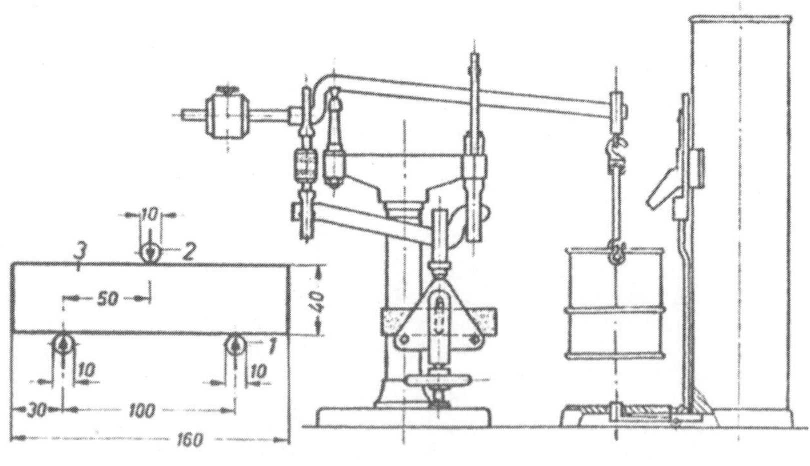

b) Lastanordnung   Maße in mm   a) Festigkeitsprüfer

Bild 11. Festigkeitsprüfer zur Bestimmung der Biegezugfestigkeit

§ 16. Festigkeitsprüfer zur Bestimmung der Biegezugfestigkeit

Die vom Festigkeitsprüfer (Bild 11a) auszuübende Gesamtlast beträgt mindestens 500 kg, zu empfehlen sind Geräte für 1000 kg Gesamtlast.

Das Übersetzungsverhältnis ist 1 : 50 und wird durch zwei Hebel vom Verhältnis 1 : 10 und 1 : 5 erreicht.

Die Pfannenwinkel sollen 90° sein, mit Ausnahme des Pfannenwinkels der Mittelschneide des oberen Hebelbalkens, der bis zu 110° betragen kann. Die Schneidenwinkel aller Schneiden betragen 60°.

Als Belastung dient gleichmäßig zulaufender Schrot von 3 mm Korn; in jeder Sekunde sollen 100 g Schrot zulaufen; die Lastanzeige soll auf ± 1 % genau sein.

Die Biegevorrichtung soll so beschaffen sein, daß die beiden Auflagerwalzen (1) unten liegen und die Belastungswalze (2) oben (Bild 11b). Auflagerwalzen und Belastungswalze sind parallel ausgerichtet. Die Belastungswalze ist so zu führen, daß sie beim Biegeversuch mittig zu den Auflagerwalzen liegt und keine Klemmungen auftreten. Die Haltevorrichtung für die Belastungswalze ist kugelig zu lagern.

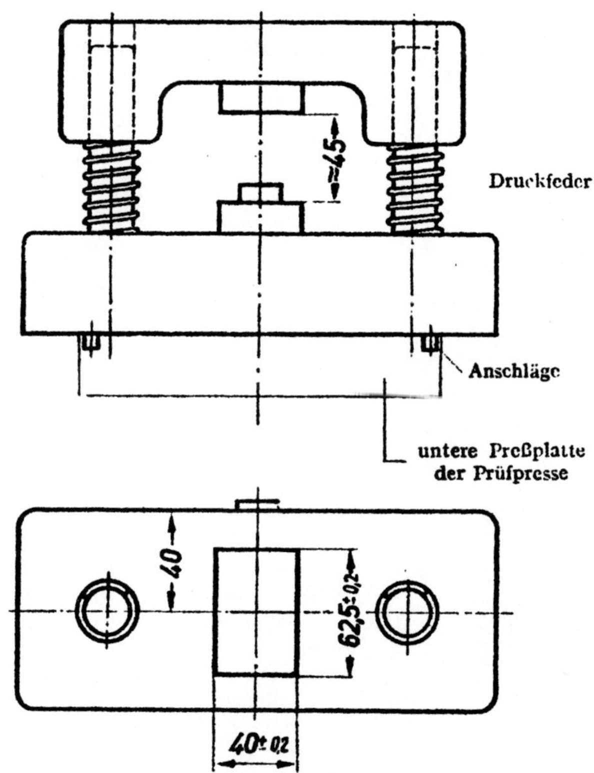

Bild 12. Druckeinrichtung   Maße in mm

Als Walzen sind Bolzen von 10 mm Durchmesser aus St 60.11 zu verwenden.

Der Mittenabstand der Auflagerwalzen beträgt 100 mm.

Zum Ausrichten des Probekörpers (3) sind sowohl der Länge als auch der Breite nach Richtflächen vorzusehen.

§ 17. Vorrichtung zur Ermittlung der Druckfestigkeit

Die Vorrichtung für die Ermittlung der Druckfestigkeit besteht aus zwei gehärteten und geschliffenen Druckplatten, die so befestigt und geführt sind, daß sich ihre Druckflächen beim Versuch achsengerecht nähern. Die Flächenmaße der Druckplatten sind 40 mm × 62,5 mm, die zulässigen Abmaße betragen ± 0,2 mm.

Ein Beispiel ist in Bild 12 angegeben. Das obere Querhaupt des Säulenführungsgestells wird durch Druckfedern zwischen den Preßplatten der Prüfpresse so in Schwebe gehalten, daß der freie Abstand der Druckplatten etwa 45 mm beträgt. Das Querhaupt soll auf den Säulen des Gestells leicht beweglich und so geführt sein, daß ein Kanten oder Ecken mit Sicherheit vermieden wird. Die Vorrichtung wird mit Anschlägen mittig zwischen die Preßplatten eingebaut. Die Prüfpresse muß in dem Kraftbereich von 2 bis 20 t verwendbar sein und den Bestimmungen des Normblattes DIN 1604 Werkstoffprüfung, Richtlinien für die Überwachung von Werkstoffprüfmaschinen, genügen.

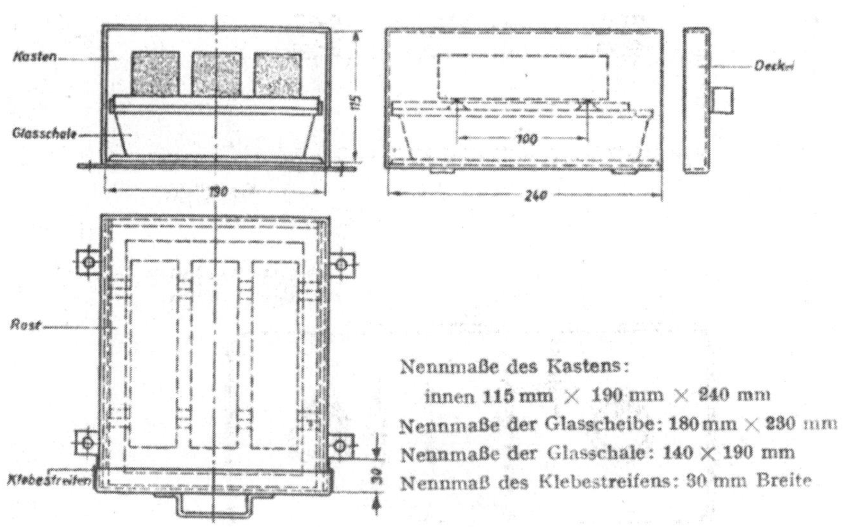

Bild 13.

Vorrichtung zum Lagern der Probekörper

§ 18. Vorrichtung zum trockenen Lagern der Probekörper

Der Kasten zum Lagern der Probekörper soll an der Stirnseite bündig durch einen Deckel verschließbar sein. Jeder Kasten ist vor seiner Verwendung auf Dichtheit zu prüfen. Die Probekörper sind auf einem Rost aus korrosionsfestem Stoff zu lagern. Der Rost besteht aus zwei dreikantigen Stäben, die in 100 mm Abstand derart seitlich verbunden sind, daß sich die mittig aufgesetzten Probekörper beim Anstoßen der Verbindungsstücke an der hinteren Kastenwand in der Mitte des Kastens befinden.

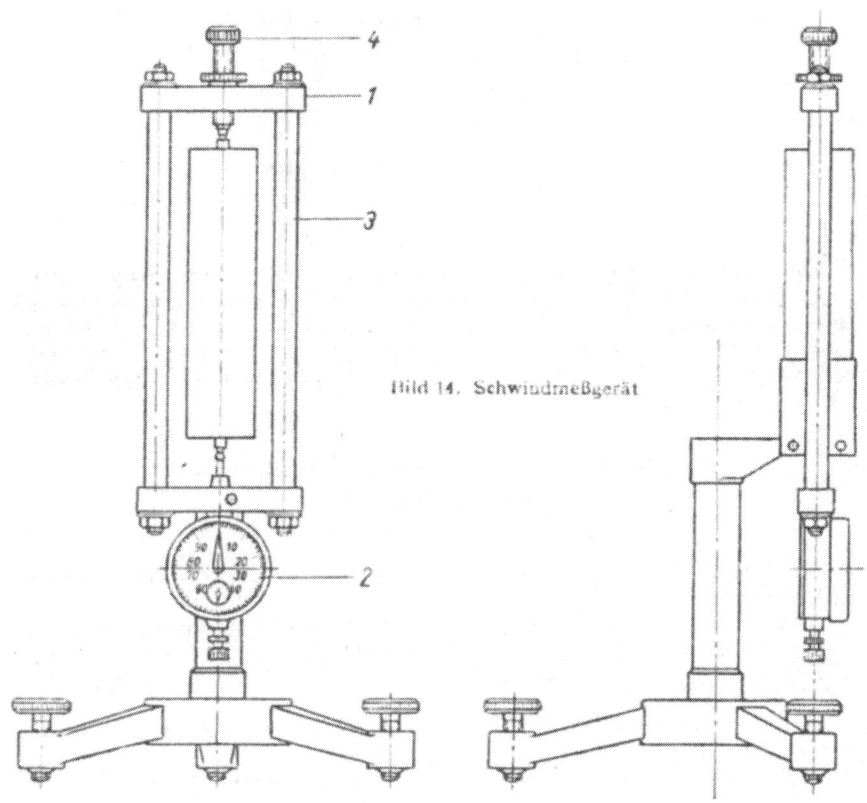

Bild 14. Schwindmeßgerät

§ 19. Schwindmeßgerät

Das Schwindmeßgerät (Bild 14) besteht aus einem Meßgehänge und einem dreibeinigen Sockel mit Stellschrauben.

Das Meßgehänge wird aus dem Rahmen (1) und der Meßuhr (2) gebildet. Für die zwei Seitenstäbe (3) ist Invarstahl, für die Meßpfannen an Stellschraube (4) und Meßuhr (2) nichtrostender Stahl zu verwenden. Die Sitze der Meßzapfen sind kegelig zu gestalten (Bild 6b, § 12).

Der Vergleichskörper (Bild 15) hat die gleichen Abmessungen wie der Schwindmeßkörper, also 40 mm × 40 mm × 160 mm, und zuzüglich dem aus dem Körper herausragenden Teil der Meßzapfen 176 mm Gesamtlänge.

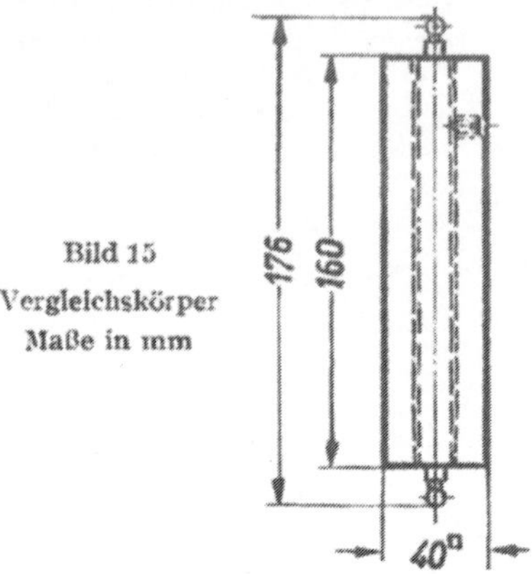

Bild 15
Vergleichskörper
Maße in mm

Der Kopf der Meßzapfen soll kugelig sein und keine Riefen zeigen; er ist zu polieren (siehe Bild 9, § 14). Wird der Vergleichskörper nicht im ganzen aus Stahl angefertigt, so ist in ihm ein in seiner Längsachse frei beweglicher, 160 mm langer Stahlstab einzubauen, der die Meßzapfen trägt und mit diesen 176 mm Gesamtlänge hat. Die Umhüllung kann aus Holz, besser aus Leichtmetall, sein.

C. Prüfverfahren für Portlandzement, Eisenportlandzement und Hochofenzement

§ 20. Probenahme

Bei verpacktem Zement ist die Probe aus mehreren Säcken oder Fässern zu entnehmen.

Soll in großen Behältern (Silos, Kähnen oder dgl.) unverpackt lagernder Zement geprüft werden, so sind an verschiedenen Stellen und aus verschiedenen Höhenlagen mit einem Rohr nach Art der Getreidestecher Einzelproben zu entnehmen.

Die Einzelproben sind durch inniges Mischen zu einer Durchschnittsprobe von mindestens 10 kg zu vereinigen.

Die Proben sind bis zur Prüfung luftdicht zu verschließen.

§ 21. Behandlung des Zements und Vorbereitung der Prüfung

Der Zement muß vor der Prüfung zunächst durch das Sieb 1,2 DIN 1171 (25 Maschen auf 1 cm², § 9) gesiebt werden. Fremde Bestandteile (Stroh, Holzabfälle u. a.), die auf dem Siebe bleiben, sind zu entfernen. Zementklumpen sind zwischen den Fingern zu zerkleinern und dem Siebgut durch das Sieb beizufügen. Klumpen, die nicht mehr zwischen den Fingern zerdrückt werden können, sind von der Prüfung auszuscheiden; ihre Menge ist zu bestimmen. Über den Befund ist im Prüfungszeugnis zu berichten.

Bei der Prüfung des Erstarrens, der Raumbeständigkeit und der Festigkeiten muß im Prüfraum eine Temperatur von 18 bis 21° herrschen. Auch Zement, Anmachwasser, Normensand und Geräte müssen diese Temperatur haben.

§ 22. Mahlfeinheit

Die Mahlfeinheit ist in der Regel durch Sieben von Hand zu bestimmen. Hierbei sind quadratische Siebe mit Holzrahmen nach § 9 zu verwenden.

An Stelle des Handsiebverfahrens kann auch ein maschinelles Siebverfahren angewandt werden, wenn es zu annähernd gleichem Ergebnis führt. In Streitfällen ist das Handsiebverfahren maßgebend.

Um die Mahlfeinheit des Zements festzustellen, werden 100 g bei 105° getrockneter Zement auf das Sieb 0,09 DIN 1171 gebracht und 25 Minuten gesiebt, indem das Sieb mit der einen Hand gefaßt und in leicht geneigter Lage gegen die andere Hand geschlagen wird, und zwar etwa 125 mal in der Minute. Nach je 25 Schlägen wird das Sieb in waagerechter Lage um 90° gedreht und dann leicht mehrmals auf eine feste Unterlage geklopft. Nach 10 und 20 Minuten Siebdauer wird die untere Fläche des Siebes mit einer feinen Stielbürste abgebürstet, um etwa verstopfte Maschen zu öffnen.

Nach insgesamt 25 Minuten Siebdauer wird der Rückstand durch Schräghalten des Siebes unter Aufklopfen auf einer festen Unterlage in einer Ecke gesammelt, in eine Schale geschüttet und gewogen.

Zur Nachprüfung wird der Rückstand auf demselben Sieb so oft je weitere 2 Minuten gesiebt, bis er sich in dieser Zeit um weniger als 0,1 g vermindert. Der Rückstand ist in Prozenten des Siebgutes mit einer Genauigkeit von 0,5 % anzugeben.

Der Siebversuch wird mit einer zweiten Menge von 100 g Zement in derselben Weise wiederholt. Die Ergebnisse dürfen dabei höchstens um 1 % von den ersten abweichen; bei größeren Abweichungen ist zum drittenmal zu sieben. Maßgebend ist der Mittelwert aus allen Siebversuchen.

§ 23. Raumbeständigkeit
a) Anfertigung der Probekörper

200 g Zement werden mit etwa 46 bis 60 g (23 bis 30 %) Wasser (im allgemeinen genügen 54 g = 27 %) 3 Minuten lang unter Kneten zu einem steifen Brei gut durchgearbeitet. Der Wasserzusatz ist richtig gewählt, wenn sich der Brei erst bei mehrmaligem Rütteln der Glasplatte (s. unten) langsam ausbreitet.

Aus dem Brei werden zwei Kuchen in der Weise hergestellt, daß die beiden Hälften des Breies als Klumpen auf die Mitte je einer leicht geölten, ebenen Glasplatte (Spiegelglas) gebracht und solange leicht gerüttelt

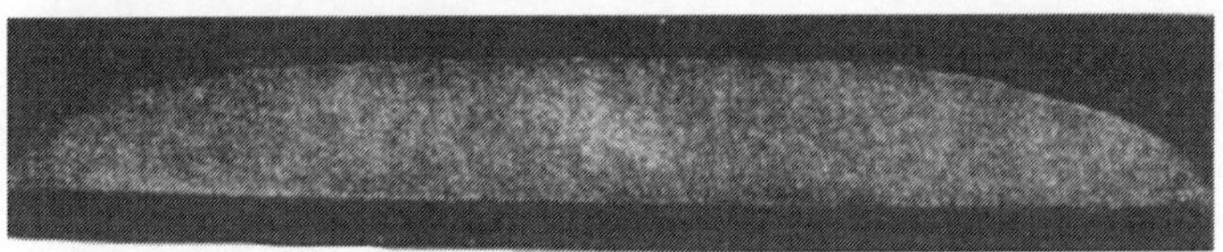

Bild 16. Normenmäßiger Kuchen — Querschnitt (natürliche Größe)

werden, bis Kuchen von 8 bis 10 cm Durchmesser mit einem Querschnitt nach Bild 16 entstehen. Die Kuchen dürfen nach dem Ausbreiten nicht mit dem Messer oder Spachtel bearbeitet werden.

Der eine Kuchen ist für den Kochversuch (§ 23b), der andere für den Kaltwasserversuch (§ 23c) bestimmt.

b) Kochversuch

Der für den Kochversuch bestimmte Kuchen wird sofort nach dem Anfertigen in einen bedeckten Kasten mit feuchter Luft gelegt und darin ungestört dem Erstarren überlassen. Etwa 24 Stunden nach dem Herstellen wird der Kuchen vorsichtig von der Glasplatte gelöst und mit der ebenen Seite nach oben in einen mit kaltem Wasser gefüllten Topf gelegt.

Das Wasser wird in etwa 15 Minuten zum Sieden gebracht und muß während der ganzen Versuchsdauer den Kuchen völlig bedecken. Nach zweistündigem Kochen muß der Kuchen noch scharfkantig und rißfrei sein und darf sich nicht erheblich verkrümmt haben.

Wird der Versuch nicht bestanden, so ist er mit Zement zu wiederholen, der drei Tage lang in einer etwa 5 cm dicken Schicht offen ausgebreitet bei 18 bis 21° Temperatur und mehr als 50 % relativer Luftfeuchtigkeit gelegen hat. Dieser Versuch ist dann maßgebend.

c) Kaltwasserversuch

Der für den Kaltwasserversuch bestimmte Kuchen wird sofort nach dem Anfertigen in einen bedeckten Kasten mit feuchter Luft gelegt und

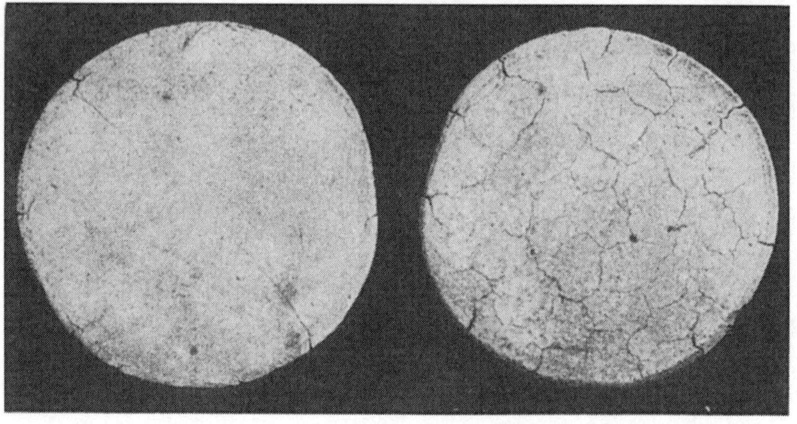

Bild 17. Kuchen mit Treibrissen
Oberseite

Bild 18. Kuchen mit Treibrissen
Unterseite

darin ungestört dem Erstarren überlassen. Etwa 24 Stunden nach dem Herstellen wird der Kuchen vorsichtig von der Glasplatte gelöst und unter Wasser von 18 bis 21° gelegt. Er wird während weiterer 27 Tage beobachtet. Zeigen sich Verkrümmungen oder klaffende Kantenrisse, allein oder in Verbindung mit Netzrissen, so deutet dies „Treiben" an, d. h. der Kuchen zerklüftet unter allmählicher Lockerung des zuerst gewonnenen Zusammenhanges, was bis zu gänzlichem Zerfall führen kann (Bild 17 und 18).

Die Erscheinungen des Treibens zeigen sich an den Kuchen häufig bereits nach 3 Tagen; jedenfalls genügt eine Beobachtung bis zu 28 Tagen, um Treiben mit Sicherheit zu erkennen.

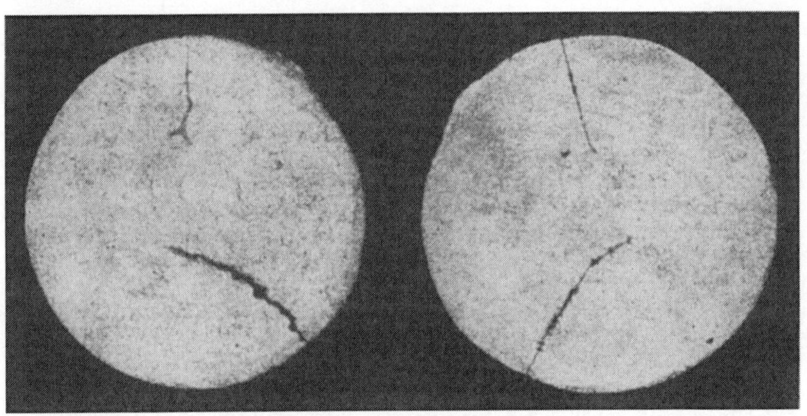

**Bild 19. Kuchen mit Schwind-
rissen — Oberseite**

**Bild 20. Kuchen mit Schwind-
rissen — Unterseite**

Die Schwindrisse sind infolge unsachgemäßer Behandlung der Proben durch zu schnelles Austrocknen nach Herausnahme aus dem Wasser entstanden. Sie sind durch Befeuchten der anderen Seite deutlicher erkennbar gemacht.

Der Kuchen darf zur Beobachtung höchstens $^{1}/_{2}$ Stunde aus dem Wasser genommen werden, da sonst leicht radiale Schwindrisse an den Rändern entstehen können (Bild 19 und 20).

§ 24. Erstarren

a) Vorläufige Bestimmung des Erstarrungsbeginns (Eindrückversuch)

Ein weiterer, nach § 23a angefertigter Kuchen wird während der Prüfung mit einem Teller, einer Schale oder dgl. zugedeckt, um vorzeitiges Austrocknen des Breies (Bild 21 und 22) zu verhüten.

Das fortschreitende Erstarren des Breies wird durch Eindrücken eines Stabes in den Kuchen beobachtet. Der Stab hat die Form einer Bleistifthülse mit etwa 3 mm Durchmesser an der Spitze. Er wird etwa $1^{1}/_{2}$ cm vom Rande des Kuchens entfernt senkrecht bis auf die Glasplatte gedrückt. Der Erstarrungsbeginn des Breies wird dadurch gekennzeichnet, daß sich beim Eindrücken des Stabes ein Kantenriß bildet, der radial vom Rande zur Druckstelle verläuft. Der Versuch wird erstmalig 55 Minuten nach dem Anmachen des Breies durchgeführt und nach weiteren 5 Minuten wiederholt. Der Zement ist normalbindend im Sinne dieser Normen, wenn bei dem Eindrückversuch nach 1 Stunde der Brei noch so weich ist, daß kein Kantenriß entsteht (Bild 23, Eindrücke 1 und 2).

Da hohe Temperatur das Erstarren des Zements beschleunigt, niedrige Temperatur es dagegen verzögert, so ist es bei der Prüfung des Erstarrens besonders wichtig, daß Zement, Wasser, Prüfraum und Gerät die in § 21 vorgeschriebene Temperatur von 18 bis 21° haben.

b) Prüfung des Erstarrens mit dem Nadelgerät

1. Anfertigen der Probekörper und Normensteife

300 g Zement werden mit Wasser von 18 bis 21° zweckmäßig in einer Schale mit einem flachen Löffel 3 Minuten lang unter Rühren und Kneten zu einem steifen Brei angemacht.

Da die zum Anmachen des Zements verwendete Wassermenge von Einfluß auf den Verlauf des Erstarrens ist, muß der Brei die richtige Steife, Normensteife, haben. In den meisten Fällen werden hierzu 23 bis 30 % Wasser erforderlich sein.

Der Brei wird unter leichtem Einrütteln in einen kegeligen Hartgummiring (§ 10, Bild 4) gefüllt, der auf einer ebenen Glasplatte steht. Die Oberfläche wird bündig mit dem Rand des Ringes abgestrichen.

Zunächst wird der gut gereinigte und getrocknete Tauchstab (§ 10, Bild 1a) auf die Glasunterlage aufgesetzt und der Zeiger auf den Nullpunkt der Millimeterteilung eingestellt. Dann wird sofort die Mitte der Probe unter den Tauchstab gebracht und dieser langsam auf die Oberfläche des Breies herabgelassen. Beim Berühren des Breies wird der Stab losgelassen: durch sein Eigengewicht dringt er in den Brei ein.

Der Brei hat die Normensteife, wenn der Tauchstab $1/2$ Minute nach dem Loslassen 7 bis 5 mm über der Glasplatte steht.

Während des Versuches ist das Gerät vor Erschütterungen zu schützen.

Der Versuch wird mit verschiedenen Wassermengen wiederholt, bis die Normensteife erreicht ist.

Der Wasserzusatz wird in Prozenten des Gewichts des trockenen Zements angegeben.

Die für die Prüfung des Erstarrens vorgesehene Probe ist bis zum Ende des Versuchs (vgl. § 24b, 3) in einem Kasten mit feuchter Luft aufzubewahren oder in geeigneter Weise zu bedecken, damit das Anmachewasser nicht vorzeitig verdunstet.

2. Erstarrungsbeginn

Zunächst wird die gut gereinigte und getrocknete Nadel (§ 10, Bild 1b) auf die Glasunterlage aufgesetzt und der Zeiger auf den Nullpunkt der Millimeterteilung eingestellt.

Sodann wird der mit Brei von Normensteife gefüllte Hartgummiring zusammen mit der Glasunterlage unter die Nadel gebracht.

Die Nadel wird auf die Oberfläche des Zementbreies aufgesetzt und dann losgelassen.

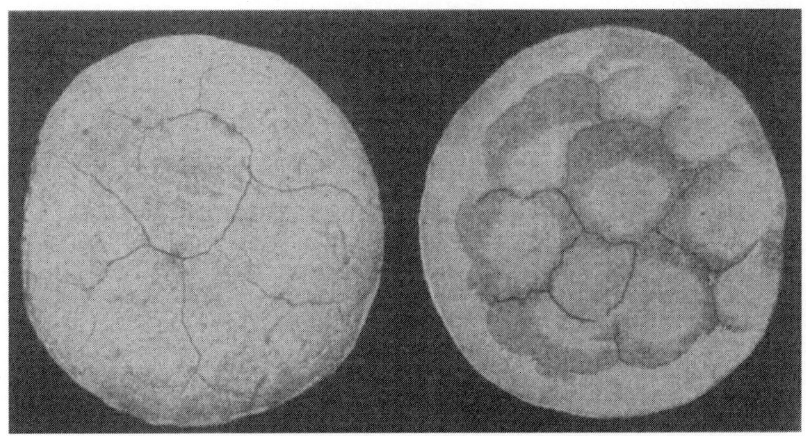

Bild 21. Kuchen mit Schwindrissen — Oberseite

Bild 22. Kuchen mit Schwindrissen — Unterseite

Die Schwindrisse sind infolge unsachgemäßer Behandlung der Proben,
durch vorzeitiges Verdunsten des Anmachewassers entstanden.

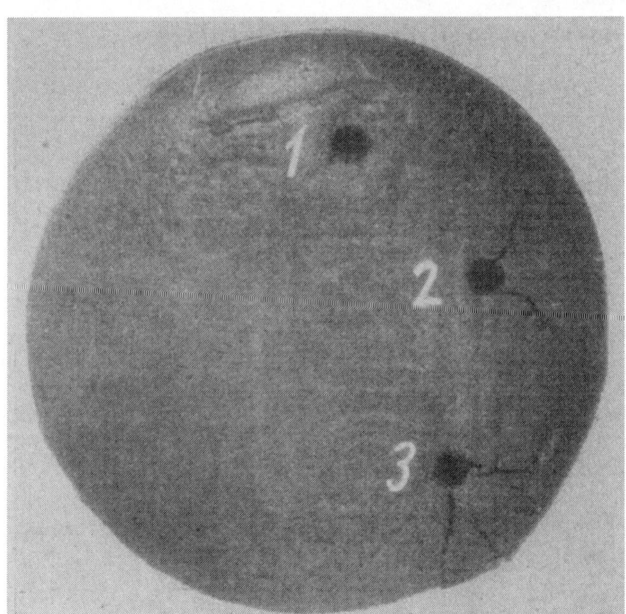

Bild 23. Eindrückversuch

Das Bild zeigt die Oberseite eines Kuchens mit drei zu verschiedenen Zeiten ge-
machten Eindrücken. Bei Eindruck 3 sieht man einen Kantenriß, der radial vom
Rande zur Druckstelle verläuft und den Erstarrungsbeginn kennzeichnet.

Als Beginn des Erstarrens gilt der Zeitpunkt, in dem die Nadel 3 bis 5 mm über der Glasplatte im Brei steckenbleibt.

Die Nadel ist nach dem Eintauchen jedesmal zu reinigen.

3. Erstarrungsende

Das Erstarren gilt als beendet, wenn die Nadel noch höchstens 1 mm in den erstarrten Brei eindringt.

Da an der oberen Fläche eine dünne, wasserreichere Schicht entsteht, soll zur Bestimmung des Erstarrungsendes die untere Fläche der Probe benutzt werden. Die Probe wird zu diesem Zweck nach Ermittlung des Erstarrungsbeginns mit dem Ring von der Glasplatte abgezogen und umgekehrt wieder unter die Nadel gebracht.

§ 25. Prismen zur Ermittlung der Biegezugfestigkeit und Druckfestigkeit

Die Festigkeitsprüfung bietet nur dann Gewähr für zuverlässige, vergleichbare Ergebnisse, wenn die für ihre Ausführung gegebenen Vorschriften genau und in allen Einzelheiten beachtet werden.

a) Probekörper

Die Probekörper sind Mörtelprismen mit den Abmessungen 4 cm × 4 cm × 16 cm.

b) Mörtel

Der Mörtel wird aus 1 Gewichtsteil Zement, 1 Gewichtsteil Normensand Körnung I (fein)[12], 2 Gewichtsteilen Normensand Körnung II (grob)[12]) und in der Regel 0,6 Gewichtsteilen Wasser angemacht.

c) Herstellen der Probekörper

1. Vorbereiten der Formen (§ 12 Bild 6a und b)

Die Formteile werden leicht geölt und die Zwischenstege der Form an der unteren, auf der Unterlagsplatte liegenden Fläche mit einer dünnen Schicht Staufferfett versehen. Um Wasserverluste zu vermeiden, sind nach dem Zusammensetzen der Form die äußeren Fugen abzudichten, z. B. mit einer Mischung aus etwa 3 Teilen Paraffin und 1 Teil Kolophonium.

Nach dem Abdichten der Form wird der Aufsatzkasten auf die Form gesetzt.

2. Mischen des Mörtels und Ermittlung des Ausbreitmaßes

Für 3 Prismen werden benötigt:

    450 g Zement,
    450 g Normensand Körnung I (fein),
    900 g Normensand Körnung II (grob),
    270 g Wasser.

---

[12]) Siehe § 8.

Zement und Normensand Körnung I werden von Hand — am besten mit einem Löffel in einer Schüssel — solange gemischt, bis das Gemenge nach dem Glätten mit dem Löffelrücken einen gleichmäßigen Farbton aufweist. Dann wird Normensand Körnung II zugesetzt und das Ganze eine Minute lang gemischt. Schließlich werden 270 g Wasser zugegeben und der Mörtel nochmals eine Minute lang innig von Hand gemischt. Danach wird er in den Mörtelmischer (§ 11) gebracht, gleichmäßig in dem zugänglichen Teil der Schale verteilt und durch 20 Umdrehungen bearbeitet. Mörtel, der an den Schaufeln und an der Walze kleben bleibt, wird während des Mischens abgestreift und dem übrigen Mörtel zugefügt. Beim Entleeren des Mischers sind die Mörtelreste mit einer Gummischeibe (Breite etwa 80 mm) sorgfältig von den Schaufeln, der Walze und aus der Schale zu entfernen und mit dem übrigen Mörtel in einer Schüssel nochmals kurz durchzumischen.

Sodann wird das Ausbreitmaß wie folgt festgestellt: Der Setztrichter wird mittig auf die Glasplatte des Rütteltisches (§ 15 Bild 10) gestellt, dann der Mörtel in zwei Schichten eingefüllt. Jede Mörtelschicht ist durch 10 Stampfstöße mit dem Stampfer (§ 15 Bild 10) zu verdichten. Während des Einfüllens und Stampfens des Mörtels wird der Setztrichter mit der linken Hand auf die Glasplatte gedrückt. Nach dem Stampfen der zweiten Mörtelschicht ist noch etwas Mörtel in den Setztrichter nachzufüllen und der überstehende Mörtel mit einem Lineal abzustreichen. Nach weiteren 10 bis 15 Sekunden wird der Setztrichter langsam senkrecht hochgezogen. Dann wird der Mörtel mit 15 Rüttelstößen während etwa 15 Sekunden ausgebreitet. Der Durchmesser des ausgebreiteten Kuchens wird nach zwei zueinander senkrechten Richtungen gemessen. Beträgt das Ausbreitmaß 16 bis 20 cm, so ist mit dem Wasserzusatz von 270 g weiter zu arbeiten. Ist das Ausbreitmaß kleiner als 16 cm oder größer als 20 cm, dann ist außerdem neuer Mörtel mit größerem bzw. kleinerem Wasserzusatz so herzustellen, daß sein Ausbreitmaß 17 bis 19 cm beträgt. Die Probekörper aus dem Mörtel mit 270 g Wasserzusatz sind für die Beurteilung des Zements maßgebend. Die Probekörper aus Mörtel mit dem größeren oder kleineren Wasserzusatz werden als Vergleichsproben geprüft. Die Ergebnisse der Prüfungen sind gleichzeitig anzugeben.

Die Feststellung des Ausbreitmaßes soll spätestens 5 Minuten nach dem Mischen beendet sein. Das ermittelte Ausbreitmaß und der Wasserzementwert sind im Versuchsbericht anzugeben.

3. Verdichten des Mörtels

Der Mörtel wird unmittelbar vor dem Einbringen in die Prismenform durch wenige Rührbewegungen nochmals gemischt. Dann werden für jeden der 3 Formteile 310 g Mörtel abgewogen, in die Form gebracht und in dieser gleichmäßig verteilt. Der Mörtel wird in jedem Formteil durch 20 Stampfstöße mit dem 0,7 kg schweren Stampfer (§ 13 Bild 7) verdichtet. Der Stampfer gleitet dabei abwechselnd an den beiden Seitenwänden des Aufsatzkastens.

Nach dem Verdichten der ersten Schicht werden 310 g Mörtel für die zweite Schicht eingebracht und ebenfalls durch 20 Stampfstöße verdichtet.

Dann wird der Aufsatzkasten entfernt und der überstehende Mörtel durch zwei bis drei Bewegungen mit einem Spachtel oder einer breiten Messerklinge geglättet. Die gefüllten Formen sind in Kästen mit feuchter Luft zu stellen. Der überstehende Mörtel wird 2 Stunden später mit einem Messer abgestrichen und die obere Fläche der Probekörper geglättet. Dann bleiben die Formen in waagerechter Stellung in den Kästen mit feuchter Luft.

d) Lagern der Probekörper

Die Probekörper werden nach 20 Stunden entformt; sie lagern anschließend während 4 Stunden auf ebenen Glasplatten in Kästen mit feuchter Luft. Im Alter von 24 Stunden werden die Probekörper unter Wasser von 18 bis 21° mit einer Seitenfläche auf einem Holzrost gelagert, dessen Dreikantleisten 10 cm Abstand haben. Hierbei ist die oben liegende Seitenfläche des Prismas zu bezeichnen. Die Probekörper bleiben bis zur Prüfung unter Wasser.

e) Ermittlung der Biegezugfestigkeit und der Druckfestigkeit

Unmittelbar nach der Entnahme aus dem Wasser werden die Prismen — mit der bezeichneten Seitenfläche nach oben — in die Biegevorrichtung gebracht (§ 16 Bild 11a und b). Die Belastung im Schrotbecher soll in 10 Sekunden um 1 kg zunehmen. Die Biegezugfestigkeit beträgt 11,7 G kg/cm², wenn die Breite und die Höhe des Probekörpers im Bruchquerschnitt je 4,0 cm messen und G in kg das Gewicht des Bechers mit dem Schrot bedeutet.

Je eine Bruchhälfte der Prismen wird nach § 17 auf Druckfestigkeit geprüft. Der Druck ist stets auf zwei Seitenflächen, nicht aber auf die Bodenfläche und die bearbeitete obere Fläche auszuüben. Die Druckfläche beträgt 25 cm². Die Belastung ist in 1 Sekunde um 15 bis 20 kg/cm² zu steigern.

Um sichere Durchschnittswerte zu erhalten, sind für jede Festigkeitsprüfung mindestens drei Probekörper zu untersuchen. Offensichtliche Fehlproben sind auszuschalten. Als offensichtliche Fehlproben gelten Druckproben, deren Werte mehr als 5 %, Biegezugproben deren Werte mehr als 15 % vom Mittel sämtlicher Werte nach unten abweichen.

§ 26. Prismen zur Ermittlung des Schwindmaßes
(Nur zur Vergleichsprüfung bei Straßenbauzementen)

Die Versuchsdurchführung unterscheidet sich von der in § 25 beschriebenen durch

das Vorbereiten der Formen,
die Größe und das Gewicht des Stampfers,
die Art des Verdichtens des Mörtels,
die Lagerung der Probekörper während der ersten zwei Tage,
die Ermittlung der Versuchsergebnisse.

a) Herstellen der Probekörper

1. Vorbereiten der Formen (§ 12 Bild 6a und 6b)

Zunächst werden die zur Aufnahme der Meßzapfen bestimmten Löcher der Formen mit Plastilin gefüllt und dann die Meßzapfen 8 mm tief eingedrückt (§ 12 Bild 6b und § 14 Bild 9). Das hierbei austretende Plastilin ist sorgfältig zu entfernen; die Meßzapfen sind senkrecht zur Stirnfläche der Form auszurichten. Außerdem ist der Abdeckstreifen nach § 12 anzubringen.

2. Im übrigen wird bei der Herstellung wie in § 25c verfahren.

3. Verdichten des Mörtels

Zum Verdichten des Mörtels wird der 0,5 kg schwere Stampfer (§ 12 Bild 8) verwendet. Der Stampfer gleitet dabei abwechselnd an den beiden Seitenwänden des Aufsatzkastens.

b) Lagern der Probekörper

Unmittelbar nach dem Herstellen der Probekörper werden die Formen in einen Kasten mit feuchter Luft gestellt. Die obere Fläche wird, wie in § 25c 3 angegeben, geglättet und dann bezeichnet. Im Alter von 2 Tagen werden die Probekörper ausgeformt, die Kugeln der Meßzapfen mit Vaseline bestrichen und die Probekörper bis zum Alter von 7 Tagen unter Wasser von 18 bis 21° auf einem Holzrost gelagert. Im Alter von 7 Tagen beginnt die trockene Lagerung. Dazu kommen die Probekörper in verschließbare Blechkästen nach § 18 Bild 13, über Glasschalen mit gesättigter Pottaschelösung und Bodenkörper. Diese Lösung wird für jeden Versuch folgendermaßen angesetzt: In der Glasschale werden 200 g wasserfreie Pottasche gleichmäßig verteilt und mit 150 cm³ gesättigter Pottaschelösung derart übergossen, daß die Pottasche tunlichst gleichmäßig durchfeuchtet ist. Zur Abkühlung läßt man die Lösung etwa 2 Stunden lang stehen, bis ihre Temperatur 18 bis 21° beträgt. Darauf wird die Glasschale in den Blechkasten gestellt. Auf die Glasschale wird der Rost gelegt, dessen Auflageleisten 10 cm Abstand haben. Auf diesen Rost sind die Probekörper mit der bezeichneten Seitenfläche nach oben in gleichmäßigem Abstand zu lagern. Dann sind die Deckel auf die Kästen zu schieben und am Rande mit einem mindestens 3 cm breiten, dichten Klebestreifen zu verschließen.

Die Klebestreifen am Deckelrand der Blechkästen sind von Zeit zu Zeit auf ihren Zustand nachzuprüfen; insbesondere sind die Ecken gut zu verkleben.

c) Messen der Probekörper

Im Alter von 7 Tagen werden die Probekörper das erstemal gemessen. Unmittelbar vor dem Messen werden sie einzeln aus dem Wasser genommen, mit einem Tuch oberflächlich leicht getrocknet und die Meßzapfen mit einem trockenen Leder von Vaseline und etwa anhaftenden Fremdstoffen gereinigt. Hierbei ist darauf zu achten, daß die Probekörper nicht unnötig durch die Hände erwärmt werden; die Zeit vom Herausnehmen aus dem Wasser bis zum Einsetzen ins Meßgerät soll 2 Minuten nicht überschreiten.

Die Temperatur der Luft im Lager- und Meßraum muß 18 bis 21° betragen.

Die Messungen werden mit dem Gerät nach § 19 Bild 14 durchgeführt. Das Meßgerät und der Vergleichskörper (§ 19 Bild 15) werden zweckmäßig dauernd im Meßraum aufbewahrt. Mindestens 3 Stunden vor dem Versuch ist das Meßgerät mit eingebautem Vergleichsstab im Meßraum aufzustellen. Vor und nach jeder Messung ist die Zuverlässigkeit des Gerätes mit dem Vergleichskörper nachzuprüfen.

Unmittelbar nach der Messung werden die Probekörper in Lagerkästen gebracht (§ 17 Bild 13).

Die Probekörper werden im Alter von 28 Tagen erneut gemessen[13]).

---

[13]) Empfohlen wird, die Probekörper auch im Alter von 14 Tagen zu messen.